SPACE 2.0

宇宙公民

重返月球、登陆火星、太空移民及人类的未来

ROD PYLE

[美] 罗德·派尔 著　[美] 巴兹·奥尔德林 序

董乐乐 译　刘博洋 审订

北京联合出版公司
Beijing United Publishing Co.,Ltd.

SPACE 2.0
宇宙公民

图书在版编目（CIP）数据

宇宙公民：重返月球、登陆火星、太空移民及人类
的未来 /（美）罗德·派尔著；董乐乐译. -- 北京：
北京联合出版公司，2020.7（2022.3重印）
ISBN 978-7-5596-4083-3

Ⅰ.①宇… Ⅱ.①罗…②董… Ⅲ.①空间探索 - 普
及读物②航天科技 - 普及读物 Ⅳ.①V1-49

中国版本图书馆CIP数据核字（2020）第038748号

北京版权局著作权合同登记 图字：01-2020-1501号

© 2019 by Rod Pyle. Published by arrangement with BenBella
Books, Inc., Folio Literary Management, LLC and The
Grayhawk Agency Ltd.

宇宙公民：重返月球、登陆火星、太空移民及人类的未来

著　者	[美]罗德·派尔
译　者	董乐乐
责任编辑	杨　青　高霁月
项目策划	紫图图书ZITO®
监　制	黄　利　万　夏
特约编辑	路思维
营销支持	曹莉丽
版权支持	王秀荣
装帧设计	紫图装帧

北京联合出版公司出版
（北京市西城区德外大街83号楼9层　100088）
艺堂印刷（天津）有限公司印刷　新华书店经销
字数300千字　710毫米×1000毫米　1/16　21.5印张
2020年7月第1版　2022年3月第2次印刷
ISBN 978-7-5596-4083-3
定价：118.00元

此书献给斯坦利·罗森及美国国家空间协会成员。
这些人放眼未来，放眼宇宙，他们一直不懈努力，
以确保子孙后代能切实地享受航天文明带来的丰厚回报。

宇宙公民 赞评

"乐观，但没有过分乐观。全书缜密全面，从精准的太空事业发展史出发，清晰地勾勒出未来的发展前景，作者对全球航天事业的发展现状很敏感。内容很好且图文并茂。在本书中，对于'新太空时代'，罗德·派尔给我们提供了非常有价值的综述。"

——约翰·劳格斯顿（John Logsdon）
乔治·华盛顿大学空间政策研究所荣誉退休教授

"太空访问已经实现了商业化和国际化，是人类探索史以及21世纪太空发展史上最振奋人心的一次进步。提供太空货物运输的新兴公司已经逐步涌现，用不了多久，通向国际空间站的客运服务也会展开，大量国际范围内的参与者已经逐步掌握了相关技术和能力。然而在20年前，这些只能出现在大家的梦里。罗德·派尔用热情洋溢、极具风格的语言向大家讲述了这些故事，凭借独到的见解给我们描绘了第二个太空时代——太空2.0，也许人们还没有意识到，如今这个时代已经到来。"

——罗杰·劳纽斯（Roger Launius）
前美国国家航空航天局首席历史学家

"从喷气推进实验室的机器人到埃隆·马斯克的大计划，太空中发生的一切都能在本书中找到，这说明了很多问题！这些事件背后复杂的技术、难缠的政策辩论，对于一般读者来说，原本觉得遥不可及，但是派尔打消了读者们的顾虑。对于那些本就看好太空事业未来发展的读者来说，这是一本值得一读的好书；对于那些后知后觉的人来说，这是一本必须要读的著作。建议大家买一本自己读，再买两本借给朋友。"

——格雷格·奥特里（Greg Autry）
南加州大学商业航天项目主任、前美国国家航空航天局白宫联络人

"对于那些和我一样的航天迷来说，现在——第二个太空探索时代的黎明——是从20世纪60年代末到70年代初的月球任务以来，最令人兴奋的时刻。但是以SpaceX、维珍银河，以及太空旅行、环绕火星、小行星采矿计划为代表的太空探索前沿，不仅状况复杂，而且与过去的阿波罗时代完全不同。我们是如何走到这一步的？作为一位优秀的科普作家，同时也是美国国家航空航天局和美国国家空间协会顾问的罗德·派尔，在这本书中，生动而专业地向读者解释了这个问题，同时向我们介绍了太空探索的现实状况——一些振奋人心的成果就在前方。绑紧安全带，这是一场引人入胜的旅行！穿上太空服，出发！"

——杰弗里·诺特金（Geoffrey Notkin），美国国家空间协会理事会成员
凭主持《陨石人》（Meteorite Men）《STEM日志》（STEM Journals）获得艾美奖

"这本书的出版正是时候。这部有分量的著作不仅介绍了太空探索的历史背景，更重要的是，强调了打造深空经济的下一步方向，比如资源开采、增材制造、基础设施建设、稳定居住和最终的定居。所有对未来的太空探索和21世纪发展前景感兴趣，以及想知道自己该如何参与其中的人，都应该读一读这本书。"

——丹尼尔·J . 拉斯基博士（Daniel J. Rasky）
太空门户办公室主任、美国国家航空航天局艾姆斯研究中心高级科学家/工程师

"作者对目前和未来人类航天的发展状况做了清晰而富有热情的记述。全书叙述简洁、信息精确，且内容翔实，是一本有关火箭学和其他太空相关产业、国内和国际的太空项目、关键设施、行星防御、小行星采矿、空间基地及其他更多相关知识的入门书。如果你想投资空间产业，或者想从事与航天业或与空间政策相关的职业，不妨从《宇宙公民》开始。"

——斯蒂芬·P . 马兰（Stephen P. Maran）
《傻瓜天文学》（Astronomy for Dummies）作者、美国国家航空航天局杰出成就奖获得者

"埃隆·马斯克庆祝第50次发射成功，他的猎鹰火箭多次成功着陆；杰夫·贝佐斯第9次成功发射并成功着陆，回收了新谢泼德火箭。这一切，意味着太空竞赛已经悄然生变，且变化的速度十分惊人。对于想了解新一轮太空竞赛的人们来说，罗德·派尔的《宇宙公民》是一本不可或缺的指南。"

——霍华德·布鲁姆（Howard Bloom）
《路西法原则》（The Lucifer Principle）《全球脑》（Global Brain）
《上帝的难题》（God Problem）《穆罕默德密码》（The Muhammad Code）作者

RECOMMENDATION 推荐序

说实话，收到给《宇宙公民》作序的邀请，着实有些吃惊。虽然在人们眼中，我被称作"追逐埃隆·马斯克"的中国"85后"火箭追梦者，但其实我只是在中国民营商业航天领域做了那个"敢于第一个吃螃蟹"的人，我所做的一切也只是忠于航天梦想，想为国家的航天事业贡献一份微薄的力量。

现在有越来越多的人逐渐认识到航天探索的价值和意义，但是国内很少有介绍太空移民及定居的图书。我希望《宇宙公民》的出版，能为追求星辰大海的年轻人带来一些启发。本书全面介绍了人类探索太空的历史、各个国家的发展现状和太空 2.0 时代未来的规划，也探究了人类不断探索太空的目的与深远意义，是人们能直观地了解太空、航空航天这个领域的一本百科全书。书中所介绍的 2.0 规划，诸如亚轨道飞行、商业航天项目都在慢慢地变为现实。

自古以来，太空便是人类寄托美好希冀的地方，璀璨星空激发了无数代人的好奇与向往，太空探索是人类的终极梦想。地球是人类的摇篮，但人类永远不会生活在摇篮里。从陆地到海洋，从海洋到大气层，从大气层到太空，人类探索的领域不断向未知延伸。相信很多人小时候都有一个航天梦，可是随着年龄的增长，却发觉星辰大海好像离我们越来越遥远，大家普遍认为航空航天领域是少数科研人员才会接触的。

直到 2014 年，我看到美国 Space X 的火箭发射成功，深受鼓舞，我当时就想我们中国能有这样自带梦想的火箭公司吗？如果没有，我是不是可以创立一家，哪怕在商业航天的道路上做一次勇敢的尝试也行。于是我走访了大量的专家、做了大量的行业研究，认为这是一个历史性的机遇，一定要去做这件看似不可能的事儿，拉近普通人与太空的距离，做中国航天事业的有益补充。因此在 2015 年 8 月，我创立了零壹空间。幸运的是，在国家的大力支持下，近年来中国商业航天得以蓬勃发展，在通往太空的路上探索不止。

《宇宙公民》是普通大众了解太空的窗口，让你换个角度看世界，放眼全宇宙。同时它也恰如一盏永不熄灭的明灯，指引着更多的年轻人，奔赴到航天事业中来。

期望在未来太空 2.0 时代能有更多中国航天的身影，我们一同努力！

舒畅

零壹空间科技集团创始人、董事长

2018 年 5 月 17 日，零壹空间"重庆两江之星"火箭腾空而起。
图片来源：零壹空间

图片来源：詹姆斯·沃恩

大约在半个世纪以前，1969 年 7 月，我亲身参与了一场伟大的冒险。那场冒险是第一个太空时代的巅峰——人类第一次登陆月球。尼尔·阿姆斯特朗（Neil Armstrong）和我走下登月舱，来到了广袤荒凉的静海，另一位宇航员迈克尔·柯林斯（Mike Collins）在我们头顶留守。那时候，我们深刻地意识到，是整个国家付出了巨大努力，无数人进行了有组织的合作，才把我们安全地送上了这颗遥远的星球。在此之后又进行了五次月球登陆，可是仅仅过了三年，阿波罗登月计划就终止了。虽然地球轨道飞行任务络绎不绝，航天飞机时代开启，紧接着又建成了今天的国际空间站，但是从多方面来看，1972 年阿波罗 17 号机组人员返回地球，是太空探索第一个阶段的高潮。之后，我们再也没能将人类运送到位于地球轨道之外的地方。虽然后来美国、俄罗斯和其他国际空间站的合作伙伴，以及迎头赶上的中国都取得了很大成就，但是所有的一切都是在离地球表面几百千米的范围内进行的。

这远远不够。

阿波罗任务点燃了希望之光，不只是宇航员，全世界的普通民众都看到了那缕光，所有人都期待人类对其他星球以及更遥远的深空再次展开更伟大的探索。阿波罗计划意义深远，但它只是个开始。在第一个太空时代，人们探索月球的目标应该是长期居住在月球的可能性，然后再向远处探索，到达火星及其卫星。美国和苏联都曾野心勃勃地想要探索更广阔的深空，但是没过多久，所有计划都被丢进了档案柜。载人航天预算被砍、目标重新调整，人们只选择推进那些不那么激进的计划。但是对于包括我在内的各界人士来说，十年辉煌的终点让人不甚满意。在人类的精神世界，有一丝火光在闪烁。

从那时起，我一直积极参与太空探索工作。我参加了无数委员会的会议，在无数个地方发表过讲话，我做的所有努力，都是为了推动人类朝着那个重要目标继续前进。我筹划了一些项目，比如面向月球和火星的周期性常规运输计划，这项计划可以让有规律的、可负担的运输任务变得可行。作为成员，作为

领导，作为一个长期支持者和积极的参与者，我已加入国家空间协会多年。我一直敦促空间委员会和外界人士共同努力，帮助人们了解继续开展星际旅行的价值。

我现在越来越乐观，太空探索和发展的新时代能在我有生之年来临。虽然探索很重要，但是太空新时代的目标不只是远征探索，而是人类长期移居太空。不断奋斗，不断突破极限，不断扩展生存边界，是人类的天性。在21世纪，人类的天性将会把我们送入太空。

在过去几年间，我很高兴地看到，很多私人组织在朝这一目标不断努力，在前进的道路上取得了长足进步。近地轨道及其之外的空间，一直曾被视作政府组织的专属，如今SpaceX、联合发射联盟和越来越多的国际公司，已经开始频繁造访地外空间。虽然这些项目在很大程度上还是由政府资助，但是这些年来，私人投资也开始扮演重要角色。放眼国际，中国打破了美国和俄罗斯在人类太空飞行领域的垄断，印度也成为行星探索的活跃力量。后继者正陆续赶上。

对于曾经的月球登陆者和无数对太空抱有幻想的人们来说，这些消息就像

悦耳的音乐，让我们相信光明的未来正在等着我们。

我们是太空新时代开端的见证者。将来，我们不止能负担得起太空旅行的花费，还能靠它盈利，我们获得的盈利不只是金钱，还有精神层面的满足。国家政府和其他团体全都注视着太空，随着科技的发展，大学实验室乃至私家车库实验室（residential garages），只要有能力、有实力，谁都可以在太空一展拳脚。我们很快会看到，在征战太空这个领域，竞争与合作将会有序展开，结果会使全人类获益。

从农业角度来看，我们可以养活更多人口，可以用上取之不尽的清洁能源，人类活动领域将不再局限于地球。当我们成为真正的太空人后，能得到的馈赠用什么样的语言来形容都不算夸张。明智规划和不断深入，会给地球上的所有人带来希望。

请加入我的行列，让我们一起在这本作者与美国国家空间协会合作出品的重要新书中，探索未来几十年的航天发展方向，探索人类进入宇宙的活动。是时候离开地球，开启我们的太空时代了。

——巴兹·奥尔德林（Buzz Aldrin）
宇航员、全球太空政治家
美国国家空间协会理事会成员

CONTENTS 目录

CHAPTER 1   1

太空1.0, 完结

CHAPTER 2   15

暗黑禁地

CHAPTER 3   25

为什么探索太空

CHAPTER 4   39

第一个太空时代

CHAPTER 5   59

目的地

CHAPTER 6   69

人的因素

CHAPTER 7   93

太空企业家

CHAPTER 8   111

太空探索技术公司

CHAPTER 9   135

新太空竞赛

CHAPTER 10   151

投资太空

CHAPTER 11   163

国际间太空事务

CHAPTER 12   183

航天巨头俄罗斯

CHAPTER 13   191

大有可为的中国

CHAPTER 14   201

太空货运站

CHAPTER 15   221

保卫地球

CHAPTER 16   231

开辟最后的边疆

CHAPTER 17   253

新时代来临

CHAPTER 18   261

你在太空2.0时代的位置

鸣谢   271

特别鸣谢   274

尾注   275

词汇表   290

索引   294

本书作者   319

欢迎加入美国国家空间协会   320

图片来源：詹姆斯·沃恩

CHAPTER 1

太空 1.0，
完结

"如果你想建造一艘船，先不要把人召集
起来捡木头，不要着急给他们分配工作和
任务，而是让他们去憧憬无际的大海。"

——安托万·德·圣—埃克苏佩里
（Antoine de Saint-Exupéry）
作家、先驱飞行员

"如果某件事足够重要，即便胜算不大，
你也要勇往直前。"

——埃隆·马斯克（Elon Musk）
SpaceX创始人

2011 年 7 月 8 日，佛罗里
达夏日的海岸本该和
往年一样——天空一片湛蓝，海岸上暖
风习习，平静的近海海面泛着绿光。但
是，"阳光州"的这个夏日并不寻常。
在我面前，一个广告牌大小的数字时钟
正在倒计时。5000 米之外，一架航天
飞机竖立着，它在正午的高温下闪着
光。当超低温液氧沸腾时，橙色燃料
箱中冒出了白色的气态巨浪，巨浪翻滚

亚特兰蒂斯号航天飞机执行它的第135次、也是最后一次飞行任务。

图片来源：美国国家航空航天局

着，就像焦急地等待被点燃一样躁动。看来，亚特兰蒂斯号（Atlantis）已经做好了一飞冲天的准备。

亚特兰蒂斯号的第135次、也是最后一次发射计划，将在这一天的上午举行。和所有的发射计划一样，这是一件鼓舞人心的大事，但是这次发射却令人既充满希望又带着几分惆怅。希望主要体现在美国国家航空航天局（National Aeronautics and Space Administration，简称NASA）即将与商业空间产业供应商SpaceX和波音（Boeing）展开合作，这两家公司当时在建造自己的航天飞机，企图接手将宇航员运送到国际空间站（International Space Station，简称ISS）的任务。至于惆怅，主要是因为人类的第一个航天时代，也就是太空1.0时代，即将结束。太空1.0时代是从早期的水星计划（Mercury program）*开始，到空间运输系统计划（Space Transportation System，简称STS，大部分人只知道这个计划的俗称"航天飞机"）走向巅峰。30多年来，航天飞机项目一直是美国航天事业的工作重心。阿波罗（Apollo）计划终止6年之后（阿波罗飞船最后一次升空是1975年），1981年美国人重返太空。此后，我们展开了数不清的轨道实验：我们部署了哈勃空间望远镜（Hubble Space Telescope），并完成了多次修理任务；我们多次停靠苏联和平号空间站（Soviet Mir space station）；我们建立了国际空间站。原本航天飞机应该是比前身更廉价、能重复利用的到达太空

---

* 美国第一代载人飞船系列，始于1958年10月，结束于1963年5月，主要目的是实现载人空间飞行的突破。总共进行了25次飞行试验，其中6次是载人飞行试验。——编者注

上万人聚集在泰特斯维尔（Titusville）附近的肯尼迪航天中心（Kennedy Space Center）北侧。
图片来源：美国国家航空航天局

亚特兰蒂斯号于美国东部时间2011年7月8日上午11:29发射升空。
图片来源：美国国家航空航天局

的方式，可惜这些预期目标没能完全实现——过去的航天飞机不但非常复杂、精密、危险，而且翻新费用昂贵——但由这样的航天飞机组成的舰队常年出入近地轨道，执行相对常规的任务，算起来已经为美国国家航空航天局服役了30多年。2011年7月，亚特兰蒂斯号的发射代表着空间运输系统计划的终止。

那时候亚特兰蒂斯号运载的首要装备是欧洲提供的一个组件，名叫多功能后勤舱（Multi-Purpose Logistics Module）。亚特兰蒂斯号标准载乘人数是6～7人，实际只搭载了4名宇航员，原因是如果满载飞行出现紧急情

况，可用来执行营救任务的飞船数量会不足。如果发生意外，宇航员只能到国际空间站寻求庇护，而在保证安全的前

之前的一次发射，奋进号（Endeavor）航天飞机向上爬升时穿过云层。
图片来源：美国国家航空航天局

伴随着熊熊烈焰和巨大的轰鸣声，
亚特兰蒂斯号离开卡纳维拉尔角。
图片来源：美国国家航空航天局

提下，国际空间最多只能收容 4 人。

倒计时到最后几秒，大量水流从发射台底部喷涌而出，目的是吸收火箭发动机产生的巨大热量和噪声，否则它们马上会向尾焰导流槽袭来。火箭底部冒出明亮的火光，发动机满功率（发动机达到最大功率）运行，大量浓烟喷涌而出。倒计时归零，侧挂式固体火箭助推器点火，亚特兰蒂斯号于上午 11：29 飞离地表，一飞冲天，开始了它的最后一次航行。几秒钟之后，航天飞机缓慢爬升的过程中，传来一阵低沉的隆隆声，紧接着速度越来越快，拖着一条烟柱向东飞去。

围观人群脸上的笑容渐渐散去，一种只能用"终结"来形容的感觉笼罩着我。谁也不知道什么时候 39 号发射塔还能再次派上用场。与私人航空航天企业建立的新型合作关系，将决定美国载人航天的未来，这样的安排存在很大不确定性。可能要过很多年，美国宇航员才能再次离开卡纳维拉尔角（Cape Canaveral），进入太空。

观众们走在回家的路上，亚特兰蒂斯号则在去往空间站的路上。在对接之前，亚特兰蒂斯号要在 180 米之外做短暂停留，让已经登陆国际空间站的宇航

亚特兰蒂斯号在国际空间站下方运行，准备对接国际空间站。

图片来源：美国国家航空航天局

亚特兰蒂斯号机腹朝上靠近国际空间站舷窗，让空间站内的宇航员检查隔热瓦。

图片来源：美国国家航空航天局

员对航天飞机腹部的隔热瓦和机翼前缘做全面检查。在接下来的两周，航天飞机将再次接受高温的考验，到时候只能

指望这些隔热瓦和机翼前缘经过强化处理的碳复合材料了。热保护系统的元件破损会导致灾难性的后果，美国国家航空航天局在这方面有过血的教训。八年前，哥伦比亚号（Columbia）航天飞机就是因为这方面原因失事的：发射后，燃料箱上的一块碎泡沫脱落，打到左翼前缘，击穿薄薄的强化碳复合材料，哥伦比亚号因此解体，搭载的宇航员全部遇难。在一系列航天飞机发射任务中，隔热防护罩在发射过程中受损，从而将全体宇航置于危险之中，这是导致航天飞机项目被终止的众多技术性因素之一。哥伦比亚号是第二架失事的航天飞机。在此之前的 1986 年，挑战者号（Challenger）航天飞机升空后发生了爆炸。

经过严谨评估之后，亚特兰蒂斯号与国际空间站对接。航天飞机任务持续 12 天，亚特兰蒂斯号于 2011 年 7 月 21 日执行最后一次返航任务后退役，如今陈列在位于肯尼迪航天中心的博物馆内，在它身后设置了一张巨大的地球投影，让它永远保持围绕地球运行时的样子。

由于航天飞机项目终止，美国的载人航天能力因此出现大断层。2004 年，

亚特兰蒂斯号在肯尼迪航天中心最后一次着陆时，从航天飞机驾驶舱向外看的景象。
图片来源：美国国家航空航天局

亚特兰蒂斯号安全着陆。
图片来源：美国国家航空航天局 / 皮特·克罗

布什总统提出星座计划（Constellation program）*，希望建造出能替代航天飞机的新型航天器。新型航天器将延续 20 世纪 60 年代阿波罗飞船的设计路线，

---

* 美国国家航空航天局曾经筹备的一项太空探索计划，整个计划包括一系列新型航天器、运载火箭以及相关硬件，将在包括国际空间站补给运输以及登月等各种太空任务中使用。——编者注

亚特兰蒂斯号在肯尼迪航天中心永久陈列,陈列背景是在轨道上看到的日出景象。
图片来源: 美国国家航空航天局

力求使火箭和太空舱的造价更加低廉,可以负担得起。这次制订的新计划还有一个新的努力方向,那就是让宇航员重返月球。但是由于进度持续滞后,再加上预算不足,经航空航天领域专家评估,星座计划于2010年被奥巴马(Obama)总统取消了,因此就出现了航天飞机项目已经结束,但是没有替代计划的局面。

再次强调:我们建造了空间站,由于费用昂贵,在国内没有替代方案的前提下,美国放弃了唯一能将宇航员送入空间站的航天飞机计划。很多航天人对此大吃一惊,包括阿波罗登月时期的宇航员在内,纷纷站出来表达异议。

登月第一人尼尔·阿姆斯特朗、阿波罗13号任务中的大明星吉姆·洛威尔(Jim Lovell),以及最后离开月球表面的宇航员尤金·塞尔南(Gene Cernan),都对这个决定表示强烈不满。这三位前宇航员给总统写了一封公开信,他们在信中指出,取消星座计划会造成灾难性的后果。信中写道:"在我们拥有自己的运载工具之前,美国想进入近地轨道和国际空间站只能和俄罗斯商量,租用联盟号(Soyuz)上的舱位……总统提出的商业轨道运输构想,在可行性方面存在很大不确定性,很有可能要花费更长的时间才能实现,费用也可能比我们所期望的昂贵许多。"[1]他们对于商业航天发展出运送宇航员的替代方案的进展速度的评估是有预见性的。尽管自最后一次航天飞机发射任务结束以来,这一方案确实取得了很多进展,但是专家指出,商业航天合作同样面临持续的资金不足这一问题,承包商——波音公司和埃隆·马斯克的SpaceX——运送宇航员到国际空间站的进度一直落后于计划。虽然谁也不敢肯定,如果星座计划不取消,未来会怎样发展,但是航天飞机计划终止,导致美国载人航天能力出现严重断层,并因此吃尽了苦头,这是摆在眼前的事实。

模拟牵牛星号（Altair）月球登陆器的上升段，分离后与猎户座号飞船（Orion spacecraft）在轨道上完成对接，设计完成后，美国国家航空航天局没能将牵牛星号实体化，目前正在建造中。牵牛星号曾是 2010 年取消的星座计划的组成部分。
图片来源：美国国家航空航天局

2010 年召开听证会，讨论取消星座计划中的月球任务，尼尔·阿姆斯特朗（左）和尤金·塞尔南（右）在听证会上交谈。两人分别是第一个登上月球和最后一个离开月球的人。
图片来源：美国国家航空航天局

航天飞机的临时替代方案是租用俄罗斯联盟号的舱位，将一位美国宇航员送到国际空间站，美国国家航空航天局为此要付出 3200 万美元。听起来似乎很贵，但是如果只算经济账，实际上比乘坐自家航天飞机（每人至少 7100 万美元）要便宜得多。相比开展星座计划，这的确可以节省不少开支……如果近地轨道是唯一的目标，这么做确实更划算。

但是星座计划承诺的目标是重返月球，并最终登陆火星。因此，省下的那几个钱实在无法与这些伟大的目标相提并论。另外，星座计划还应该发送更多体积更大、质量更重的装备到地球轨道。从短期来看，租联盟号上的座位似乎更划算，实际并非如此。到 2017 年，

租用价钱已经涨到每次 8170 万美元，单客费用比航天飞机还高，而且还有很多其他方面的损失。[2] 如此一来，替代方案已经不划算了。

撇开直接的人均发射成本不谈，租乘联盟号依然存在很多令人不满意的地方。俄罗斯的发射费用虽然（一开始）更低廉，但是美国宇航员乘坐联盟号要受制于俄罗斯飘忽不定的飞行计划。美国宇航员要在俄罗斯的太空设备上做训练，这又会增加额外的费用。联盟号飞船比航天飞机的组员舱小很多，航天飞机能搭载 7 位组员，联盟号飞船最多只能搭载 3 位。到最后，靠联盟号载人飞行，无法将所需数量的货物运送到空间站，不能继续发射航天飞机，美国只能通过无人货运飞行来弥补。

除了俄罗斯方面的费用问题以及未来商业航天的不确定性之外，在三位宇航员发表的公开信中还有一条反对意见，这条反对意见从本质上来讲更富有哲理性。他们指出："如果不掌握实际操作航天器的技术，没有实操经验，美国极有可能从领先的位置一路下滑至平庸水平。美国必须做一个决定，还要不要继续保持在太空中的领先地位。如果答案是肯定的，我们必须制订一个计划，最大限度增加我们实现这一目标的机会。"

他们认为，作为航天领域的中坚力量，美国正在放弃将人送入太空的能力，说得更严重一点，美国正在放弃未

来实施大规模载人航天计划的能力。奥巴马政府对此做出回应，计划为发展私人载人航天产业提供更多资金支持，另外表示保留部分星座计划——星座计划重型助推器的改进方案，现在称为空间发射系统火箭（Space Launch System，简称 SLS，一种超重型运载火箭 SLS，一种超重型运载火箭）和猎户座飞船。

对于很多观测者来说，这表明优先事项发生了可喜的变化。美国国家航空航天局会继续建造（即便进度不容乐观）自己的宇宙飞船和大型火箭，到 21 世纪 20 年代，它们会将一队宇航员送上一颗小行星。美国国家航空航天局

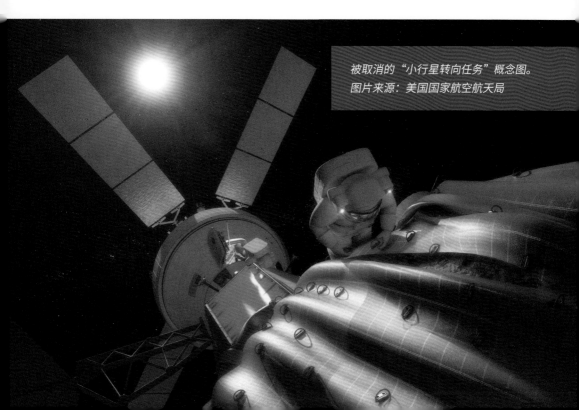

被取消的"小行星转向任务"概念图。
图片来源：美国国家航空航天局

还会直接为 SpaceX、波音之类的私人航天企业提供资金支持，由这些企业将宇航员发送到国际空间站。

设想虽好，却存在一个很大的缺陷。如众人所知，小行星转向任务是技术和工程层面的完美示范，但它并不受欢迎。表面上看，这个项目更像是为了给猎户座飞船／空间发射系统火箭找点事做，而不是一个完善的科学和工程计划。特朗普政府刚上任，小行星转向任务就胎死腹中，被美国国家航空航天局的重返月球计划所取代。

这就是我们在 21 世纪 20 年代结束时所处的位置。抛开猎户座飞船／空间发射系统（Orion/SLS）火箭要实现的最终目标不谈，这两艘航天器一直存在发展落后于计划且预算超标的问题。但是，猎户座飞船／空间发射系统火箭项目一直在推进，目前计划于 2020 年实现首航。部分美国国家航空航天局设备承包商和航空航天产业承包商分布在各国会选区，因为其中牵涉到大量工作岗位，因此可以说这两项计划带有强烈的政治色彩。政治考量永远重要。[3]

与此同时，从 2010 年开始，美国国家航空航天局对私人企业的资金支持已经持续多年无法达到当初的预定

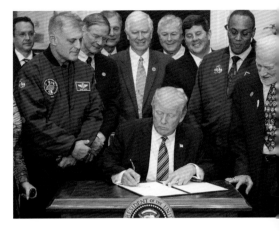

2017 年 6 月，唐纳德·特朗普（Donald Trump）总统签署命令，重启国家空间委员会。
图片来源：美国国家航空航天局

目标。为了获得政府的资金扶持、掌握商业航天能力，SpaceX、波音和其他商业航天供应商，持续展开竞争。美国国家航空航天局的整体计划是，向国际空间站运送人员和货物的工作交给商业供应商，而近地轨道之外的载人探测计划，由猎户座飞船／空间发射系统火箭完成。[4]

这一构想听起来有点不太和谐——一点资金要分别投入到国营和私营这两个阵营，但是我们还是有理由持乐观态度的。2017 年初，特朗普政府重启了一个政府监督小组——国家空间委员会（National Space Council）。这个组织之前存在过两次，一次是 1958 ~ 1973 年，另一次是 1989 ~ 1993 年。国家空

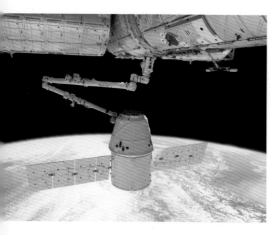

*SpaceX 的龙飞船 2 号（Dragon 2），计划于
2019 年开始向国际空间站运送宇航员。*
图片来源：美国国家航空航天局

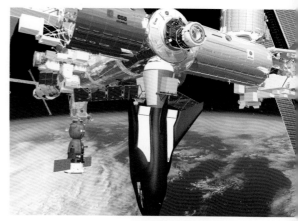

*美国国家航空航天局初步审定，内华达山脉公
司（Sierra Nevada Corporation）的有翼小型
航天飞机追梦者号（Dream Chaser）符合作
为商业提供商向国际空间站运送货物的资格。*
图片来源：美国国家航空航天局

间委员会的职责在于，为美国实现太空
目标制定长远的政策。国家空间委员会
直接向行政部门汇报工作，由美国国家
航空航天局和其他联邦部门执行其制定
的相关政策。委员会由副总统直接领
导，成员组成包括空间政策制定者、内
阁级别的政府行政官员，以及美国国家
航空航天局的行政长官，并且筛选来自
新、老企业的航空航天领域专家担任顾
问并提供建议。

是自身发展，还是持续向其他私人
部门提供资金支持，美国国家航空航天
局在这两方面如何才能更好地向前发
展？关于这个问题，委员会提出了多项
建议，目的是找到一个最佳方案：既给
私人公司适量的资金支持，让它们尽力

发展，为人员和货物运输提供服务，创
造出可靠、低廉的航天能力之后，又要
让这些公司形成竞争，在竞争中提升服
务、压低价格。

目前已有两家公司有能力承接将
宇航员送到国际空间站的合同，分别是
SpaceX 和波音公司。SpaceX 建造并运
营的猎鹰 9 号火箭（Falcon 9），已经开
始负责面向国际空间站的日常货运任务，
并准备在 2019 年或 2020 年将宇航员送
入空间站。猎鹰重型运载火箭（Falcon
Heavy）由 SpaceX 独立开发、运营，但
是这个项目没有纳入美国国家航空航天
局的商业项目——至少目前还没有。

波音的星际客车飞船，计划于 2019 年开始为国际空间站提供客运服务。
图片来源：美国国家航空航天局

轨道 ATK 公司（Orbital ATK）的天鹅座（Cygnus）货运飞船，被国际空间站的加拿大机械臂（Canadarm）捕获后，准备停靠国际空间站。
图片来源：美国国家航空航天局

波音公司和联合发射联盟公司（United Launch Alliance，简称 ULA）已经与美国国家航空航天局签订了相关合同，波音公司建造的飞船"星际客车"（Starliner spacecraft）很快会向国际空间站运送宇航员，将由联合发射联盟的宇宙神运载火箭（Atlas）负责此次发射任务。传统航天航空公司知道，面前只有两个选择——要么改变，要么被新环境淘汰。它们只有不断努力，才能和 SpaceX 保持竞争。

在众多商业机构中，诺思洛普·格鲁曼创新系统（Northrop Grumman Innovation Systems）（收购轨道 ATK 后改组而成），与美国国家航空航天局签订了国际空间站货运合同。内华达山脉公司的迷你航天飞机已经进入试验阶段，准备进军航天货运领域。

数十年来，实现载人航天的只有美国和俄罗斯这两个国家，但是这种局面正在发生变化。中国启动载人航天计划，于 2003 年完成了首次载人航天任务，并发送了两个小型空间站。印度也做好了奋起直追的准备，预计将于 2022 年掌握载人航天技术。从 1961 年开始，航空航天领域一直由两个冷战超级大国的政府部门独占，如今新的国际参与者和美国商业机构，也有实力进来分一杯羹了。

这些发展是可喜的，因为这是巨变的信号，未来人类进入太空将变得更频繁，费用更低，选项更丰富。

回到 2011 年，当我看着亚特兰蒂斯号的尾迹消失在肯尼迪航天中心的上空时，这些不过是诱人的假想。直到 2012 年，SpaceX 才开始规划它的国际空间站货运航线，波音公司的星际客车项目刚刚开始，中国正在为将宇航员送入天宫一号轨道实验室而努力*。这些都算是播种行为，但是那时候谁也不敢保证付出的努力能有多少回报。

从佛罗里达回到家，我开始反思美国太空活动走过的弯路，以及 20 世纪 60 年代以来其他国家的作为。我思考了一个问题：航天飞机取代阿波罗飞船，人类离开地球轨道展开探索的进程，为什么会自此走向终结？我还设想了可能实施的替代方案以及可能出现的结果。思考这些问题的时候，对于私人航天的兴起和中国付出的努力，我是持积极态度的。思考未来的时候，有一件事在我脑海里变得越来越清晰：不管接下来几十年会发生什么，结果肯定和第一个太空时代不同，这就很好。

从 20 世纪 70 年代末开始，很多太空倡导者期待再出现一次"肯尼迪时刻"。就像 1961 年约翰·肯尼迪宣布阿波罗登月计划那样，一位美国总统或外国领导人（可能是俄罗斯）走向演讲台，宣布将开展一项激进的大规模政府计划，朝新的太空目标努力进

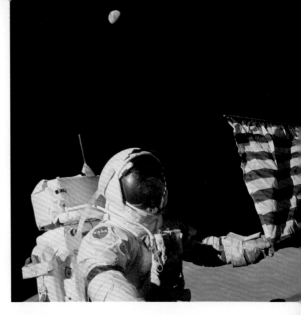

在执行阿波罗 17 号任务时，宇航员尤金·塞尔南调整美国国旗，这是迄今为止人类最后一次登上月球的画面。
图片来源：美国国家航空航天局

取。如今，走上演讲台的美国总统倒是有 3 位，但是谁也不像当初对待登月挑战那样执着，这倒不奇怪。肯尼迪的宣言拉开了太空战的序幕，当初的决定主要是从地缘政治角度考虑，可以说是时代的产物。21 世纪不会再出现那样的时刻，冷战时期两个超级大国互相对立的紧张局面已经被打破，整个世界在向前发展。现在的条件更有利于开展持续的载人航天项目和空间计划，在地球之外建立一个永久、稳定的人类据点，直接或间接参与其中的每个人都能从中广泛受益。

欢迎进入太空 2.0 时代。

---

* 神舟十号飞船已于 2013 年 6 月 13 日 13 时 18 分与天宫一号实现自动交会对接，16 时 17 分，航天员王亚平、聂海胜和张晓光顺利进驻天宫一号。——编者注

图片来源：詹姆斯·沃恩

CHAPTER 2

暗黑禁地

太空并不欢迎人类，但是不要因此放弃探索。迄今为止，已经有 500 人被送入太空，大部分人平安返回。[5] 这些勇敢的人愿意奔赴太空，是因为他们认为探索是一项值得冒险的事业，哪怕他们知道会有很大风险。只要风险概率在合理范围内，在我认识的宇航员中，没有谁会不乐意接受航行任务。太空并非一个天然适合人类旅行或定居的地方。要想把人类送入太空，并保证他们的安全，必须做很多准备，哪怕只是短时间停留。

先说发射。为什么进入地球轨道那么难？太空不就在上面吗——所谓的地球与太空的边界，就在我们头顶以上 100 千米处。每 90 分钟绕地球一周的国际空间站，离地高度也才不到 400 千米。如果不堵车，开这么远只需要 4 小时。但是事实证明，向上运动比向前运动难得多——需要极高的速度，才能达到地球轨道高度。向上爬升消耗的

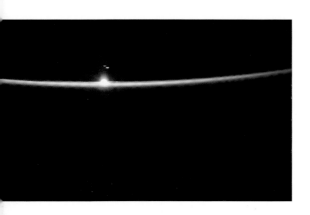

航天飞机视角的日落。
图片来源: 美国国家航空航天局

航天飞机升空并向东移动的长曝光照片。
图片来源: 美国国家航空航天局

能量，也比在地球表面穿行多很多。另外，如何优化能效也是一个非常棘手的难题。

搭载航天器进入地球轨道时，从地球出发的火箭必须走一段弯路到达赤道上方，还要提供很大的推力克服地球引力，达到一定的高度和一定的速度，航天器才能进入轨道并在轨道停留。你开车在地球表面行进 400 千米的路程可能只需要 40 升汽油，而且如果以每小时 100 千米的速度行驶，只需要 4 小时就到了。但是，如果你想抵达国际空间站，距离同样是 400 千米，你要做的却比开车去 400 千米之外复杂得多，通常你要先瞄准天空上起始位置以东 *的一个点[6]。到达那个点之后，还需要极高的速度去对抗引力，因为引力会尽最大努力把你拉回地球。要到达轨道并在轨道上停留，除了离开地球表面所需的力（塞斯纳的飞机也能做到），还需要保持每小时 28200 千米的速度。因此，火箭运载的航天舱虽然不大，作为运输工具的火箭却很大。摆脱地面的束缚，达到所需的速度和高度，要消耗大量燃料。

火箭载荷的 90% 是燃料，有效载荷（人员、机器人、补给等）才占 10%。这一现实被称为"火箭方程式的暴政"，这是著名的苏联科学家康斯坦丁·齐奥尔科夫斯基（Konstantin Tsiolkovsky）在 1903 年提出的概念。

---

* 因为要借助地球自西向东的自转线速度来节约燃料，所以一般朝东发射。——编者注

111 米高的土星 5 号月球火箭，能返回的只有最后那 4 米的部分，也就是上面那个小小的圆锥形的指挥舱（图中红框内），指挥舱内有 3 位宇航员。
图片来源：美国国家航空航天局

地球的引力实际上非常强大，航行至几千万千米之外的火星，所需的能源不过是进入地球轨道的 2 倍。由此，你应该能大致想象出，抵达绕地最低轨道要克服多大阻力。

大多数人对此都有直观的感受。当运送卫星、飞船的火箭或航天飞机起飞时，会发出雷鸣般的响声，这类视频我们都看过。发射活动掀起的狂风、发出的怒吼，看起来既复杂又费钱——事实上的确如此。

在航天航空领域的商业交易中，人们常会郑重其事地表示：航天事业不容易。

进入轨道，完成任务之后，航天器要重返大气层回到地球。为了摆脱地球引力、达到每小时 28200 千米的速度，航天器从火箭获得了大量的能量；但返回时航天器再次需要充足的燃料来抵消这些能量。实际上，返航和升空过程正好相反，航天器返航时要降低速度，让引力将其拉回地球。这个过程是通过小型制动推进器，也就是制动火箭实现的。制动火箭使航天器减速，低于轨道速度后，航天器就会重新回到大气层。航天器进入稠密的地球大气中（地球轨道没有大气），与大气分子产生摩擦，

20 世纪 60 年代，美国发射了水星号飞船。图为水星号飞船的制动火箭，这些制动推进器在飞船重新进入大气层时，成功消减了飞船的速度。图片来源：美国国家航空航天局

摩擦力会逐步降低航天器的速度。回到100 千米之下时，大气的作用就很明显了，这时候大气密度已经足够大，摩擦力会让航天器速度变慢，温度升高，气态分子无法迅速移开给航天器让路。如果没有相应的防护措施，航天器就会开始熔化，最终解体。大部分进入大气层的流星，都没有坠落到地面上，是因为流星物质与大气摩擦产生高温，在坠落地面之前就汽化了。因此航天器必须足够坚固，能够充分隔离高温，这样才能在返回大气层时经受住结构应力和极端高温的考验。

防护材料能帮助航天器在返航时抵

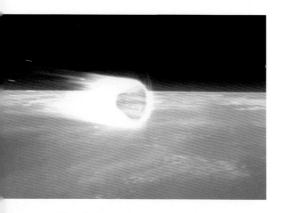

阿波罗指挥舱（Apollo command module）重返地球大气层时的概念图，舱体温度能升到2760℃。
图片来源：美国国家航空航天局

这是一幅20世纪70年代美国国家航空航天局绘制的画作，航天飞机正在返航途中，隔热瓦在高温炙烤下发红发亮。
图片来源：美国国家航空航天局

御高温。耐高温的复合防护材料能抵挡住上千度的高温。航天飞机隔热瓦的防护等级是800℃。在建造阿波罗飞船时，就考虑到飞船从月球返回地球时的速度为每小时40233千米，要经历2800℃的高温。

经受住大气层的炙烤和重击之后，还需要其他方法继续给航天器减速。比如航天飞机是有机翼的，还有一些私人企业以及空军部队的新型太空飞机，返航时靠机翼滑翔降落，降落过程中逐渐损耗动能，最终降落到跑道上。从早期的水星号到最近的联盟号和SpaceX的龙飞船，宇宙飞船降落时依靠降落伞减速，有时也会在最后阶段点火制动火箭降速。

联盟号飞船着陆俯视图。这艘俄罗斯航天器，只有载人舱降落到了干燥的平原上。
图片来源：美国国家航空航天局/比尔·英格尔斯

在跑道上降落的宇宙飞船，着陆速度大约是每小时322千米（在跑道上滑行，继续消耗剩余动能），联盟号飞船和龙飞船的着陆速度是每小时 11 千米左右。"ΔV" 是一个航天术语，表示速度的变化。从每小时 28200 千米到每小时 11 千米，速度变化非常大。

如果航天器的目的地比地球轨道还远，比如月球，或者有朝一日登陆火星，航天器返回时的速度会更高，这是因为在地球引力场的作用下，航天器在太空中行进的速度会越来越快。为了保证宇宙飞船成功返航，阿波罗登月任务中使用的散热装置，必须比航天飞机的隔热瓦还耐用。

进入太空，以及返回地球，都需要相应的技术支持。在升空过程中、在太空停留以及在返回地球的过程中保障宇航员的安全，也不是一件容易的事。

要想了解其中的不容易，我们可以用一些机械术语重新思考一下人类的属性。从本质上来讲，我们人类就是一个湿软的袋子（我们称之为皮肤）包裹了一些水分和肉。我们从弱小的单细胞生物，演化成复杂的灵长类动物，花费了近 40 亿年。这 40 亿年间，环境带来的挑战，迫使我们一直在挣扎中求生。这就说到了问题的关键：是孕育了我们的这颗星球，将我们塑造成了现在的样子。一开始的地球，对于人类来说是

有毒的，而且狂暴、混乱，后来才平静下来，变成现在我们眼中的样子，跟过去比起来，温和了许多，正好适合人类生存。我们全天候受制于重力——自身质量和地球质量相互吸引的产物。你的身体也会受到大气的挤压，海平面承受的压力是每平方厘米 6.6 千克。一般来说，承受的温度区间是从极地的冰点到热带的 49℃。人体感觉最舒适的温度是 15℃～21℃，所以大部分发达国家的人，如果在室内装了空调，通常会定在这个温度。人类的演化，使我们完美适应了这样的环境。

为了生存，我们要喝水，让身体保持适当的含水量；我们要进食，获取能量来做功（维持心脏跳动、保持血液流

地球的大气层和重力环境非常适合人类生存。太空远不如地球这般欢迎我们。
图片来源：美国国家航空航天局

动，也算做功）；我们还要呼吸。如果我们的演化环境是在月球或者火星、金星、木星，甚至太空，情况会大不相同。但是我们生活在地球上。演化环境造就了我们的生物设定，同时我们的生物设定也把我们困在了这个表面温暖、潮湿且被一层大气包裹着的星球上。

太空与地球完全不同。地球的环境对于人类而言是一种恩赐，为了在太空中生存，我们必须带上一小份地球的恩赐。我们的行程越远，花费的时间就越长，所做的准备也要越缜密。我们必须带上赖以维生的空气、水和食物。如果是长期任务，我们还要想办法应对重力缺失的问题，因为长期处于失重状态，身体会出状况。与此同时，太空中的真空环境让我们无法呼吸，还会挤压体内的水分，让我们变成一具没有生命的干燥躯壳。与地球类似的相邻行星，比如金星、火星，温度直接受太阳影响，非常极端。直面太阳的半球，温度会迅速升到120℃，而背阴的一面温度则直线下降，大约是 –160℃，最低能达到 –210℃。如果在没有任何防护的情况下进入太空，你会迅速窒息、脱水，然后一面结冰固化，另一面则开始嗞嗞冒泡，变成一块熟肉。

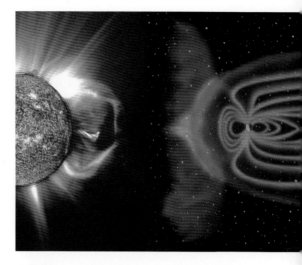

太阳辐射，以及来自太阳系以外的辐射，受到地球磁场的影响。如果航天器飞出地球轨道，就无法受到地球磁场的保护。
图片来源：美国国家航空航天局

无论是在太空的边缘——地表96千米之上，还是月球表面或火星轨道，上文描述的这些特征都会出现。火星地表活动相对温和，但是温度依然极端，赤道附近高温能达到21℃；低温能降到 –70℃，而两极温度直线下降到 –140℃。火星大气层非常稀薄，密度不到地球的 1/100，因此你的身体也会像在开阔的太空中一样体验类似窒息和脱水的感觉。

除此之外，太空中还有一只恐怖的"魔鬼"：辐射。如果你的活动范围超出近地轨道，即使抵挡住了真空和极端温度的考验，还要想办法解决致命的辐射。地球磁场将大部分入射辐射导向两极，因此地球磁场能保护地球，甚至近地轨道上的一切免受太空辐射的伤害。而大气能过滤掉太阳辐射出的紫外线，又为我们提供了一层防护。但是如果你飞到离地球几万千米之外，这些防护就全都失效了。在太空中，随着时间的流逝，来自太阳和其他星体的辐射会篡改你的DNA，引发癌症、心血管疾病，使你最终走向死亡。时间长了，辐射甚至会影响你的大脑[7]，让你在驾驶复杂的航天器时，出现混乱、抑郁、注意力不足等问题。

最后，我们必须说说重力。我们会抱怨气温或冷或热，也会抱怨呼吸时闻到的怪味，或者抱怨食物匮乏，但是我们不会抱怨重力，其实重力一直都在，无时无刻不在发挥作用。一旦我们离开地球进入轨道，重力和离心力相互抵消，重力对身体的影响也就跟着消失了。对于我们这些在一倍重力（地球重力）环境下演化过来的生命，这就成了问题。重力压迫消失之后，会出现各种反常现象。你体内平时聚积在腿部和下腹部的血液会自动平均分布，回流到胸部和头部。据在太空中待过的宇航员描述称，那种感觉就像得了无法康复的感

冒。然后是骨骼，在地球上，骨骼要承受身体重量，与地球引力对抗；到了太空，压在骨骼上的担子消失了，反而会因此出现钙质流失的情况，导致骨质疏松。眼球形状也会发生变化，聚焦功能会逐渐丧失。[8] 长期生活在低重力环境下，比如月球或火星，身体反应可能不会像在无重力环境下那么剧烈，但是人类还没有长时间在低重力环境下生活的经验，因此这会对人体产生什么影响，目前还不得而知。火星重力是地球的38%，也许长时间待在火星上不会对身体造成不好的影响；而月球重力只有地球的1/6。无论是火星还是月球，都比零重力环境友好，但是还需要通过进一步研究加以确认。关于这个话题，我们会在第六章做详细介绍。

人类第一次进入太空距今已有60年，这些年来，我们已经成功克服部分挑战，但是还有部分难题等待我们去攻克。如果将航天技术比作一棵果树，早年间，我们将一些小飞船送入地球轨道的成就，就相当于摘取了果树上低垂的果实——我们掌握了通过火箭喷嘴控制和引导高能化学爆炸的方法，将人类送入轨道，甚至登陆月球；我们设计并不断改进宇航服，让身体免受严峻太空环

境以及月球表面有害环境的侵害；从太空竞赛开始，至今我们已经掌握了很多在太空中生存的技能，有些人在轨道空间站（orbiting stations）停留的时间已经超过了一年。但是对于我们的远大征程而言，这些只是开始。

为了摘到航天科技树上高悬的果实，我们要掌握在太空中长期生存的技能，消解低重力和强辐射环境对身体的影响。在太空长途飞行，乃至在太空中居住，变成日常活动之前，我们最好能更深入地了解这些问题。幸好，我们在开始的时候打下了坚实的基础，国际空间站项目等正在开展的研究也有了不少收获。虽说我们的航天技术已经达到有史以来的最高水平，但是航天飞行依然不是件容易的事，风险和挑战依然存在。

说到这里，我们就不得不面对一个摆在面前的问题：太空对于人类那么不友好，太空之旅又面临重重挑战，我们为什么非要迎难而上呢？

1972 年，阿波罗 17 号登月任务的最后时刻，空间探索的序曲进入尾声。
图片来源：美国国家航空航天局

图片来源：詹姆斯·沃恩

CHAPTER 3

为什么探索太空

作为一个作家、一个记者，我撰写与太空相关的文章，已经有些年头了。其中一部分是在广播节目、电视节目以及互联网上谈论有关太空的话题。有一个问题反复在我脑海中出现：我们为什么要花那么大力气离开地球？当我们能离开地球之后，为什么又努力想去更远的地方，努力驻留得更久？

关于航天飞行，关于对宇宙的长期探索，你也许有自己的想法，但是很多人和你不一样。向别人解释为什么你觉得航天飞行很重要，也不是件容易的事，那些人可能不太清楚太空计划能有多少收获，也不知道它能给人类带来什么回报。实际上，从20世纪50年代美国国家航空航天局成立开始，关于这个话题的探讨就一直没有停止过，支持开展太空任务的人，一直在努力说服国会和大众为什么太空探索很重要。作为一个参与讨论的普通人，细细打磨自己的想法，在向他人解释的时候，才能更具说服力。

　　我们常遇到的第一个问题，也可能是最根本的问题：太空探索能给普通人带来什么好处？在我参与的一些广播或电视节目中，在打进电话或发送文字消息的观众中，很多对太空探索很感兴趣，但并不是所有人都觉得太空探索很重要，这没什么不好。大多数参与讨论的人都生活在民主国家，辩论正是民主不可或缺的一部分。

　　以下是我作为嘉宾参与的来电访谈节目中，一段颇具代表性的对话。

主持人：下一位来电观众来自得梅因。请说吧，杰夫。

杰　夫：你好，我就是想问一下嘉宾，为什么我们要花那么多钱探索太空？美国国家航空航天局花那么多钱在不能给我带来任何回报的项目上，我要考虑一下是不是应该支持这些计划。我的意思是，地球上有很多问题等着我们解决：堵车的时候我寸步难行，我们还没战胜癌症……在探索太空这件事上，普通民众到底能有什么收获？

主持人：好的，杰夫，感谢你的提问。罗德，你听到杰夫的问题了，我想再加一句，我们已经把人类送上月球，地球轨道上已经有空间站，但是切实的收益似乎少之又少。我们为什么还要继续开展太空项目呢？

　　这位观众提出的是合理质疑，主持人知道他的观众问这个问题的目的。大家都想知道，把那么多税金全都花在航天事业上，而不去解决那些更棘手的问题，到底是为了什么。

　　我们先纠正几个常见的认知错误。首先，美国政府主持的单一"太空项目"根本不存在。如果把军事活动和天气预报、气候研究等项目都包括在内，美国国家航空航天局的预算只占美国政府在空间领域花的钱的很小一部分。不仅如此，美国国家航空航天局的预算是联邦政府空间资金中最透明的部分，正因为如此，民众质疑美国太空计划价值的时候，才会把焦点放在美国国家航空航天局。民调显示，美国民众严重高估了美国国家航空航天局得到的年度拨款数额。航天局获得的资金只占政府预算的一小部分，才 0.5% 左右。平均到每个美国人身上，一年只有 54 美元（阿波罗任务时期最高，以通胀调整后的美元计算，平均每人达到了 100 美元）。[9]

迪特玛联合公司（Dittmar Associates）是一家位于休斯顿的航空航天咨询和顾问机构，他们在 2007 年进行的一项研究中，将一般民众对美国国家航空航天局预算的看法做了总结：

"一般美国民众根本不知道美国国家航空航天局花了多少钱。实际上，大部分人对政府部门的预算都没概念。"研究报告中指出："在大家的猜测中，国家划拨给美国国家航空航天局的款项约占国家总预算的 24%（实际上 2007 年美国国家航空航天局获得的拨款只占总预算的 0.58%）。"[10]

20 世纪 60 年代中期，美国国家航空航天局获得的拨款占比最高，达到了联邦预算的 5%，现在只有那时候的 1/10。与此同时，美国国家航空航天局开展的项目却比那时候更复杂、更广泛，其中包括天气卫星、地球科学卫星、行星和深空无人探测器、国际空间站的载人项目等。美国国家航空航天局还投资了私人航天企业。因此，可以说美国国家航空航天局用更少的钱，做了更多的事。

按 1969 年的汇率计算，估计阿波罗项目花费了 200 亿～ 250 亿美元（大约相当于现在的 1500 亿美元）。如果不看联邦总预算，这笔钱听起来确实不是小数目。对于很多人来说，花这么多钱只弄回 380 千克月球岩石，外加几千张照片，实在太不值了。航天飞机项目耗资 2000 亿美元，国际空间站是多国联合出资，至今已经花费了 1500 亿美元，其中美国出了 760 亿美元。[11] 美国国家航空航天局的登陆火星计划，将来如果实现，总共可能要耗费上万亿美元。[12]

但是这些数字必须与联邦扶持的其他科技项目做比较，才有意义。F-35 下一代喷气式战斗机项目目前已经花费了 4000 亿美元，[13] 美国政府要维护国家安全显然无可厚非，在一般民众看来，美国国家航空航天局空间探索计划的预算不能和战斗机相提并论。2019 年，美国的国防预算超过 7000 亿美元。美国国家航空航天局当年的年度预算是 190 亿美元，这样对比下来，美国国家航空航天局得到的预算实在不算多。

如果你可以接受美国国家航空航天局的 190 亿美元预算是合理的，接下来要讨论的就是：我们花这么多钱，能得到什么？这个问题的答案不是三言两语能说清楚的，事实上整本书都在回答这个问题，但是简而言之：在载人和机器人航天项目中，我们收获了巨大的科学回报。从这些项目中得到的发现和资料，解答了很多问题，比如：太阳系（以及宇宙）的起源，月球的构成（以及这一发现对未来太空探索的价值），未来天气模式（对农业和人类健康至关重要）。太空项目帮我们解决了很多人类健康问题，从相对紧迫的组织再生（治愈创伤）问题到骨质疏松以及如何在地球和太空中预防这一疾病，再到内耳的功能以及内耳在平衡和运动方面起到的作用，还有免疫系统对压力源的反应。

　　我们每天使用的 GPS 系统，也要归功于美国的太空投资。太空相关项目促进了技术的繁荣发展，个人电脑和智

能手机得以问世，很大一部分应用要仰仗轨道卫星。从冷战开始，到现在监控全球安全风险，军事卫星对维护和平贡献颇丰。商用卫星——一开始，是私人产业为美国国家航空航天局提供开发或升级服务——提供的影像数据创造了巨大的商业收益。银行依靠卫星传输数据，实现数据跨国乃至全球共享，提升交易速度和交易安全，如果我们不刻意强调，大家会认为现在的交易速度和安

日本宇航员星出彰彦抽血后的照片，他抽血是为了支持在国际空间站上开展的免疫系统研究。
图片来源：美国国家航空航天局

美国解密的莫斯科军事卫星图像，插入的图片是 1970 年的克林姆林宫（Kremlin）。
图片来源：美国空军

全水平是理所当然的。即便我们使用互联网，也需要借助卫星校准时间。在不久的将来，全球互联网接入也将仰仗大型宽带卫星集群。

天气跟踪和建模这个话题，应该展开讲讲。在与商务部的合作中，美国国家航空航天局的卫星提供了轨道观测数据，让我们对气候变化有了更深刻的认识。用卫星追踪天气的变化模式，评估耕种方式和农业创新的效果，结果在这些信息的帮助下，解决了数百万人的饥饿问题。进入太空时代之前，这是难以想象的。淡水在短时间内成了 21 世纪最有价值的资源，全球范围内的水资源分布情况都能通过卫星进行监测。水产业也是如此，鱼类是一项重要的食物来源，我们可以从太空中跟踪鱼类种群，根据数据建模，找出利用鱼类资源的最佳方法，保证鱼类资源健康存续，实现稳定供应。卫星图像在矿产资源探测领域的应用日渐提升。在交通领域，全球的飞行控制系统都已离不开卫星的辅助。即便是地面交通，比如卡车、货车之类的运输工具也开始从轨道高度进行监控。简而言之，卫星数据的应用，对很多驱动现代文明的产业都有影响，而且大部分情况产生的是积极影响。几乎

2008 年，在地球轨道拍摄的伊莎贝尔飓风。如今，气象追踪和预测工作大部分依靠空间装置进行。
图片来源：美国国家航空航天局

所有政府部门在履行职责时都离不开卫星。

美国国家航空航天局的开支，以及美国政府在太空项目上的投资，给美国劳动人口带来了直接回报。美国国家航空航天局将大笔经费用到了美国工人和美国企业上，其所占比例是除国防领域最高的。从制造新空间站组件，到美国国家航空航天局及其承包商和合作大学提供的高薪高技术岗位，再到肯尼迪航天中心外街道旁星巴克员工的工资——美国国家航空航天局的花费，直接注入了国民经济。[14] 美国国家航空航天局还会雇用本国航天产业承包商建造航天器，直接与 SpaceX 之类的新兴高科技

美国国家航空航天局前副局长罗莉·加弗。
图片来源：美国国家航空航天局

公司签订明码标价的合同，展开创新合作。现在我们去国际空间站只能靠俄罗斯，如果这些合作顺利展开，将来就能省去支付给俄罗斯的费用。通过传统契约、新型契约的形式，政府与私营企业展开合作，这些支出为振兴国民经济做出了贡献。

罗莉·加弗（Lori Garver）在2009～2013年期间担任美国国家航空航天局副局长，作为一个内部人士，她对美国国家航空航天局的开支有自己的认识。她以民用航空的初期发展为例，进行对比。美国联邦政府在20世纪初期对航空事业投入重金，由此产生的影响非常巨大。

加弗表示："航空发展改变了整个世界，产业规模已达到1.5万亿美元，每年空运人次高达数十亿。这都是政府对航空领域投资的成果，我希望在航天业也能发生这样的奇迹。"[15]

加弗认为，就像民用航空那样，从长期来看，政府对航天事业的明智投资，会带来巨大回报。所谓的明智投资，指的是要在直接投资技术、科研，与投资私营单位之间，找到一种平衡。

在航天领域和技术领域花费的投资，还能带来一项远期收益：训练有素的头脑。无论是载人任务，还是轨道任务，每一项航天任务背后，都有一大群训练有素的人才。有受过高等教育的科学家、工程师，还有以参加政府航天计划为人生目标，不懈努力的技术人员。罗伯特·祖布林（Robert Zubrin）是一位企业家、航空工程师，也是火星探测的狂热拥护者，阿波罗计划的工作人员让他注意到了这个问题。

祖布林写道：如果你找个在肯尼迪航天中心或约翰逊航天中心工作 [Johnson Space Center（JSC）]的美国国家航空航天局工作人员询问，大部分人会告诉你他们受到了阿波罗计划、航天飞机计划、无人探测器行星探索计划的鼓舞。"我们现在有很多可用之才，因为阿波罗计划，很多年轻的科学家和工程师进入航天领域。很多人因为登月项目，开始对科学感兴趣。20世纪90年代创造了硅谷神话的40岁的技术极客们是从哪儿冒出来的？20世纪60年代，他们中有许多人在12岁时，是在自家地下室自制火箭燃料的'疯狂科学家'。他们都是阿波罗的孩子。"[16]

阿波罗计划激励了很多人，让他们决心投身工程专业，投身科学，也鼓舞了全国，乃至全世界很多非专业人士。有史以来，从来没有一个事件能如此振奋人心。不管是民权活动家，还是反对政府过度开支的批判者，这些坚定的反对者虽然对高昂费用心存质疑，但是对成功登月这件事，还是给予了高度评价。1969年，第一批宇航员登陆月球，此后几年，通过大众媒体获知这一消息的民众，无一不对这一伟大成就心怀敬畏。这样的激励效果，才是航天发展取得的最伟大的成就。

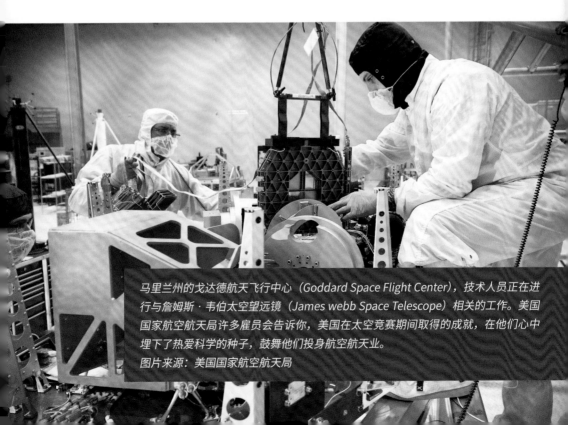

马里兰州的戈达德航天飞行中心（Goddard Space Flight Center），技术人员正在进行与詹姆斯·韦伯太空望远镜（James webb Space Telescope）相关的工作。美国国家航空航天局许多雇员会告诉你，美国在太空竞赛期间取得的成就，在他们心中埋下了热爱科学的种子，鼓舞他们投身航空航天业。
图片来源：美国国家航空航天局

阿波罗的激励效果有多种表现形式。光是听进入过太空的宇航员讲述他们的感受，就很有意义。进入太空的宇航员至今已超过500人，他们见过地球悬浮在太空中的模样，也因此形成了与常人不同的看法，这种超脱的观点被称为"总观效应"。斯坦利·罗森（Stanley Rosen）在1976年认定这种现象确实存在，美国作家弗兰克·怀特（Frank White）在1987年写明观点后，开始被广泛传播。[17]宇航员们有了这样的认识之后，开始分享他们的感受。从那样的高度，他们认识到：地球是脆弱的，人类的冲突过于幼稚，世界人民应

从阿波罗8号上看地球冉冉升起，这幅画面唤起了人们的全球意识，让我们理解了"总观效应"的含义。
图片来源：美国国家航空航天局

该为了全人类的利益共同努力。

宇航员们向人们解释他们的感受，有时并不容易。其中很多人，一辈子大部分时间都是作为一名试飞员（或飞行员），接受精准化的军事训练，语言表达不是他们的强项。但是他们都会谈论这个话题，尤其是在晚年。埃德加·米切尔（Edgar Mitchell）执行阿波罗14号任务时登陆过月球，回想起1971年，在距离地球380000千米的太空中看到的景象，他忍不住发出了这样的感慨：

"在刹那间，你就有了全球意识，理解了什么叫以人为本，对世界的现状产生强烈的不满，有一股冲动，想做点什么。从月球上看，什么国际政治，都是鸡毛蒜皮。你想揪住一个政治家的后脖子，把他拖到400000千米之外，对他说：'混蛋，你自己看看！'"[18]

这番感慨虽然不够文雅，但是很有说服力。

在和另一位宇航员的对话中，我获得了另外一种观点。富兰克林·张－迪亚兹（Franklin Chang-Díaz）是一位航天飞机时代的混血宇航员，他的人生经历和约翰·斯坦贝克（John Steinbeck）笔下的人物一样：一个勤勤恳恳的外来移民，为了融入新社会，克服重重挑

阿波罗 14 号任务宇航员埃德加·米切尔。
图片来源：美国国家航空航天局

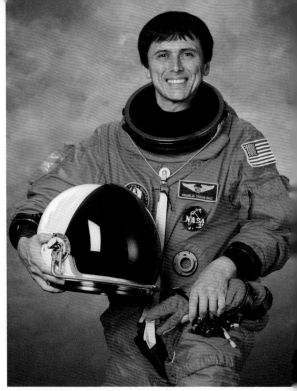

富兰克林·张－迪亚兹，执行过七次航天飞机
任务。现在正带领一家公司，为深空探测项目
建造高级推进系统。
图片来源：美国国家航空航天局

战，最终走上了人生巅峰。他的"人生巅峰"，是从成为美国国家航空航天局的宇航员那一刻开始的。

"我的童年时代和青春期是在哥斯达黎加和委内瑞拉度过的，探索太空是我毕生的梦想，一开始只是想象，后来成了现实。我 18 岁那年，独自一人来到美国，口袋里只有 50 美元。我在美国国家航空航天局工作了 25 年，我的世界观、我的生活信条全都改变了，现在我比之前更加坚信，人类未来生存下去的关键，在太空。我认为太空也不应该是民主权利的法外之地，所有国家都应该拥有探索太空的机会。"[19]

回到我们前面提到的广播连线，我似乎理解了杰夫的担忧，我们谈论了几个和航天相关的其他问题。"为什么要探索太空"，这个问题还可以继续讨论几个小时。还有其他更宽泛的问题要思考，比如人类的本质，地球在宇宙中的位置，太空探索如何改变我们的认知。

雅各布·范·泽尔（Jakob van Zyl）是美国国家航空航天局喷气推进实验室

（Jet Propulsion Laboratory）太阳系探索项目的负责人。他对太空探索的看法，与很多从事这项工作的人差不多。他在喷气推进实验室，从事的是向太阳系最远处发送探测器的相关工作，范·泽尔考虑这个问题的时候，认为太空探索和我们的起源有关。他觉得，是写入DNA的天性，在驱动人类探索宇宙。他把这种探索视作一种时光机器。"探索太阳系，最终会回到过去。外太阳系天体，与远古时期孕育我们的星云，成分最为接近。如果你真想追根溯源，必须不畏遥远，前去探索。从科学的角度来讲，寻找原始物质才是真正的原因……一切由它开始，万物由它构成。"[20]

除了工程师、宇航员、科学家群体，还有很多持类似观点的圈外人。霍华德·布鲁姆（Howard Bloom）之前是一位非常成功的摇滚乐推广人。20世纪80年代，对于唱片业来说，他的公关公司是最强劲的势力之一，斯提克斯乐队（Styx）、王子（Prince）、迈克尔·杰克逊（Michael Jackson）都是他的客户。他现在是一位积极的太空倡导者，同时还是高产作家。他那如诗般的思想，代表了很多太空倡导团体的想法。

"太空项目最主要的燃料不是液氧、氢或航空煤油——是人类的精神。点燃人类的精神，我们就能突破眼前的边界。一旦我们跨过边界，展现在我们眼前的，一定是我们想象不到的新事物。"[21]

人类的精神，是探索欲的主要驱动力。除去实际原因，太空探索也与好奇有关。人类想要了解未知事物，人类的骄傲、人类的成就、人类的自强不息，都在推动人类不断探索。

关于太空探索，还有一个终极理由。这个理由非常实际，虽然很多非常有头脑的人一直为此争论不休，但是这个理由经受住了考验：人类生存。

越来越多的科学家、哲学家，以及拥有亿万财富的企业家，在过去十年间陆续接受了使命的召唤。埃隆·马斯克认为，人类有理由去开发利用另一个星球，为人类留一条后路，比如把火星改造成"后备"基地。如果有朝一日人类无法继续在地球上居住，有我们当初亲手打造的第二家园，人类便可以对抗灾难。马斯克在2016年说过："我们有两条路可选：一是我们永远不离开地球，直到终极灭绝事件发生，人类彻底毁灭……另一条路是，人类进化成可以步入太空的多行星物种。"[22] 他认为火星是最适合移居的星球，希望有朝一日能将人类送上火星，而且他确实在为此而努力。

美国国家航空航天局前局长迈克·格里芬（Mike Griffin），目前是主管科研和工程技术的国防部副部长，他的远期构想和马斯克差不多："如果人类希望延续数百年、数千年，甚至数百万年，那么向其他行星移民势在必行。"[23]

已故知名物理学家史蒂芬·霍金（Stephen Hawking）也认同这一观点，只是言论更悲观些："我们的生存空间越来越狭窄，只能去其他星球。我们得去探索其他星系。分散到其他星球，也许是拯救人类的唯一途径。我确信，人类需要离开地球。"[24] 按照霍金的估计，以现在的人口增长和资源消耗速度，再过 100 年，地球就不再适宜居住了，或者说，人类不离开地球，就无法保证生活质量了。

关于人类扩张这个问题，罗伯特·祖布林（Robert Zubrin）用数字做了总结："地球资源快被我们耗尽了。现在全球人口总量大约是 75 亿，到 2050 年预计能达到 100 亿。人类对自然资源的消耗将日益加剧。金属矿藏、化石燃料，甚至淡水资源，都将枯竭。与此同时，地球环境和大气环境都承受着巨大的压力。不管你对气候变化问题持什么立场，人类活动产生的碳排放量和温室气体排放量已经数以百万吨计，将来一定会对全球温度造成影响，而且很可能已经造成了影响。全球温度变化对农业、林木生长、渔业都会产生巨大影响。总之，持续的人口增长，和由此产生的需求、副产品和垃圾废物的增长，会让地球面临巨大的挑战。"[25]

亚马逊（Amazon）和蓝色起源（Blue Origin）的创始人杰夫·贝佐斯（Jeff Bezos），对于人类移居其他星球这件事，并不那么热衷。他认为地球永远是最适合人类居住的星球。但是对于如何利用地球，他有自己的设想。贝佐斯在 2016 年发表过这样的看法："所有重工业将被转移，地球只用来居住和承载轻工业。"[26] 2018 年，贝佐斯在美国国家空间协会（National Space Society，简称 NSS）的国际空间发展会议（International Space Development Conference）上表示："这不是一个可选项，而是一个必选项，我们必须这么做。我们必须加强沟通，让大家理解'开发太空'的重要性，因为这项任务如此巨大。我们需要得到全世界的支持……开发太空，不是为了好玩，是人类必须要做的事。"

在贝佐斯的构想中，重工业转移出去之后，地球将焕发新生机，变成一个原始公园。人类利用太阳系的资源，在和平、繁荣的地球上居住生活。

弗里曼·戴森（Freeman Dyson）是另一位支持人类扩张的物理学家，他在 2001 年就描述了类似的愿景。"扩展生命版图，帮生命离开地球，让宇宙变得像地球一样多姿多彩，是我们的工作……没有生命的世界也可以用'美'来形容，但是充满生命的世界，会孕育出更多美好。"[27]

马克·霍普金斯（Mark Hopkins）是哈佛大学和加州理工学院的经济学家，也是美国国家空间协会会长。他设想过，如果人类勇敢迎接挑战，开始向太空扩张，未来几十年将如何发展。我们就此展开的讨论，可以作为这一章的结语。他关注的焦点是支撑人类文明的资源。

"开发太空定居点是人类将来能够幸存的关键。为了全人类的福祉，人类将移居太空中的定居点，利用我们在太空中找到的丰富资源，在那里生活、工作。太阳系中的绝大部分资源，不在地球，而在太空中。物质和能源都是如此……太阳释放的能量，是现在被人类利用的能量的十万亿倍。只要我们能把一小部分带回地球，就能满足人类的全部能源需求，而且是取之不尽的洁净能源。有了这些能源，社会经济体量会大幅增长。如今，地球有一半人口的收入不及美国平均水平的 1/25，还有 20 亿人没有用上电。如果能利用太空资源，全球范围内所有人的生活水平都能远超过现今美国人的平均水平，而且还能通过对环境无害的方式实现。人类社会繁荣发展，未来充满希望，并非妄想，只要我们能好好利用太空。"[28]

关于"为什么探索太空很重要"这个问题，我们从受人尊重的当代思想家那里听取过很多意见。他们给出的原因五花八门，比如技术发展能改善我们的日常生活，促进经济发展，或者为了满足人类想要探索的基本欲望。有些人甚至把人类离开地球的行为，视作一种用来对抗地球上灾难性的物种毁灭事件的保护手段。

有了这些认识，让我们来看看人类探索太空的历史，再来了解一下现状。

图片来源：詹姆斯·沃恩

CHAPTER 4

第一个太空时代

从1961 年开始，我们陆续将人类送入太空。虽然载人航天依然昂贵，操作起来依然复杂，但是对于我们来说已经不是一件难事了。只有无人或载人航天飞行变得更廉价，机器设备可重复利用，我们才能从新拓展的边疆中得到回报。时至今日，航天飞机是唯一能重复利用的航天器，但是，在两次飞行任务之间，还要对航天飞机进行价格昂贵的大规模整修。（现在看来，对20世纪70 年代的技术抱的期望太高了，那时根本无法达到真正的可重复利用。）SpaceX 运用了更简单的设计，外加新技术，其建造出的火箭，已经可以重复使用了——他们的猎鹰9 号已执行过多次商业发射任务——可以重复使用是降低成本的关键。正如埃隆·马斯克说的那样，火箭不能只执行一次任务，就像你从东京飞到纽约，然后把飞机扔了。想从太空中获取经济效益，必须有能迅速周转、可重复使用的航天器——发

39

射、收回、检查、添加燃料，然后再次起飞，和飞机一样。这就是太空 2.0 时代的关键。[29]

了解载人航天是怎么发展起来的，如今发展到了什么阶段，也许对我们理解这项事业未来的发展有帮助。

1957 年 10 月，史上第一颗人造地球卫星——斯普特尼克号（Sputnik），由苏联发射升空，太空竞赛由此开始。此时，美国为了发射卫星，已经奋战了几个月，听到这个消息，既震惊又愤怒。从第二次世界大战开始，美国在技术领域一直以引领者自居，到 20 世纪 50 年代末期，美国自认为是全球范围内技术最先进的国家。另一个超级大国苏联，作为西方世界公开的敌对势力，竟然在科技领域轻松击败美国，很多人都觉得难以置信。但是事实摆在眼前，无论是国内还是国际媒体，对此事的反应，都觉得这是一种耻辱。

几个月后，美国终于在 1958 年发射了自己的卫星——探险者 1 号（Explorer 1）。

之后，美国和苏联相继发射了更多

1957 年 10 月 4 日，苏联将斯普特尼克号送入轨道，太空时代由此开启。
图片来源：美国国家航空航天局

冯·布劳恩（Von Braun）在发射前讲解探险者 1 号。
图片来源：美国国家航空航天局

斯普特尼克号发射升空后，美国紧随其后，于 1958 年 1 月 31 日发射了探险者 1 号。发射成功后，在美国国家航空航天局的喷气推进实验室召开记者发布会。从左至右的 3 位人物分别是：喷气推进实验室创办人比尔·皮克林（Bill Pickering）；著名太空科学家詹姆斯·范·艾伦（James Van Allen）；后来建造了土星 5 号月球火箭的韦恩赫·冯·布劳恩（Wernher von Braun）。

图片来源：美国国家航空航天局

1961 年 4 月 12 日报纸头条，宣布尤里·加加林（Yuri Gagarin）进入天空。他是第一个实现绕地飞行的人。

图片来源：美国国家航空航天局

尤里·加加林，摄于 1961 年。

图片来源：美国国家航空航天局

卫星，并确立了新的目标——把人类送入太空。两个大国用当时正飞速成长的核导工厂，建造能运送小型单人太空舱的火箭。苏联的大型火箭发射经验更丰富，1961 年苏联将尤里·加加林送入太空，绕地飞行一周，美国又一次落后于人。加加林进入太空几周后，美国将艾伦·谢泼德（Alan Shepard）送入亚轨道，后来由约翰·格伦（John Glenn）于 1962 年初完成轨道飞行。

在太空竞赛中，美国连续两次被苏联击败。新任总统约翰·肯尼迪（John F. Kennedy）找来他的顾问和美国航空航天局专家，共同商讨，确立一个能先于苏联实现的太空目标，1961 年发表的著名宣言就是在这种背景下诞生的。美国要"把一个人送到月球，还要让他平安回到地球"，还设定了时间限制——"1970 年之前"。太空竞赛火力全开——不是为了实现科学目标，也不是出于人们的探索热情，纯粹是因为两个超级大国之间的大规模地缘政治斗争。这是一场没有硝烟的战争，双方都想证明本国的政治和教育体系更优越，以及到底是苏联的军事主导计划更高效，还是美国的民用计划更高效。这当然也是两国科技力量的一次比拼。

虽然此次飞行目标只是亚轨道，但是此时固定在狭小的水星号飞船中的艾伦·谢泼德，仍是第一个进入太空的美国人。

图片来源：美国国家航空航天局

水星－红石 3 号火箭（*Mercury Redstone 3*），搭载艾伦·谢泼德完成历时 13 分钟的亚轨道飞行。通过这次任务，美国跻身拥有载人航天能力的国家之列。

图片来源：美国国家航空航天局

　　在接下来的 11 年，航天飞行取得了飞速进展。苏联发射了三个系列的宇宙飞船，性能越来越先进。技术达到巅峰的是为月球任务建造的联盟号，其中一个型号的联盟号至今仍在服役。苏联还建造了一系列功能越来越强大的火

箭，其中就包括试图在登月项目上再次击败美国的 N-1 重型火箭。不幸的是，N-1 火箭从未成功发射，于 20 世纪 70 年代被弃用。

　　美国国家航空航天局的水星号飞船能容纳一个航天员，到 60 年代中期，

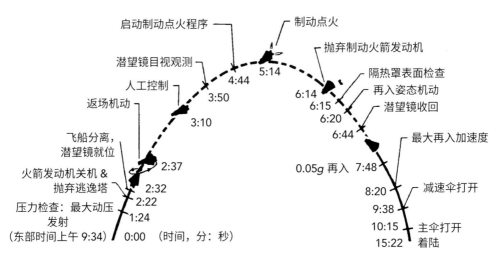

启动制动点火程序

制动点火

潜望镜目视观测

抛弃制动火箭发动机

人工控制
3:50

4:44

5:14

隔热罩表面检查
6:14

返场机动
3:10

再入姿态机动
6:15

潜望镜收回
6:20

飞船分离，
潜望镜就位
2:37

6:44

最大再入加速度

火箭发动机关机 &
抛弃逃逸塔
2:32

0.05g 再入   7:48

2:22

减速伞打开

压力检查: 最大动压
8:20

发射
1:24

9:38

（东部时间上午 9:34）   0:00   （时间，分：秒）

10:15   主伞打开

15:22   着陆

阿兰·谢泼德乘坐的水星 3 号美国国家航空航天局旧式时间轴。
图片来源：美国国家航空航天局

双子座号（Gemini）已经能容纳两人。执行双子座号任务期间，美国国家航空航天局掌握了轨道机动、交会和对接能力，1968 年，阿波罗飞船开始运行。同时，美国也在建设更大规模的火箭，达到巅峰的是 1968 ～ 1973 年间服役的土星 5 号月球火箭。

1969 年 7 月 20 日，人类登上月球。1972 年，最后一次阿波罗任务结束，飞船降落地球，太空竞赛宣告终结。20 世纪 70 年代中期，苏联和美国都开展了轨道空间站和航天器行星探索任务。

20 世纪 80 年代，美国的航天飞机投入使用，希望借此取代阿波罗飞船和土星 5 号火箭（Saturn V rocket），降低航天飞行的费用。苏联继续使用久经考

验的联盟号，并建造了和平号模块化空间站。两个大国野心勃勃地开展了越来越多的地球轨道计划，且全都把注意力放在了载人航天的"人"这个因素上：怎样才能让人体适应长期失重环境？很多宇航员、太空人到达轨道后出现身体不适，尤其是头晕，这是为什么？在地球重力环境下发育成长的内耳、视觉和其他感觉器官，在太空病中扮演了什么样的角色？轨道任务的持续时间越来越长，执行任务期间，一直在研究这些问题，以及其他医学和飞行适应问题。

1991 年，苏联解体后，美国宇航员多次乘坐航天飞机进入俄罗斯和平号空间站。造访计划从 1995 年开始，一直持续到 1998 年，为美国和新成立的俄罗斯

太空行走第一人阿列克谢·列昂诺夫（Alexei Leonov），在 1965 年 3 月 18 日升空后，出舱活动。此次行走虽然成功，但是他险些为此付出生命的代价：因为宇航服膨胀，他差点回不了太空舱。
图片来源：美国国家航空航天局

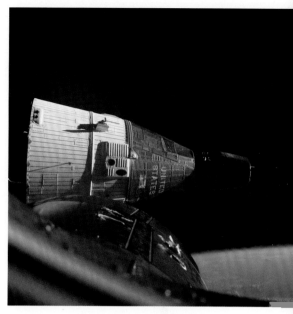

双子座 6 号飞船视角的轨道上的双子座 7 号飞船，1965 年 12 月第一次在太空中交会。
图片来源：美国国家航空航天局

发射前，夜幕下的土星 5 号运载火箭，左侧的亮光是闪电。
图片来源：美国国家航空航天局

阿波罗 11 号任务中最为人熟知的照片。月球行走期间，尼尔·阿姆斯特朗的身影映射在巴兹·奥尔德林的宇航服面罩上。
图片来源：美国国家航空航天局

地球实验室内的海盗1号（Viking 1）样机。海盗号是第一个成功登陆火星并正常运行的航天器。

图片来源：美国国家航空航天局

1996年，美国航天飞机对接俄罗斯和平号空间站（Mir Space Station）。这架航天飞机曾10次飞抵和平号空间站，是早期国际空间合作的范例。

图片来源：美国国家航空航天局

美国第一个空间站——太空实验室（Skylab），1973年进入轨道。先后有三批宇航员造访，逗留时间一次比一次长。1979年，天空实验室重新进入地球大气层。

图片来源：美国国家航空航天局

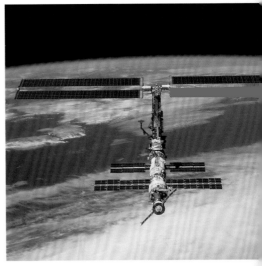

2000年，从航天飞机视角拍摄的尚处于第一阶段的国际空间站，当时航天飞机正在靠近国际空间站。

图片来源：美国国家航空航天局

和平号空间站的联合机组人员的太空自拍。
图片来源：美国国家航空航天局

2015 年，联盟号飞船对接国际空间站。
图片来源：美国国家航空航天局

联邦之间的国际合作确立了新原则。

2000 年，第一批宇航员抵达新建的国际空间站，美国、俄罗斯、欧洲航天局（European Space Agency，简称 ESA）、日本和加拿大展开了前所未有的合作，由联盟号飞船和美国的航天飞机执行机组人员运送任务。2011 年最后一次执行飞行任务之前，美国航天飞机一直不断为空间站提供补给，在空间站扩充方面同样功不可没。2011 年之后，能执行人员运输任务的只剩下联盟号飞船。

然后就要说到现在的情况了。俄罗斯正在设计能替代联盟号的运载工具，国际空间站计划运行到 2025 年左右。真正的退役时间，取决于政治和技术两大因素，美国国家航空航天局及其国际合作伙伴还在考虑之中。中国于 2003 年实现了首次载人航天飞行，使用的是中国自己的神舟五号飞船。中国还发送了两个小型实验空间站。

我们来汇总一下，目前全球有多少个拥有载人飞船的飞行舰队。至此，不得不提醒大家，在这本书出版时，美国没有任何一架能执行载人飞行的现役航天器。

现役载人航天器

联盟号

值得尊敬的联盟号飞船从 1967 年开始投入使用，它一次又一次通过事实证明了自身的可靠性。现在服役的是第四代联盟号飞船，能搭载三人。俄罗斯联邦航天局（Roscosmos）正在努力寻找替代方案，希望能设计出更现代、运载人数更多的航天器，但是新型航天器什么时候能投入使用，目前尚不明确。现在用来发射联盟号飞船的推进火箭，也被称为联盟号。无论是飞船还是火箭，都不能重复使用。

2005 年，联盟号飞船搭载 3 名宇航员靠近国际空间站。
图片来源：美国国家航空航天局

神舟号

神舟号飞船是中国航天计划的一部分，建造和发射全部由中国完成。神舟号飞船能搭载三人，执行发射任务的火箭是长征二号。无论是飞船还是火箭，都不能重复使用。

陈列在上海科技馆的神舟号飞船。
图片来源：罗德·派尔

预计 2020 年开始服役的载人航天器

龙飞船

SpaceX 的龙飞船从 2012 年开始向国际空间站运送货物。经过改良，龙飞船 2 号计划于 2019 年或 2020 年向国际空间站运送四人，按设计可载七人。龙飞船 2 号可完全重复使用，计划至少执行 10 次飞行任务，运载火箭为猎鹰 9 号，同样可重复使用。仅能执行货运任务的龙飞船，目前履行的所有合同，全部来自美国国家航空航天局。

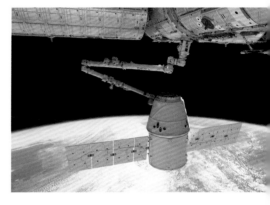

SpaceX 的龙飞船正在为美国国家航空航天局向国际空间站运送货物。
图片来源：美国国家航空航天局

星际客车

波音公司的 CTS-100 星际客车，是龙飞船 2 号的有力竞争对手，设计初衷是运送四名宇航员往返国际空间站，同样最多可载七人。执行首次发射任务的运载火箭是联合发射联盟建造的宇宙神 5 号火箭。联合发射联盟是波音公司和洛克希德·马丁（Lockheed Martin）公司的合作伙伴。星际客车在设计上同样兼容其他助推设备。星际客车也可重复使用 10 次，合同甲方同样是美国国家航空航天局。宇宙神 5 号运载火箭不可重复使用。

波音公司的星际客车计划于 2019 年或 2020 年开始为国际空间站提供服务。
图片来源：美国国家航空航天局

新谢泼德号（NEW SHEPARD）

蓝色起源是杰夫·贝佐斯创建的火箭公司，该公司的新谢泼德号飞船已经执行了八次亚轨道飞行任务。和联盟号一样，飞船和火箭共用一个称号。新谢泼德号还在测试中，蓝色起源发布声明表示，有意在2019年年底搭载六名乘客，完成一次短期观光飞行计划。更大型的轨道运载组合新格伦号（New Glenn）和重型运载组合新阿姆斯特朗号（New Armstrong）也已纳入计划。按照计划，火箭和飞船都可以重复使用。

联合号（UNITY）

理查德·布兰森（Richard Branson）发起太空观光项目，维珍银河（Virgin Galactic）正在试飞亚轨道火箭动力飞机，计划于2019年或2020年实施首次观光飞行。联合号火箭动力飞机能携带更多乘客，可完全重复使用，到达一定高度后与运载母机分离。

蓝色起源的新谢泼德号亚轨道火箭已经执行9次飞行任务，8次成功，准备于2019年实施首次观光飞行。整套飞行器完全可重复使用。

图片来源：蓝色起源

预计 2025 年服役的载人航天器

追梦者（DREAM CHASER）

追梦者号所属的内华达山脉公司，是参与美国国家航空航天局国际空间站载人运输合同竞争的第三家商业公司。可惜的是，追梦者号在第一轮测试中遭遇失败。美国国家航空航天局认为追梦者号的技术还不够成熟。[30] 美国国家航空航天局随后建议他们改为国际空间站提供无人货运服务，将来再重新评估他们的载人运输能力。追梦者号不是宇宙飞船式设计，而是采用升力体机身——有短翼，但是提升高度主要依靠机体形状。追梦者号可像航天飞机一样滑行着陆。追梦者号可重复使用，可用于多个型号的火箭发射。

追梦者号的开发过程很漫长，现在还处在试飞阶段，再过几年应该可以为国际空间站提供货运服务。

图片来源：美国国家航空航天局／肯·乌布利希

空间发射系统／猎户座

近期可投入使用的载人航天器，还包括美国国家航空航天局的空间发射系统和猎户座号深空飞船。猎户座号在 2014 年进行过一次无人试飞，搭配的是三角洲 4 号火箭（Delta IV rocket）。猎户座号飞船是目前为止最大型的载人航天器。猎户座号飞船的设计可执行登月任务，甚至可能执行火星登陆任务。空间发射系统助推器是多功能的，足以搭载猎户座号飞船和较重载荷进入甚至超出地球轨道，最终荷载能力将超过 20 世纪 60 年代的土星 5 号火箭。SpaceX 和蓝色起源都制订了大型火箭计划（SpaceX 的大型火箭已经在建造当中），空间发射系统火箭是美国国家航空航天局现有计划中最大的。空间发射系统火箭不可重复使用，但是猎户座号预计可重复使用。

美国国家航空航天局的猎户座号飞船，预计2020年后实施首次载人飞行。猎户座号是为深空探索设计的，也可用于地球轨道任务。

图片来源：美国国家航空航天局

美国国家航空航天局空间发射系统的早期版本：一级火箭。后期的二级火箭将提升运载能力。空间发射系统计划2020年后实施第一次载人飞行。

图片来源：美国国家航空航天局

空间站

国际空间站

从 1998 年开始装配，2011 年组建完成，国际空间站是人类有史以来规模最大、最复杂、最昂贵的航天工程。内部空间 934 立方米，从 2000 年开始有宇航员进驻，容纳人数已升至六人。预计可运行到 2025 年。

天宫号

中国的太空计划已经展开，到目前为止已经发送了两个空间站，预计 21

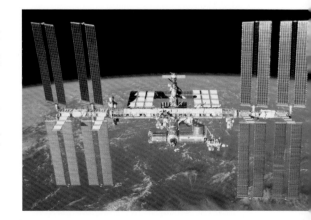

国际空间站是人类有史以来造价最昂贵的航天工程。从 2000 年开始投入使用，至今一直在地球轨道工作。

图片来源：美国国家航空航天局

世纪 20 年代早期发射第三个空间站。天宫一号是一个小型轨道实验室，已经接待了三批中国宇航员，2016 年与地面失去联系，2018 年坠入大气层。继任者天宫二号[*]还在轨道运行，持续接待到访人员，机器运输再补给能力已经过测试。两个空间站的主要任务都是工程测试，也在开展生命科学研究。天宫一号和天宫二号都是单模块空间站；新的大型模块空间站预计在 2022 年建造完成，届时中国将拥有一个更大的多模块轨道前哨。

和平二号

俄罗斯联邦航天局关于新轨道空间站的讨论，已经持续了数十年，实际上国际空间站上的部分俄罗斯组件，原本计划用于本国的和平二号空间站，结果和平二号空间站计划在苏联解体后被无限期搁置。国际空间站退役后，俄罗斯可能会拆除部分硬件，装配到他们自己设计的新轨道项目中。

---

* 作者在编撰本书时天宫二号尚未退役。2019 年 7 月 19 日 21 时 01 分，天宫二号空间实验室受控离轨并再入大气层，少量残骸落入南太平洋预定安全海域。天宫二号受控再入大气层，标志着中国载人航天工程空间实验室阶段全部任务圆满完成。——编者注

毕格罗航天公司
(BIGELOW AEROSPACE)

毕格罗航天公司的创始人是亿万富翁罗伯特·毕格罗（Robert Bigelow）。多年来，毕格罗航天公司一直在开发充气式轨道模块，发射的模块是扁平结构，抵达轨道后会充气膨胀。最初是为轨道观光设计的，2006 年和 2007 年用俄罗斯火箭发射了两个无人毕格罗模块，在轨道进行测试，并取得了一定成功。2016 年，第三个毕格罗充气式模块与国际空间站对接，目前正在经受长期太空测试。毕格罗航天公司的近期目标包括部署 B-330，B-330 是一个 330 立方米的模块，他们希望 B-330 能成为应用在轨道和轨道外标准化人居单位的一部分。毕格罗公司 2017 年末提议与

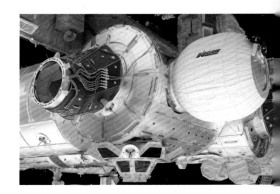

毕格罗可扩展活动模块目前正在国际空间站接受测试，该图为效果图。
图片来源：美国国家航空航天局

美国国家航空航天局展开合作，计划于2020年后将两个 B-330 送入绕月轨道。

也就是说，现在轨道上有一个可能正在老化的国际空间站，一个相对较小的中国轨道实验室，以及一个附属在国际空间站上的毕格罗测试模块。有俄罗斯和中国两套系统可执行载人任务，美国有多个蒸蒸日上的私人供应商正在筹备自己的载人运输系统。俄罗斯和美国负责满足国际空间站的货运需求。美国国家航空航天局的空间发射系统和猎户座号飞船预计 21 世纪 20 年代初开始执行载人航天任务。毕格罗航天公司、公理太空公司和其他企业，正在研究用私有资金搭建轨道研究和轨道旅游平台。

至于火箭，美国有联合发射联盟宇宙神 5 号火箭和三角洲火箭，还有 SpaceX 的猎鹰 9 号火箭和猎鹰重型火箭。SpaceX 和蓝色起源都在研制大型火箭（SpaceX 也在发展大型航天器），为 2020 年后做准备。俄罗斯、中国、日本和印度都有自己的火箭，在后面的章节中会陆续介绍。

读完上述内容，相信大家对载人航天的现状和马上能实现的目标已经有所了解。进入太空 2.0 时代，我们该对未来几年有什么期待呢？星际客车和追梦者号是专为近地轨道设计的。SpaceX 的龙飞船 2 号有意到更远的绕月轨道大展拳脚。美国国家航空航天局的猎户座号和空间发射系统可执行的任务会更多，包括进入地球轨道、登陆月球、登陆火星、登陆近地小行星。

过去，所有航天器在设计时便确立了特定目标。早期的苏联航天器东方号（Vostok）和上升号（Voskhod），以及美国国家航空航天局的水星号和双子座号飞船，都是为近地轨道任务设计的。联盟号和阿波罗号是为月球任务设计的。所有航天器在设计时都只考虑适用于特定目标，通过实践发现，联盟号有很强的适应能力。在向前发展中，在用途和目的两方面，新型航天器的设计会更加灵活。这也是让航天飞行费用不再如此昂贵的另一关键所在。但是，我们建造和发射什么样的航天器，在很大程度上仍然取决于我们的目标地点，以及到了那里之后要做什么。

现在，我们对美国国家航空航天局、商业航天，以及国际载人航天的现状，应该有了较为深入的认识，那我们就来谈谈太空中几个首选目的地吧。我们打算去哪儿？那些目的地有什么吸引我们的地方？

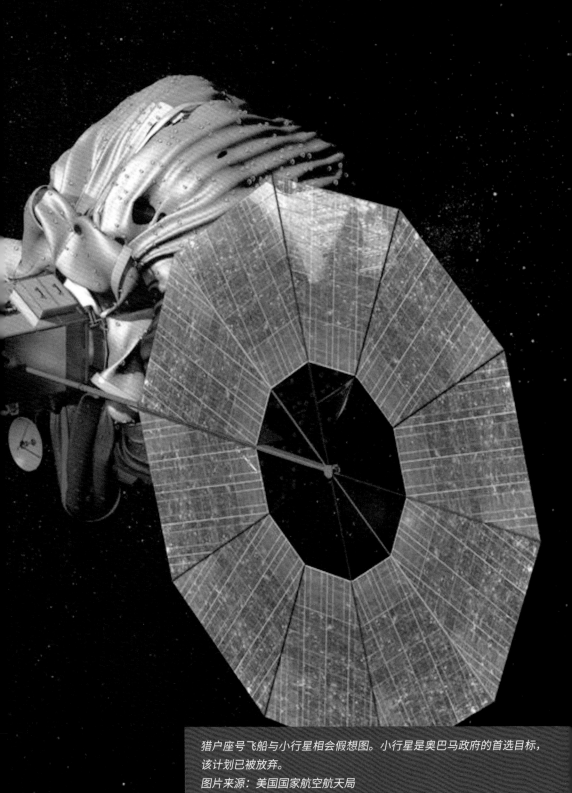

猎户座号飞船与小行星相会假想图。小行星是奥巴马政府的首选目标，该计划已被放弃。
图片来源：美国国家航空航天局

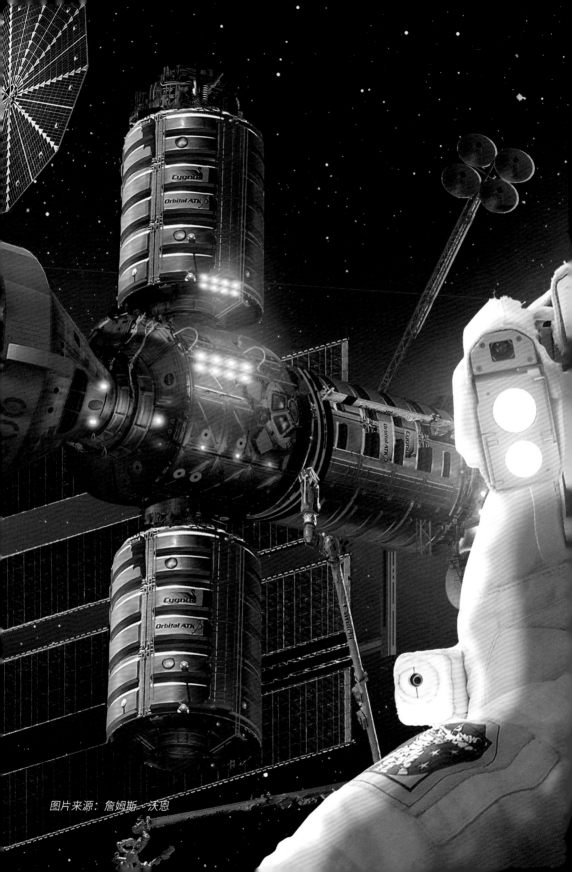

图片来源：詹姆斯·沃恩

目的地

考虑到航天技术的发展速度，在未来二十年内，我们可能抵达的航天目的地，总共有 11 个。

- 地球亚轨道：低于地球轨道的航天器运行的轨道。早期的水星号飞船和 X-15 火箭飞机，都是执行亚轨道飞行任务。在不久的将来，亚轨道将主要用于太空观光。维珍银河和蓝色起源的观光飞行计划都会在亚轨道上进行。

- 近地轨道：距离地球表面 160 千米～1900 千米的轨道。国际空间站和联盟号飞船所在的位置。近地轨道上还有很多科研及商用人造卫星。

- 地球同步卫星和地球同步轨道：距离地球表面约 41000 千米的轨道，在这个高度的卫星与地球自转的周期同步运行，使其相对于地球表面保持静止，或者每 24 小

时出现在同一位置。*地球同步轨
道并不是载人航天的主要目的地，
但是对于通信卫星、天气监测卫
星和军事卫星来说非常重要。

- 地月空间：地球同步轨道和绕月
  轨道之间的空间。地月空间严格
  来讲包括绕月轨道和几个拉格朗
  日点。后面会对这两个名词做详
  细介绍。

- 绕月轨道：远离月球表面绕月运
  行的轨道。

- 月球表面：在月球表面作业。

- 拉格朗日点：太空中的一类引力
  平衡点，在这些位置航天器轨道
  几乎无须修正，即可相对于两个
  天体——比如地球和太阳，地球
  和月球——保持静止。[31]

- 小行星：轨道附近或登陆小行星。

- 火星轨道：和近地轨道类似，近

美国国家航空航天局的"月球轨道平台—门
户"(Lunar Orbiting Platform-Gateway，简
称 LOP-G) 就是一个地月空间项目，航天器在
一定高度围绕月球运行。
图片来源：美国国家航空航天局

火轨道距离火星表面290千米。
也存在火星同步轨道，由于火星
质量比地球小，火星同步轨道距
离火星表面13000千米。

- 火星卫星：轨道环绕或者登陆火
  星的卫星，火卫一、火卫二。

- 火星表面：在火星表面作业。

关于这些目的地的用途，一直存在
很多争论。总的来说，这些是载人航天
超越地球轨道之后，在接下来的几十
年，很有可能前往的目的地。

在这些目的地中，哪个最有意义，
哪个最有用，制定太空任务的人——
从美国国家航空航天局，到国际航天

---

* 地球同步轨道：运行周期等于地球自转周
期（23小时56分4秒）的顺行人造地球卫星
轨道。在地球同步轨道上运行的卫星在每
天同一时间的星下点轨迹相同，不考虑轨
道摄动时，卫星每天相同时刻经过地球上
相同地点的上空。

当轨道与赤道平面重合时（即倾斜角为0°
的圆形轨道），称为地球静止轨道，因为
在这样的轨道上运行的卫星将始终位于赤
道某地的上空，相对于地球表面是静止
的。——编者注

机构，再到学者，甚至是见多识广的公民个人——都对此有着强烈的个人看法。上面列举的几个目的地各有各的优劣之处。由于资金有限，美国国家航空航天局，或美国国家航空航天局和其他国际航天机构组建的联盟组织，在制定 2050 年之前的载人航天任务时，大概只能选择其中一两个，至多三个目的地。虽然无人航天器已经去过（甚至远远超过）其中不少地方，而且很可能会在这段时间内再次拜访，但是送人过去所需的费用比送无人探测器昂贵得多，因此必须有所取舍。像埃隆·马斯克这样的航天业私人企业家，能为他们自己的选择做出尝试，马斯克已经选择将人类去往火星作为 SpaceX 的优先任务，但是他们需要多长时间实现这个目标，还有待观察。

载人航天的目的地，一直是非常热门的争论话题。不管我们去往深空中的什么地方，从资金和技术角度看，近地轨道都是最容易到达的目的地，因此那里会一直是最繁忙的区域。在那里可以开展很多创造性的工作，特别是通过商业、科研和军事卫星。中国和俄罗斯都计划在近地轨道设置一个新的科研前哨

从近地轨道看到的一抹曙光，拍摄地点是国际空间站。
图片来源：美国国家航空航天局

月球北极附近的海因环形山，这里很可能存在水冰。
图片来源：美国国家航空航天局

站，各私营企业也在规划科研和旅游方向的轨道空间站。近地轨道是大家理所当然的选择，大量机器人以及人类活动会在那里持续进行。

跨越近地轨道之后，载人航天最受欢迎的候选目的地是月球和地月空间，以及火星和火星轨道。在更大范围的航天群体中有派系之分，有的倾向于月球方向，有的倾向于火星方向，而且他们对自己的选择都抱有极高的热情。比如，有一个很大的"月球优先"群体，其中就包括现任总统（特朗普）领导的政府，他们深信，让人类重新登陆距离地球只有 380000 千米的月球，是我们下一步最该做的事。抵达月球只需几天时间，抵达火星却需要六七个月。我们对月球表面有一定了解，对从月球表面

带回的岩石和土壤样本做过大量检测。且月球与地球距离相对较近，如果出现紧急状况，能在短时间内回到地球。

除此之外，登月还有其他优势。我们知道人类自身以及机器人在月球上是如何行动的。我们知道能用月球矿石提炼金属、制造玻璃，我们有很大的把握从极地冰盖获取水资源。对人类而言，水的地位极其特殊，水能维持生命、饮用，还能提供呼吸所需的氧气。大家都知道水能分解成氢和氧，氢和氧可以被用作火箭燃料。并且月球两极都有高山，山顶 90% 的时间能见到阳光，是非常好的太阳能站点。月球优先群体还认为，移居火星甚至更遥远的星球所需的技术，可以先在月球上做测试，然后一步一步发展。

"火星优先"的拥护者表示，别着急想移居的事。如果我们把钱和资源用在轨道研究、开发轨道基地上，或者用到月球任务中，想去火星，可能还要多等几十年，毕竟能花到太空项目上的钱就那么多。火星有一层稀薄的大气，能降低辐射伤害。火星上也有很多可用于人类航行和移居的资源。可以从火星地表之下的冰层以及大气中获取水资源，有了水就能制造用以维持生命的氧，以及可以作为火箭能源的氢。火星重力是地球的38%，月球重力是地球的16.7%，相较之下，对人类而言，火星环境可能更健康。

除了这些客观理由，还有一个主观原因让那些人更希望先去火星：火星是一颗行星。火星和地球一样有干燥的陆地，而且地表面积比月球大得多。和现在相比，过去的火星和地球更相像（月球环境一直干燥，且没有空气），因此我们可以通过研究火星，了解行星演化和衰退的过程。最重要的是，火星过去可能存在简单形式的生命（也许现在还有）。

还有一个群体，他们认为环绕其他星球的轨道空间比登陆星球表面更有价值。在绕月轨道或绕火星轨道上运行，比登陆星球表面更容易实现，不需要昂贵、复杂的登陆器，也不需要为返程准备额外的燃料——按照最近的估算，载人航天器离开火星表面需要33吨燃料；[32]环绕行星或卫星，就能居高临下对这

作为人类定居点，火星受到很多人的青睐。
图片来源：美国国家航空航天局 / 帕特·罗林斯

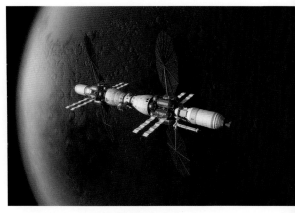

由洛克希德·马丁公司提议建造的火星轨道空间站，即火星大本营（*Mars Base Camp*）。
图片来源：洛克希德·马丁公司

些天体开展很多研究；特别是如果送机器人登陆，可以从轨道上进行遥控。为了保证宇航员的身体健康，最终可能会给轨道空间站安装离心机人为制造重力。从绕卫星轨道或绕行星轨道回到地球也容易得多。这些围绕星球运行的"轨道中间站"，终将成为前往星球表面的据点。[33]

关于在地月拉格朗日点[*]——L_1、L_2——设置驻人航天站的问题，也存在类似的争论。这两个点适合安置空间站（只需偶尔调整位置），L_1 位于地球和月球之间，L_2 位于绕月轨道远端。L_1 可以持续接受光照，保证能源供应，同时促进太阳天文学的研究和应用。在 L_1 和

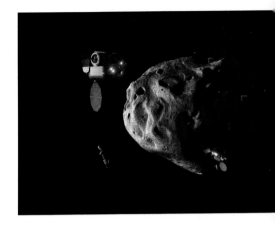

机器人探测器探测到一个可能有开采价值的小行星。
图片来源：美国国家航空航天局

L_2 建空间站，可开展的工作和国际空间站类似，比如评估长期暴露在微重力环境下可能造成的影响。这两个位置还可以充当能源存储仓库，为探索太阳系更深处提供便利，也可以作为人类往返月球和火星的中间站。对于到小行星采矿，这两个位置也有很大用处，可能会用于货物存储。L_4 和 L_5 都在月球运行轨道上，分别位于月球的前方和后方。因此，有人认为，这些以及其他拉格朗日点可以作为深空移民的航路点。[34]

最后是小行星。研究小行星，能获得很多科学知识。小行星是来自早期太阳系的碎片，没有被行星表面的复杂气候影响过。很多小行星有金属内核，人类可以到小行星采矿，制造航天器所需

---

* 拉格朗日点，又称平动点，在天体力学中是限制性三体问题的五个特解。一个小物体在两个大物体的引力作用下在空间中的一点，在该点处，小物体相对于两大物体基本保持静止。五个特解（L_1、L_2、L_3、L_4、L_5）在两个大物体（M_1、M_2）的引力作用下的位置分布如下：

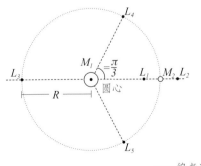

——编者注

的工具和部件。有些小行星上蕴含地球上稀缺的稀土元素，可以用来制造半导体电子元件。小行星也含有水冰，可以像对月球和火星上的冰一样进行处理，既提供了方便的燃料，又可作为维持生命的来源。如果位于拉格朗日点，小行星也可以充当一个有力的前哨站。

上述目的地有一个共同点，那就是想抵达都要克服重重困难。我们知道如何去往这些目的地——我们已经掌握了抵达大多数目的地所需的基本技术。但是同短途载人航天相比，把人送往的地方越远，需要克服的困难就越多。如果你年纪够大，可以回想一下阿波罗计划，在登月期间，经常每两个月就要执行一次发射任务。也许你还记得，当时还制订了计划，十年内登陆火星，20世纪末要在月球和火星上建造基地。当然，这些只停留在计划阶段，没有真实发生。

这些目的地，以及通过载人航天抵达这些目的地的计划，一直是美国国家航空航天局、政府和大学、航天产业企业家、美国之外的国际航天机构热烈讨论的话题。在美国国家航空航天局方面，考虑到美国国家空间委员会近期的政策声明，类似的项目很可能会再出现。国际空间站准备在 2025 年结束运行，美国国家航空航天局将与私人承包商合作，在月球轨道上建造并运行前哨站，最终目标是月球表面。从本质上来讲，一开始这些都属于科学项目，但是随着商业活动的介入，性质也随之发生了变化。美国国家航空航天局会继续派遣机器人和人类在太阳系展开更深入、广泛的探索，仍然计划将人类送往火星。

各国、各私人组织都锁定了自己的目标。比如中国已经发布声明，要在 2030 ～ 2040 年把人送上月球。欧洲航天局打算在 21 世纪 30 年代，和美国、俄罗斯，也可能和中国，一起联手建造一个国际"月球村"。俄罗斯和美国国家航空航天局还在讨论把人送往火星的计划。国际合作能达到怎样的程度，不是各航天机构能决定的，这取决于民族自尊心和政治现实。

埃隆·马斯克这样的企业家是航天事业中的重要变量，以月球和火星为目的地的载人航天任务，也是他们追求的目标。目前，马斯克的首要目标是在 21 世纪 20 年代中后期，将人类送往那颗红色星球，理论上甚至可能打败美国国家航空航天局，率先实现目标。

航天业在接下来的五年，一定会发

生很多有趣的事。

从怀特兄弟（Wright brothers）发明飞机到人类登陆月球，似乎跨越了漫长的历史长河，实际上现在距阿波罗时代也已经过了这么多年。很显然，长期大力度致力于实现太空目标，是一项很难维持的事业。做出必要的选择，然后去努力实现这些目标，也会面临重重阻难，但是必须做出决断，我们才能安全高效地一步一步前进。最理想的情况是，决策者选择一个或多个目的地，我们能在那里驻留、发展、繁荣。无论是地球轨道、星际空间，还是遥远的行星或卫星表面，太空环境对人类而言都是恶劣的。想在那样的环境生存下来，还要繁荣发展，绝非易事。

在永久定居月球和火星之前，可能要先进行探险式的旅居。
图片来源：詹姆斯·沃恩

图片来源：詹姆斯·沃恩

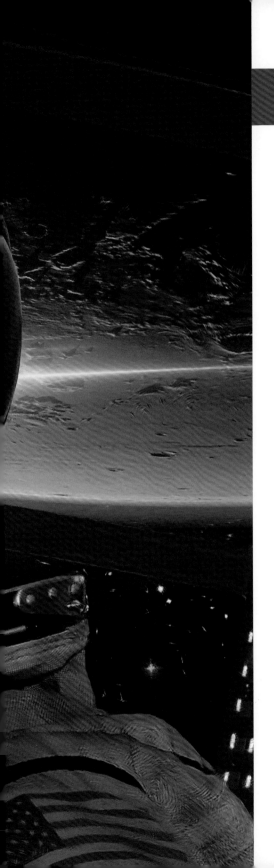

CHAPTER 6

人的因素

在早期的太空竞赛中，美国和苏联争先恐后，都想在最短时间内将人类送入太空。为了发射航天舱，他们将核导弹改装成能运载更重负荷的装置。宇宙飞船从无到有，是全新的设计，其实只能护送一个人进入轨道航行。除了要考虑发射和回收问题，最重要的挑战是如何保证宇航员的生命。和发射导弹不一样，把人发射出去，是一个全新的技术问题——地球上现有的技术，与之最接近的要属潜艇和高空飞行器。在这两项技术中，航天飞行的要求与高空飞行更相似。

压力服是一个挑战。两个国家之前都开发了适用于高空飞行的飞行员压力服，经过改造，足以应对短期轨道航行。大部分压力服的设计，只是为了应对紧急情况：如果暴露在真空环境中，压力服可以在一段时间内保护飞行员免受伤害；设计的时候考虑只需穿戴几个小时，必要的时候才会加压；只考虑保

69

站在高空 X-15 火箭飞机旁的彼得·奈特（Pete Knight），拍摄时间 20 世纪 60 年代。当时，压力服是为了保证飞行员能在低压环境中存活而设计的，本质上只能算是一个人体形状的气球。图片来源：美国国家航空航天局／美国空军

护飞行员的安全，没有考虑方便性和舒适性。

随着太空计划的发展，航空转航天，飞行时间变长，要持续数天，后期会增加至数周，这时就要考虑其他因素了。除了要保护航天器内的飞行员免受压力骤降的伤害，还要考虑穿着压力服

时如何排泄。一开始设计成前后有拉链的密封式，添加类似尿布的东西，直接尿在里面；后来可以通过压力服上的一个开口排尿；再后来，可以把固体排泄物排泄到塑料袋里，但是在狭窄的太空舱内排泄，既不方便又尴尬，更别提气味了。

当太空行走或"舱外活动"变成航天飞行的一部分时，需要进一步扩展宇航服的功能。除了要在舱内失压时保持宇航服压力外，还需要保护穿着者免受舱外极端温度的伤害——阳光面 120℃，阴暗面 –120℃（甚至更低）。宇航服还要具备一定的灵活性，保证穿着者能在增压状态下工作，这一点非常困难——比设计者预想的难得多。让宇航服在 3.4N/cm^2 压强的情况下保持密封状态，还要灵活柔韧，实现起来非常复杂。所有的设计灵感都制作了原型，接受测试，但是只有少数功能达到了预期效果。最早的宇航服设计原型一旦充气，就会变得像岩石一样坚硬，而且会舒展开，让穿着者看起来就像一个僵化的姜饼人。设计者尝试在肘部和膝部使用波纹管，甚至用上了缆线和滑轮装置，帮助穿着者把胳膊拉动到可以工作的姿势。

从双子座 4 号上拍摄的美国太空行走第一人，爱德华·怀特（Ed White），拍摄时间 1965 年。在这类活动出现之前，太空服主要是用来保护宇航员免受航天器失压带来的伤害。为了满足太空行走的需求，太空服要更坚固、更灵活。
图片来源：美国国家航空航天局

1969 年，宇航员在月球上行走时，大部分问题都解决了。那时候，我们已经知道如何保护人类免受太空极端环境的伤害。但是，离开了地球的保护，想在地球之外生存，太空服只是保障计划中的一部分。随着项目不断进展，登月竞赛结束，开始建造空间站，人类要在失重环境下生活、工作数月之久。于是，眼前又出现了新的挑战。

20 世纪 70 年代初，长期的地球轨道空间站计划成为多方关注的焦点。苏联在 1971 年发射了他们的第一个轨道空间站——礼炮号（Salyut）空间站。美国紧随其后，在 1973 年发射了更大的天空实验室空间站。这些任务首次揭示了长期失重环境对人体的影响。

到 1975 年，宇航员已经可以在礼炮号和太空实验室空间站上待几个月。最长的一次停留是在礼炮 6 号上进行的，历时 4 个月，过程极其艰难。礼炮 6 号内部空间狭小，只有 91 立方米

在 1972 年阿波罗 16 号任务期间，约翰·扬（John Young）跳起来向美国国旗致敬。宇航员在月球漫步时穿的宇航服非常坚固，而且相当灵活，同双子座任务时期的宇航服相比，有了很大改进。
图片来源：美国国家航空航天局

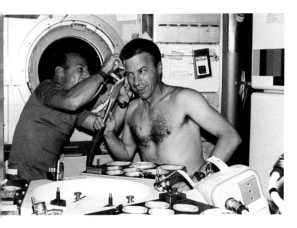

左右，比一个标准货柜的体积大 1/3 左右。美苏两国都详细记录了失重对人体造成的各种影响，但是由于正处在冷战时期，两个超级大国很少与对方分享自己的记录。

美国国家航空航天局先后向天空实验室发送了三名宇航员，每名宇航员在太空中停留的时间都比前一名宇航员长。美国做了广泛的医学实验，验证长期失重状态对骨质流失、肌肉萎缩及其他生理状况的影响。苏联也做了类似的实验，记录下的结果与美国相似。

1991 年苏联解体时，他们的和平

1973 年，在执行太空实验室任务期间，皮特·康拉德（Pete Conrad）帮保罗·韦茨（Paul Weitz）修剪头发。韦茨用一个真空装置吸走碎发。这一组共 3 名宇航员在太空中停留了 28 天，打破了当时美国太空任务的时长纪录。
图片来源：美国国家航空航天局

正常骨密度　　　　　　　　　　　低骨密度

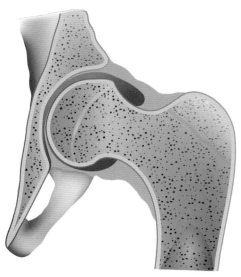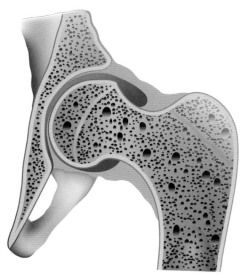

骨密度流失对比结果剖面图，骨密度过低会导致脆骨症。
图片来源：美国国家航空航天局

斯科特·凯利（Scott Kelly）在太空中生活了数月之后，由于失重状态下体液的重新分配，导致脸部比正常状态下肿胀了许多。体液积聚在上腹部和头部。

图片来源：美国国家航空航天局

号空间站在连续航行方面的表现无人能及。和平号已经在轨道上运行了5年，那时候已经开始相对自由地与美国共享医学记录。长期失重环境对人体有害这一结论，在那时已经日渐明确。由于人体一直在地球重力环境中，因此无法适应零重力环境。

浮肿只是小问题，最令人担心的是长期失重环境会改变骨密度。就像在第二章提到的那样，人体离开地球环境之后，骨骼中的钙质会流失，通过尿液排出体外。长此以往，骨头会变得脆弱。再加上不用再对抗地球重力，导致肌肉萎缩，回到地球之后麻烦就来了。这些

以及其他问题，开始引起航天医生，也就是宇航员医生的注意。我们可以从一位美国国家航空航天局医学专家的角度，思考一下解决这些问题的方法。

比尔·塔弗（Bill Tarver）是美国国家航空航天局的一位航天医生，工作地点在休斯敦的约翰逊航天中心。他是得克萨斯大学的医学博士，毕业之后到美国空军工作了9年。之后，他进入私人诊所，但是，他说："在约翰逊航天中心，我有几个相识的熟人，他们总让我过去找他们。私人执业五年，主攻职业病，其实有点枯燥，我去了约翰逊航天中心，在那儿看到了一张从月球上看地球升起的照片，照片上有尼尔·阿姆斯特朗、巴兹·奥尔德林和迈克·柯林斯的签名。我问了一句：'我能见到阿姆斯特朗？'他们说是。这一下点燃了我的热情，我就到这儿来了。"[35]

美国国家航空航天局有一个由20名业界骨干组成的医生团队，比尔·塔弗就是其中之一，不仅如此，他还当过太空医学会的会长。他可以在这个特殊岗位，观察和评估失重、循环空气、限制饮食对人体的影响。另外，空间站的辐射虽然不及宇宙深空，但是比地球高，所以这也是医生关注的一个焦点。

他平时在约翰逊航天中心的医疗部门工作，负责照看现役和之前服役过的宇航员们，因此可以跟踪监测航天飞行造成的后遗症。

塔弗表示："你难以想象，飘浮在空间站的微重力环境中，会带来什么样的后果。比如，如果空气不能充分循环，你面前可能会出现一个大二氧化碳气泡。也就是说，如果你在空间站内的一块面板后面，周围空气没有充分流动起来，你呼出的气体就会形成一个包围自己的二氧化碳气泡，引发健康问题。"

从人类开始长时间在轨道空间生活

之后，陆续发现了不少这类潜在的风险。有些微不足道，有些则非常严重，而身体机能整体退化是最让人担忧的。塔弗说："太空中悬浮的状态是在地球上无法完全复制的……在太空中，你的血管和体液不受任何外力影响，这种状态是无法在地球上进行模拟的。"正因为如此，在国际空间站对人体进行细致的研究，依然有很大价值。

关于长期处于重力环境中对人体的影响，最近一次大规模综合研究发生在 2015 年，美国宇航员斯科特·凯利为此在空间站停留了将近一年。俄罗斯

国际空间站内装备了很多仪器，如果宇航员长时间在一个地方工作，呼出的二氧化碳就会在那些地方聚集不散，因此让空气充分循环至关重要。
图片来源：美国国家航空航天局

宇航员过去曾驻留过更长时间，但是斯科特·凯利的任务存在一个特别之处，那就是斯科特·凯利有一个同为宇航员的双胞胎兄弟，名叫马克。马克·凯利（Mark Kelly）同意在兄弟驻留太空期间接受医学专家的监测。实验对象在太空中，地面还有一个对照对象，而且两个人 DNA 几乎完全相同，再加上两个人都有着大量且完善的医学记录，因此这次实验成了太空生理学研究中的一次突破。

斯科特·凯利的视力发生了变化，而且是永久性的（女性发生视力变化的概率低于男性，原因尚不明确）。由于长时间身处微重力环境，斯科特眼球的形状发生改变，现在需要佩戴老花镜。医学研究人员现在还无法完全确认导致这种变化的根本原因，为什么有些宇航员眼球形状会发生永久改变，有些则是暂时的，现在依然不得而知。

最让人吃惊的是斯科特的基因发生了改变。斯科特在太空时，许多存在于基因末端的帽状结构，也就是"端粒"，变长了。端粒与人体老化相关，因此这一变化引起了研究人员极大的兴趣。但是当凯利回到地球之后，才过了几天，端粒就恢复到正常状态了。

斯科特·凯利（右）和他的双胞胎兄弟马克·凯利（左），都是美国国家航空航天局的宇航员，也是有史以来第一次双胞胎长期太空飞行实验的对象，在实验过程中，斯科特在国际空间站待了一年。
图片来源：美国国家航空航天局

斯科特 7% 的基因受到了更持久的影响，可惜是负面的。其中包括与骨密度和骨骼形成相关的基因、与免疫系统相关的基因，以及与 DNA 修复相关的基因。长时间的太空生活对斯科特·凯利造成了这么多令人担忧的影响，相关医学研究还在继续，制订太空航行和轨道空间站计划的人们，一定十分关心研究结果。

塔弗花了很长时间，研究凯利兄弟和其他宇航员的生理状况，他的研究也涉及心理方面。在地球上，人们很少会连续几个月甚至一年待在一个狭窄的空间内。简单来说，这不是一种正常的生存状态。长时间生活在局限空间的人，通常会有间歇性的自由活动时间，比如南极科考站的工作人员。而在潜艇内的活是个典型的例外。在"二战"期间，海员通常要在水下巡航数周，潜艇浮到水面时，才能走出潜艇，而且时间很短暂。十年之后，到了20世纪50年代中期，核动力潜艇一次能在水下待上几个月。在军事健康研究课题中，长期身处狭小空间内，可能出现的心理问题变得越来越重要。[36]

相关研究一直持续到了今天。研究结果表明，长时间困在狭小空间内，会破坏人的行为模式。睡眠周期受到干扰，轮班制度必须做出调整，同时控制热量的摄入，才能维持最佳状态。除此之外，领域行为和不受欢迎的控制行为，也引起了研究人员的注意。因为这些研究，潜艇结构和居住设施都有了很大改善。

可惜，同潜艇相比，设计航天器时的限制更多。设计航天器时总是要优先考虑质量问题，因此在努力满足宇航员需求的前提下，内部空间一定很狭窄，任何奢望都会受到严格限制。天空实验室上安装了一扇大窗，目的就是为了调节宇航员的心绪，结果这扇窗成了

"二战"时期潜艇内的工作舱。关于长时间在封闭空间工作对人造成的影响，美国海军从潜艇的幽闭环境中，得到了第一批数据。
图片来源：美国海军

现代潜艇，比如这艘俄亥俄级潜艇（Ohio-class vessel），为船员提供了更宽敞的居住空间。但是由于下潜任务会持续数月之久，心理问题依然值得关注，相关研究还在继续。
图片来源：美国海军

空间站内最受欢迎的用来放松心情的地方。国际空间站上的窗户面积更大，名为"穹顶舱"（Cupola），功能和天空实验室类似。设计师还会尽量选择使人放松、令人愉悦的颜色。但是航天器设计是以功能为导向的，任何因为非关键目的而增加的质量，都必须经过严格筛选。考虑到这些限制，美国国家航空航天局借助现有研究结果——比如海军的研究，实际操作了数百次，来决定优先次序。

美国国家航空航天局内，有由心理专家和精神病学家组成的医疗小组，对被限制在狭小且嘈杂的环境中的人——比如国际空间站内的宇航员——进行监控，并试图找出弱化负面影响的方法。空间站内的任何指定模块，都不会比中型房车大太多。空间站本质上没有地板与天花板之分，任何方向都不存在无用空间，待上几周或几个月，依然会觉得狭窄。

塔弗表示："为了保证宇航员在长时间的航天飞行中保持心理健康，美国国家航空航天局付出了很多努力。其实要解决的问题特别多，比如说，执行任务时一组四人，需要多少空间？远赴火星，如果飞船像猎户座号飞船那样，内

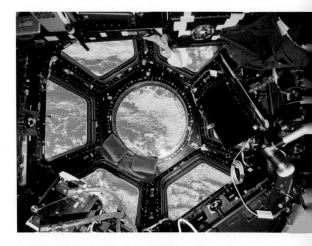

国际空间站内的窗户，这个位置也被称为"穹顶舱"，宇航员在这里度过了大量非工作时间。从这里向外看，能看到缓慢移动的地球。
图片来源：美国国家航空航天局

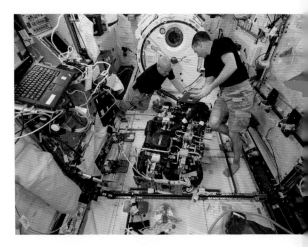

国际空间站是在轨道上组装起来的规模最大的装置，随着时间的流逝，内部空间看起来还是显得狭窄。
图片来源：美国国家航空航天局

猎户座号飞船，内部空间之宽敞仅次于航天飞机。但是对于长途航天飞行来说，依然不够宽敞。
图片来源：美国国家航空航天局

美国国家航空航天局支持建造了多个模拟实验站，比如图中这个位于夏威夷的"火星基地"——夏威夷空间探索模拟和仿真基地，简称 HI-SEAS。建造这个实验站是为了研究封闭环境对人员的影响。
图片来源：美国国家航空航天局

部空间和一辆小型汽车大小相当，显然太小了。那应该增加多少才合适呢？一个船员应该有多少私人空间，才能让他可以远离其他人独处一会儿呢？在这样狭窄的人造空间内待多长时间，会诱发严重抑郁？"

美国国家航空航天局的研究范围，包括从让宇航员在一个放置在地面的模拟航天器内连续生活数周，到全方位模拟空间站和火星基地。但是，由于地球重力的缘故，所有的模拟都不可能完全复制太空环境。另外，参与者知道，如果出现紧急情况，他们是可以逃离的。尽管如此，研究人员还是获得了与被迫混居在狭小空间的人的心理健康状况相关的大量有效数据。

HI-SEAS 模拟基地旁，是一位穿着宇航服的实验员，基地位于夏威夷岛的莫纳罗亚山附近。实验员在离开或回到基地时，必须经历模拟的减压和再增压过程。
图片来源：美国国家航空航天局

其中历时最长的，是一次连续 16 个月的模拟任务。这个任务是 2007 ～ 2011 年期间，在俄罗斯进行的火星－

500 计划的一部分。开始模拟计划之前，研究人员精心筛选出了五人——三名俄罗斯人、一名法国人、一名中国人——参与实验，且对他们做了心理评估。

火星－500 计划包括三次任务，任务时长一次比一次长。最后一次任务持续了 500 天，最大限度模拟了往返火星的过程。实验地点位于莫斯科，是一座隶属于俄罗斯科学院的生物医学研究所，实验对象被限制在研究所内一栋大楼的模块空间内。实验场所由五个相互连通的模块和一小块模拟火星外部地形的场地组成，参与者要在这里生活一年半。与外部的通信会延迟 20 分钟，为的是模拟信息往返地球和火星之间所需的时间。进出模块舱时，要求和在火星上一样，实验对象进入模拟舱气闸前必须穿上宇航服，出舱时要模拟减压过程，回舱的时候要模拟增压过程。

这次长期模拟实验，同样记录和研究了实验对象的心理状况，而且做了很多实验。有些是生理层面的，有些是心理层面的。结果显示，实验对象睡眠周期被打乱，出现自我孤立的倾向，权力的归属出现争议，还会逃避运动和集体活动。[37]

位于俄罗斯莫斯科的火星－500 模拟舱。
图片来源：欧洲航天局

航天医生和心理专家手里，也有半个世纪前宇航员执行任务前、中、后的心理评估资料。在太空航行期间，宇航员上报自己有抑郁倾向的案例很少见，但是通过对宇航员的长期监测能观察出这一倾向。这是开展长期太空任务的一个主要问题。据塔弗报告显示，在轨道任务中，至少有两例确诊的抑郁病例，未报告的可能更多。

随着我们对航天飞行期间的心理问题了解得越发深刻，通过严格挑选宇航员、改善航天器便利设施，以及在必要时使用抗抑郁药等措施，这个问题也越来越可控。这个问题很重要，因为当我们向太空更深处进发时，也要面对宇航员身上出现的心理问题。比如在去往火星的旅途中，地面指挥中心与飞船相距遥远，通信也会出现延迟。面对心理问题时，要依靠地面干预，也要依靠同行宇航员的干预，两者之间要达到一种平衡，光靠心理专家是不行的。也就是说，在同行宇航员中，必须至少有一位受过心理学培训，以便在未来的长途太空航行中处理这样的状况。

长时间暴露在微重力环境中，人体也会出问题。如果事情像《星际迷航》（Star Trek）中展示的那样简单就好了。在《星际迷航》中，只需要按下一个按钮，飞船内就能生成重力。电影中没有解释重力是怎么生成的，只是一按按钮就有了。但是重力和电力不一样。在太空中，需要借助离心力模拟重力。手臂或绳索末端连接一个东西，当那个东西旋转起来，摆动时就会产生向外运动的趋势，我们虚构了一种产生这种运动趋势的惯性力，这就是离心力。如果那个东西是居住舱，这种运动生成的惯性力作用在宇航员身上，就可以模拟重力作用。想象一下，把一个装有石子的可乐罐，拴在一根9分米长的绳子上，抡起绳子，里面的石子会贴着可乐罐的底部，一直位于离你挥动着的手最远的位置。把可乐罐换成宇宙飞船，石子就是飞船里的宇航员，罐底就是居住舱的地板，这样一来，你就明白离心力是怎样模拟重力作用的了。这正是电影《2001

理想的空间站会持续旋转生成人工重力。同样的技术，只需缩小规模便可以应用到宇宙飞船上。目前，还没有应用这项技术的宇宙飞船，近期也没有相关计划。

图片来源：约翰·沃恩

太空漫游》（*2001: A Space Odyssey*）中描绘的场景。

人造重力是有限制条件的——航天器或居住舱的旋转速度能达到多高，居住舱地板与附着点之间的距离是多少，还有其他工程问题，都需要考虑。为了方便讨论，我们假设眼前的航天器，规模和当今所有的航天器都差不多，设计方向同样是用尽可能小的质量承担尽可能多的功能，不会是 2016 年的电影《太空旅客》[*Passengers*（2016）] 中出现的那种超大型旋转离心装置。在不远的将来，很可能会出现尺度适当的太空离心机，这种离心装置生成的人造重力可能相当于一定比例的地球重力。

至于维持健康至少需要多大重力，目前尚无定论。宇航员唯一的低重力体验，是在 20 世纪 60 年代到 70 年代的月球行走期间。月球重力是地球的 1/6，但是宇航员停留时间太短，无法测定低重力对人体的影响。我们可以通过太空中的低重力离心装置，观察长时间生活在月球重力和火星重力环境下对人体的影响，无论是正面的还是负面的。

目前，太空中只有一个小型实验用的离心机，可以用来研究低重力的作用。第一波实验的对象是果蝇，果蝇繁

目前，国际空间站上只有一个小型离心机。
图片来源：美国国家航空航天局

殖速度快，可以快速给我们呈现出一些基准结果。下一波实验对象是啮齿类动物，使用的离心装置会更大一些，用来评估低重力对哺乳动物身体组织的影响。

用来测试低重力对人体影响的离心装置虽然还没建造出来，但是已经在设计当中。

宇航员安德烈·柯伊普（André Kuipers）在空间站内的组合式操作承重外部阻力跑步机（COLBERT）上运动。宇航员每天至少要运动两小时，才能维持健康。
图片来源: 美国国家航空航天局

在这种离心装置被送入太空之前，我们只能先利用已知的有限结论，采取相应的手段抵消微重力带来的负面作用。目前看来，激烈运动能达到这一效果，但是这个方法存在一个很大的缺

陷——太费时间。

宇航员在国际空间站上，每天至少要进行两小时的严格训练，才能保持体形。塔弗说："每天八小时的工作行程，要插入两个小时的锻炼时间。每天的锻炼分为两个阶段。先是跑步机或自行车，然后是进一步的阻力器械训练，比如举起相当于自身体重（地球重力下）的重量。这些训练只是为了代替在地球上的日常行走。"

为了维持基本的身体素质，每天至少运动两小时，对于生产力而言是极大的浪费，相当于一下就占用了四分之一的工作时间，在太空中时间是格外宝贵的。塔弗和其他专家认为，在将来的长途太空航行中，离心装置一定会在维持宇航员身体健康、提升宇航员工作效率方面，发挥巨大作用。

最后，再来谈谈长时间暴露在高辐射环境下的后果。人类完全脱离地球磁场保护的经验并不多，只有一次，那就是阿波罗任务期间。在飞往月球的途中，宇航员们连续将近 12 天暴露在深空辐射中。国际空间站在近地轨道运行，相对来说得到了地球磁场一定程度的保护，虽然它们高于地球表面，但离范艾伦辐射带（包围地球的磁场，其范

围向外延伸约58000千米）还很远。在去往月球、火星，或其他星球的长途旅行中，宇航员难免要长时间暴露在高辐射环境中。去往地月空间的空间站或小行星执行长期任务，也是如此。

太空中有两类辐射源：即太阳和太阳系之外的恒星。太阳辐射中的高能质子对人类而言非常危险。太阳辐射是呈周期性变化的，每11年一个循环周期，偶尔爆发的"太阳风暴"会大大增加太阳辐射的风险程度。因此必须在地球上实时监测太阳活动情况，发生"太阳风暴"时，必须对超出地球轨道范围的宇航员们发出警报，让他们寻求适当的庇护。

来自太阳系之外的辐射更危险。辐射由高能质子束和电磁辐射组成，被称为银河宇宙射线（galactic cosmic rays，简称GCRs）。

来自银河系的辐射比太阳辐射更容易渗透进地球磁场，因此我们的身体已经习惯于接受一定量的来自银河系的辐射了。但是，在深空中，这两类辐射就像有毒的鸡尾酒，暴露在这种环境中，只需数月就会造成细胞损伤。目前的研究离盖棺论定还有很大距离，可能造成

由大质量恒星组成的星团，周围是由气体和尘埃组成的星际云。这个星团距离地球20000光年，位于船底座，其中有一种巨大而炽热的恒星，天文学家认为这类恒星是典型的宇宙辐射源。
图片来源：美国国家航空航天局

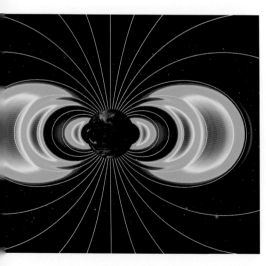

范艾伦辐射带是地球抵御太空辐射的第一道防线，其范围扩展至约5800千米。
图片来源：美国国家航空航天局

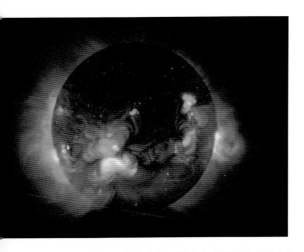

根据美国国家航空航天局太空望远镜数据绘制的太阳辐射图。
图片来源：美国国家航空航天局

的伤害包括 DNA 损伤导致的癌症、心血管疾病、肌肉骨骼问题，以及神经损伤。

美国国家航空航天局在 20 世纪 60 年代首次将宇航员送入太空之前，就开始研究太空辐射。从那时起，就制定了有关太空辐射暴露时间限制的航天指南，以规避潜在的致命风险。塔弗说："将宇航员送入太空，已经有 50 年历史了。国际空间站也已经运转了将近 20 年，有些宇航员已经执行了多次任务，我们意识到，他们最终会触碰到美国国家航空航天局画出的那条辐射暴露累计时间的'红线'。"

你可以这样理解：你去照 X 光片时，进入 X 光机，实际上就是经受了一次短时间高能辐射。如果你每年只做一次，这辈子累计下来也不会有风险。但是你有没有注意到，操作机器的人会在机器启动之前离开房间？他们这么做就是为了减少累计暴露时间。他们整日在 X 光机旁工作，如果 X 光机照出你的牙齿和骨骼形状时，他们在旁边站着，患癌症和细胞损伤的风险就会增加。宇航员的辐射暴露问题也是一样，短期任务，尤其是近地轨道任务，辐射风险最低，但是长时间航行风险就会增加。值得注意的是，一旦登陆火星表面，银河宇宙辐射会下降一半，但是太阳辐射问题还是存在。月球没有大气层，因此也无法提供任何形式的防护。

地球轨道之外的辐射到底有多强？2012 年发射的好奇号（Curiosity）火星科学实验车，携带了一个名为辐射评估探测器（RAD）的辐射测量工具。这个探测器主要是用来测定火星表面的辐射量，在从地球到火星的九个月旅途中就开始工作，在登陆火星之前，就传回了很多有价值的数据。负责这台仪器的科学家卡里·泽特林对这些数据进行汇总，得出了以下结论："太空中的辐射比地球高好几百倍，这还是在航天

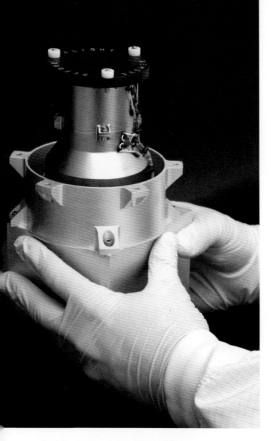

安装在好奇号火星车上的辐射评估探测器（RAD），用来测定地球和火星之间，以及火星表面的辐射。
图片来源：美国国家航空航天局

器中。"[38] 对于未来的太空旅行者来说，这可不是好消息。往返一趟火星，宇航员就要受到 2/3Sv[*] 辐射，相当于核电站工作人员允许承受的辐射量的 15 倍。遭受 1Sv 辐射，癌症发病率会提升 5%。往返火星的辐射量不一定致命，尤其是

---

* 有效剂量的单位为希沃特（希），记作 Sv，或更常用的毫希沃特（毫希）。它代表了受到电离辐射照射的个人的总伤害。——编者注

和其他风险相比，但是这种程度的辐射应该引起重视，而且要持续关注。[39]

比尔·塔弗更详细地解释了辐射暴露规则的基本原理："辐射剂量限值，是根据当时核潜艇和核反应堆工作人员的真实经历制定的，在他们的职业生涯中，与癌症相关的死亡比例增加了 3%。美国国家航空航天局说过'我们不会冒这个险'。"但是这个规则主要是根据在地球上的研究制定的，人类跨越近地轨道的经验并不丰富，我们无法获取太多相关数据。火星任务、月球基地，乃至靠近月球的空间站，如果亲身参与到这些计划的人无法得到适当的保护，他们经受的辐射，很快就会达到甚至超过限值。

大部分关于太空辐射和宇航员的讨论，关注点都在终身基因损伤，这会导致患癌风险增加。但是辐射还可能造成其他危害。2012 年，罗切斯特大学医学中心用布鲁克海文国家实验室的粒子加速器作为辐射源，研究了高能粒子对老鼠大脑的影响。估计辐射量相当于人类经历一次为期三年的火星之旅遭受的辐射总和。老鼠经过辐射源照射之后，研究人员开始对它进行一系列的记忆测试。经过辐射源照射的老鼠在与记忆和

2020 年后，SpaceX 将开始运营大猎鹰火箭（*Big Falcon Rocket*），在长时间的太空航行中，要为 100 名乘客做好防护，以免他们受到太空辐射的伤害。

图片来源: *SpaceX*

位置回忆相关的任务中，表现非常差，还出现了阿尔茨海默病的症状。[40] 为了验证这些结果，还需要做更多实验。

所有航天组织都会担心被他们送入太空的人。俄罗斯和中国制定了自己的辐射标准。但是这些标准很快就要经受压力的考验，考验不只源于长期任务的要求，还源于航天飞行本质的改变。私人企业开始筹划把人送到地球轨道之外，安全协议谁来制定？比如，接受 SpaceX 这类公司提供的飞行服务时，对于长期暴露在失重和高辐射环境中导致的身体问题，普通公民该承担多少风险？这些问题需要尽快给出答案，因为私人企业已经开始准备将付费乘客送往

月球之类的地方。

目前，美国国家航空航天局和其他航天组织，以及世界各地的高校正在通过实验，想办法解决辐射暴露问题。很多看起来既有效又可行的解决方案，目前正在研究当中，研究结果前景光明，但是所有的解决方案都会增加航天器的质量，航天器要进入轨道，增加质量必然会提高航天飞行的费用。正确的途径当然是找到有效防护和低质量之间的最优组合。

在地球轨道上，只需要几毫米的金属外壳——铝（航天器和国际空间站最常用的金属材料）——就能抵御穿过地球磁场的辐射，给人提供有效防护。

但是如果航天器向太空深处进发，所需的防护会大幅增加。事情会变得更复杂，因为太阳辐射所需的防护，和深空辐射所需的防护不同。

封闭核反应堆用的混凝土太沉，不适合于太空，因此我们需要稍微轻点的东西。人们很可能以为把人放到一个更厚的金属圆柱中，就能减轻辐射暴露的危害，但是事实并非完全如此。面对最严重的辐射伤害，铝或钢的表现并不优秀，在某些情况下甚至会加深辐射伤害。太空中高能粒子的冲击，能击落金属壳内部的粒子，从而放大辐射的负面影响。

为了缓解太空中的辐射风险，人们提出了很多计划，目前，最普遍的观点是，用能吸收并驱散辐射、质量轻盈的非金属材料将人包裹起来躲避太空辐射，比如塑料薄膜或装满液体的水箱，因为水和燃料都能起到减轻辐射的作用。这些防护材料不会像金属那样放大辐射冲击的作用。还有人提出了由塑料和金属组成的三明治叠层方案，但是材料必须达到一定厚度才能起到防护作用。

用水或燃料做防护材料，需要的量也很大——估计可能分别需要 1.2 ~ 3 米厚的覆盖层，才能起到保护人员的作用。不过火箭发动机需要很多燃料，因此可以把燃料储蓄罐包裹在组员舱外部，提供适当的防护。2005 年美国国家航空航天局的一项研究表明，液态氢罐能起到非常好的防护作用，比如，如果搭配阻隔辐射的燃料箱——研究报告中提到的是钯合金——只要燃料箱中有燃料，就能一石二鸟。[41] 大量的水也能起到相似的作用。

使用液体防护法，就意味着增加发射质量——不只是防护结构本身，还包括需要注入其中的液体。水非常重，但是，和塑料膜相比，水和液态氢也有优势，它们在太空中还能发挥价值。就算

SKYLAB WORKSHOP
CREW QUARTERS

传统铝壳，适合国际空间站和天空实验室（上图）这类在近地轨道运行的航天器，但是在行星际穿行，或者围绕其他星球运行的空间站，则需要更好的防护。
图片来源：美国国家航空航天局

不用作防护材料，航天器也要携带水和燃料，从这一点看来，液体防护虽然对材料的需求量大，但是还可以用作提供能源的燃料、饮用水，以及生成呼吸所需的气体。只要把剩余量保持在能提供有效防护的水平即可。但是将这么大的质量发送至太空，所需的费用还是很昂贵的。

有多昂贵？据美国国家航空航天局估计，如果用航天飞机发送，把 4.5 升水送入轨道需要 80000 美元。SpaceX 也可以做到，而且成本相对低廉，大约为 11000 美元。[42] 不难想象，发射一个注满水或液态氢（每加仑液态氢质量比水轻，发射成本相对较低）的轨道舱，代价会很高。一定还有更好的解决方案。

确实有。假设要开展一次火星任务，所需的东西全都要从地球发射到火星——单是用作防护的水和液态氢就需要发射好几次。这还不包括航天器的其他部分或者宇航员，这些也需要两三次发射。但是，如果能从太空中找到所需的水和氢呢？如果真能如此，我们讨论的方向就会发生 180 度的转变。从月球和小行星获取水，防护材料的质量就不再是发射负担——月球和小行星上有很多水资源等待我们去开采。真正实现还

深空货柜和储货舱，装载着从小行星和月球开采的资源，以及为航天器提供可用作能源和防护材料的水和氢。
图片来源：詹姆斯·沃恩

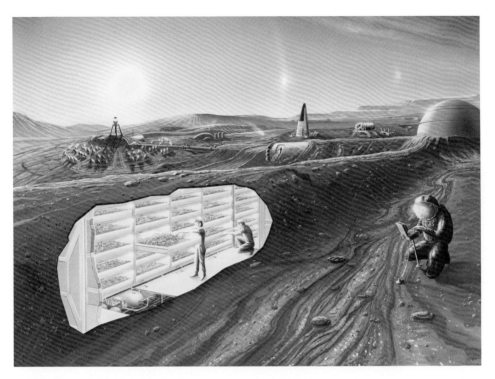

火星居住区，可能会建在火星浮土层之下，也可能建在熔岩隧道之类的地下隧道内。
图片来源：美国国家航空航天局

需要些时间，但是一旦实现就会彻底改变游戏规则。

除此之外，还有很多更具想象力的构想。有设计人员提出，可以用小行星当飞船——捕获小行星，在中间挖个洞当人员舱，再装几个引擎，这样在穿行宇宙的过程中就无须担心辐射防护问题，既坚固又舒适。[43] 可能要在相对遥远的未来，才能实现这个构想，因为这对推进技术要求较高，目前我们还没有能力把小行星飞船从一个地方推动到另一个地方。但是这个构想前景可期，用小行星当飞船，相当于飞船自身携带了足够的水冰，能源和维持生命的需求可以自给自足。其他替代方案的相关实验也在进行中，比如在飞船外壳内填上一层厚厚的氢化锂粉末，也能有效阻挡部分辐射。[44]

这些辐射防护方案是用来将人类从一个星球转移到另一个星球的。一旦人员成功转移到太空中一个距离遥远的星球——比如说月球或火星——就可以采取其他防辐射措施。居住在地表几米之下，或洞穴、熔岩隧道中就行了。任何上述方案都能提供有效防护，而且堪称完美，因为当地就有很多必要的建筑材料。你要做的就是把需要的东西运过来，或者挖掘。

至少有三种有效防辐射措施正在研究当中。各种防护措施都有一个共同点，那就是要在飞船外壳形成某种电磁场，用以阻挡或偏转辐射。

第一种主动防护方案是生成带负电荷的电场，将飞船部分或整体包裹在其中。[45] 带负电荷的电场能抵御或重新定向大部分带负电荷的粒子——只能解决部分问题——还需要与被动防护技术协作才行。如果人类长时间生活在被这种电场覆盖的飞船中，谁也不知道会造成什么后果。

第二种方案是让飞船周围生成强磁场，本质上是模仿地球的防护模式。这种方案需要大量超导体材料及相关技术，另外需要保持温度足够低才能正常运作。因为长时间暴露在强磁场中会对人体造成负面影响，防护罩必须包裹人员舱，但是又不能入侵到人体内部。这项方案颇具挑战性，但是并非不可行。科学家认为，用磁场防护对抗来自银河系的辐射，效果非常好。

最后一种方案最恰当的描述是：等离子防护，也就是利用困在强磁场中的大量电离粒子屏蔽辐射。等离子场兼具强磁场和电场的特性，可能是偏转和重新定向辐射的最佳方法。等离子场需要的原材料质量，以及消耗的能源都是最少的，技术要求也是最低的。

这种"偏转防护"在理论上非常有吸引力。但是用现在的技术去实现，也存在缺陷。比如生成等离子场的设备耗能太大，要大规模提升太阳能电池板的性能，或者使用核能。美国国家航空航天局正在研究一种可用于航天飞行的核反应堆，相关工作于 20 世纪六七十年代就已经展开。强化核能会在深空载人任务中，大大提升主动防护措施的应用。

主动防护和被动防护相互结合才是最好的方案。主动防护可以从整体层面保护飞船的人员舱，而需要大质量防护材料的被动防护（被动防护不会出现故障，因为其本质就是惰性材料或液体）可以用于相对较小的"风暴庇护所"。这样一来，主动防护只需用来应对一般水平的辐射，当主动防护系统出现故障

有些设计要求用水做辐射防护材料，不仅因为飞船需要用水，定居点也需要用水。这是美国国家航空航天局设计的概念图，从火星开采出水资源，冻成厚实的冰砖，就能用水冰为火星定居点提供防护。

图片来源：美国国家航空航天局

或者在太阳耀斑期间，辐射水平会短暂加剧，就可以启用被动防护措施。

人类最终会在行星际穿行。如今研究者正在进行广泛的研究，尽可能地降低旅途风险。经过充分调研，当技术、注意事项和生物医学干预能适当融合，只需十年，我们就能在火星之旅中给宇航员提供有效防护。

美国国家航空航天局、众多高校，以及国际航天组织，都在努力研究长期太空旅行中可能遇到的问题，假以时日一定能找到可行且可靠的解决方案。下一步，要将这些技术应用在航天器上，在保证安全性的同时，以更低的成本将航天器送入太空。这件事渐渐发展出了一个新实业领域：航天承包商。

MARS: OMAHA CRATER

MT: 14:00

OX-12-747H
MULTI - HGYR6
HE3W- 34787
DIOU-MMFF
M

图片来源：约翰·沃恩

CHAPTER 7

太空企业家

莫哈维市非常荒凉，距离洛杉矶两小时车程，人口数为 4238 人。一个星期五的早上，我 7 点出发，穿过这片我已经见过大约 40 次，但是仍然无法适应的荒芜沙漠。沙漠常被人视作绝望和禁忌之美的象征——幅员辽阔，连绵的沙丘，庄严的仙人掌，偶尔还能看到瘦骨嶙峋的土狼在干硬的地面上徘徊，或者在天上看到一只孤鹰的身影。但是这里不一样，这里位于南加州，大部分是平坦的褐色荒地，几乎没有起伏，只有些杂乱、枯萎的灌木，远处是蒂哈查皮山（Tehachapi Mountains）。从大都市洛杉矶渐渐过渡到这片广袤的沙漠，过了帕姆代尔和兰彻斯特远郊，经过阳光下一片尚未建成的住宅和一片工业园，就走到城市尽头了，就像城市丧失了继续扩张的意志。只有偶尔出现的加油站和快餐店能打破这片貌似无尽的荒凉。

然后你就会穿过那座颇具历史价

93

驱车前往加利福尼亚州莫哈维市。

图片来源: 维基共享资源 / Theschmallfella

值的城市——莫哈维。莫哈维形成于1876年，是伴随着铁路而生的，后来因为淘金热，南加州到北部的古旧村落之间通了高速路，莫哈维就成了高速公路之间的休息站。1964年兴建的58号公路，绕过了莫哈维城。现在商业区只有加油站和快餐店，四处破旧不堪，有时还能看到废弃的建筑，其外墙上剥落的油漆，看起来像玉米片。

我开出了半条街，穿过九个街区，到机场路后右转。这里的风景明显比前面好了很多。在老旧的莫哈维，一台新引擎正轰鸣作响。过了没多久，就能看到那座规模不是很大的机场了——现代化的控制塔周围是一圈金属建筑。莫哈维机场成了这里商业活动的枢纽，维珍银河就在其中，亿万富翁理查德·布兰森正在这里一步一步实现自己的航天梦。

布兰森从2004年开始着手推进他的平民太空旅行计划，他将他们最新的

航天器命名为联合号。这艘现代飞船效仿了伯特·鲁坦（Burt Rutan）的设计，伯特·鲁坦经过十年努力，完成了一项创举——他建造出火箭飞机，因此赢得了安萨里X大奖（Ansari X Prize）。太空船1号（SpaceShipOne）一星期内两次飞到太空边缘，鲁坦因此在2004年赢得了数百万美元奖金。随后鲁坦与布兰森展开合作，虽然鲁坦后来离开公司，从事其他航天事业，但是他独特、创新的火箭飞机设计理念一直都在。

莫哈维航天发射场入口。

图片来源: 维基共享资源 / Californiacondo

周围都是老旧机库，维珍银河的装配车间则在一幢宽敞的现代建筑中。唯一透露出建筑内正在创造非凡事业的标志，是建筑前面一整面玻璃幕墙，上面有几个非常高的白色字母组成的"FAITH"，这几个字母不仅代表了信仰的意思，也是最终（Final）、装配（Assembly）、集成（Integration）、测试（Test）、机库（Hamgar）的首字母。从外面看，这里的条件有点艰苦，更像是航天发展早期还在试飞的时代，跟美国国家航空航天局在佛罗里达和得克萨斯的那些大规模基地不同。沿着公路一直走，几千米之外就是爱德华兹空军基地（Edwards Air Force Base），20世纪60年代，X-15就是从那里升入了天空。维珍银河似乎充满了这种开拓精神。

我把车停在还有一半空位的空地上，进入工厂参观。到里面我才发现，维珍银河有多务实，不在无用的浮华上浪费一丝努力。两扇大门一开，我就闻见一股典型的机械工厂的味道——油和溶剂的味道。厂房里的工人都是年轻的理想主义者，待人都很友善。做了简单介绍之后，他们就回到工作岗位开始造他们的火箭飞机了。几个机械师在各处制作部件，大部分人都全神贯注地盯着电脑显示器。场房地板上有几张大桌子，大家的电脑就放在上面，各自随意落座。如果不是场房中间宏伟壮丽的

作者在维珍银河的制造和装配厂房中，身后是母船伊芙号（Eve）。这架双机身喷气式运载飞船，负责将联合号火箭飞机运送到一定高度，然后联合号和母船分离，凭借自身的火箭发动机向上爬升，直至进入太空。
图片来源：罗德·派尔

维珍银河位于莫哈维的工厂。
图片来源：维基共享资源／艾德·帕森斯

火箭飞机和它的母船，以及白色的镀铬涂层在灯光下闪闪发光，这里和一般的中型机械厂没什么差别。如果一个人习惯了美国国家航空航天局那种开阔的空间、德国风的正规布局，再看这里，可能会觉得有些随意——任何时候都只有几十名员工，而正是他们在热情地创造未来。

一群工程师——三男两女——聚在联合号左翼下方。火箭飞机被千斤顶架起来了，左边的起落架就像在飞行中那样收到了机身里。工程师正通过模拟联合号着陆前放下机轮的过程，做起落架放下测试。大家忙乱了一阵之后，纷纷点头，然后就离开火箭飞机回到了安全距离之外。有人喊了一声"确认！"，伴随着惊人的巨响，起落架被高压气体推到了锁定位置。大家脸上都带着笑容，回到各自负责的显示器前面评估测试数据。此时此刻，大家在平静的兴奋中，庆祝喜人的进展。维珍银河的进展比计划落后了不少——最初计划 2009 年就要开展客运飞行——因此取得进展至关重要。

作为商业载客火箭飞机，维珍银河的发射方式比较独特。运载母船白衣骑士 2 号（White Knight Two），或者说伊

一架附带了外挂燃料箱的 X-15，搭载美国空军的 B-52 轰炸机，升到一定高度后，自由下落，并点燃自身的火箭发动机。维珍银河火箭飞机的运行方式与之相似。

图片来源：美国空军

芙号，使用的是传统的喷气式引擎，联盟号被固定在两架机身之间。[*]被母船发送到 16 千米的高度。然后，联盟号点燃自身的火箭发动机，飞到亚轨道空间。这套发射程序源于军方的火箭飞机发射程序，比如过去的 X-15 战机。20 世纪五六十年代，在 X-15 点火自身火箭发动机前，会先搭乘 B-52 喷气式轰炸机上升到一定高度，然后再靠自身推力飞到太空边缘。用运载飞机能节省火箭发动机的燃料，为发射贡献巨大的速

---

* 白骑衣士 2 号，又称伊芙号，是一种双机身飞机。——编者注

首次展出的维珍银河最新型火箭飞机联合号，搭档的运载飞机是伊芙号。虽然不需要以轨道速度返回，但是联合号仍然需要高规格的热防护措施，在重返大气层时才能抵挡住高温的考验。

图片来源：维珍银河／马克·格林伯格

度和高度。

维珍银河的收费载客计划不断延迟。在 2007 年的一次地面测试中，一台火箭发动机爆炸，三名工程师因此丧生。从那时开始，发动机设计一直在不断完善，虽然进行了多次试飞，但是在初期出现的问题依然没有得到解决。最大的难题是为联合号做热防护。虽然联合号只是一艘亚轨道火箭飞机，但是当它重返大气层时，还是要经受高温的考验。

通过维珍银河的发展史，不难看出航天企业面临的风险。虽然发生过惨烈的事故，但是布兰森在 2008 年还是计划，要在 2009 年末开始搭载游客飞行。当计划时间临近时，公司发布声明称可能还需要两年时间才能成行。两年又过了两年，唯一发生的只有断断续续的试飞。显然，开创太空旅游业务，比布兰森或任何其他在这一领域工作的人，预想的都要困难。

维珍银河在 2010 年雇用了一位新首席执行官——乔治·怀特塞兹（George T. Whitesides）。怀特塞兹是航天领域的一员老将，曾短暂任职过美国国家航空航天局的参谋长，2004 ～ 2008 年期间在美国国家空间协会担任执行理事。怀特塞兹和妻子洛蕾塔（Loretta），为了庆祝太空时代的开始，联手创办了

维珍银河创始人理查德·布兰森，在联合号的发布会上向媒体致意。

图片来源：维珍银河

维珍银河首席执行官乔治·怀特塞兹。
图片来源：维珍银河

一年一次的太空活动"尤里之夜"。如今"尤里之夜"已经成为一项全球性的活动，至今已经举办了 35 次，参与的国家多达 57 个。怀特塞兹的父亲是普林斯顿大学著名的化学教授，研究材料学和纳米技术，他的整个家庭都与科学和技术有关。

2014 年，怀特塞兹接受《卫报》（Guardian）采访，他说自己在维珍银河安顿下来之后，就开始调整他们做生意的方式。"作为一家公司，我们已经做了很大改变……我 2010 年加入时，

公司本质上更像一个营销组织。"怀特塞兹重新把重点放在了工程和测试上，同时劝阻老板设定难以实现的目标。

到了 2013 年，员工队伍扩大，公司已经展开了数十次试飞：15 次母船搭载火箭飞机试飞，以及 16 次火箭飞机分离及滑行着陆测试。同年，还进行了 2 次动力测试飞行试验，联合号的前身虽然运行正常，但速度和飞行时间没有完全达到预期目标。[46]

2014 年，近 50 次试飞之后，载有两名飞行员的太空船 2 号，在动力测试飞行期间出了事故。2014 年 10 月 31 日，太空船 2 号在莫哈维沙漠上空从运载飞机上坠落：发动机点火后，火箭飞机开始爬升；11 秒之后，太空船 2 号出现故障，最终解体。一名飞行员受伤幸存，另一名飞行员在事故中丧生。猜测的事故原因是火箭发动机爆炸，但随后经过漫长的努力调查，确定了坠机原因竟然是"再入机制"的问题。维珍银河的火箭飞机有一套独特的下降装置：在下降初期阶段，尾面会相对主机体移动。下降系统在试飞中意外过早启动，火箭其实运作正常，当时还在发射状态，而不是处于下降时的关闭状态。在强大的空气动力作用下，飞机不幸解

体。在一份说明事故结论的新闻稿中，美国国家运输安全委员会（NTSB）指出，初期部署下降装置时，存在人为失误。

"美国国家运输安全委员会认定，2014年10月31日太空船2号在飞行中解体，原因是缩比复合材料公司（Scaled Composites，鲁坦创办的公司）没有考虑人为失误，没有建立相应的保护机制，由于时间压力、振动，以及瞬间骤增的重力，副驾驶过早地启动了飞船的下降装置。"[47]

报道继续揭露了更多细节：飞行员没有接受过适当训练，下降装置应该有安全联锁装置（后来加装了）。美国联邦航空管理局（Federal Aviation Administration，简称FAA）也受到了指责——报道认为，该机构在审批方面太过宽松，对实验性飞行大开绿灯。维珍银河这类企业付出了不懈努力，为什么达到目标所需的时间比预期的要长？报告做了总结性说明，给出的可能是最佳答案："商业载人航天是一个全新的领域，其中潜藏着很多未知的风险和危险。在这种环境下，必须严格界定已知危险的安全范围，然后尽可能扩大安全范围。"报告总结称："为了让商业航天逐步走向成熟，我们必须细心地找出并减少已知的危险，这是确认并降低新危险的先决条件。"

2007年发动机爆炸之后的第二次事故，撼动了维珍银河的核心，促使他们采取更有力、更积极的措施，以确保未来的安全。为了确认各系统和子系统的安全性，维珍银河安排了更多试飞。

这两次事故对整个私人航天产业都起到了警示作用，事故随时可能发生，当人的生命面临风险，你必须迅速采取行动，尤其当经受风险的是一般乘客，更应如此。因为你能得到美国联邦航空管理局这类政府机构的批准，并不意味着可以不再关注安全问题。你所做的必须远超标准，竭尽全力确保整个系统的可靠性。

美国国家航空航天局和军方的相关活动已经开展了几十年，也因此确立了很多标准，但是在新航天领域，他们的脚步落后于私营部门。如果没有建立新的标准，航天飞行就不可能百分之百安全。美国作家约翰·谢德（John A. Shedd）在1928年说过一句名言："船在港口是安全的，但是人们造船，并不是为了让它永远停在港口。"为了去外面的世界，我们必须离开港口，迎接一

2018 年，维珍银河的新型火箭飞机联合号首次试飞。
图片来源：维珍银河

定会出现的风险。随着太空事业，尤其是载人航天的发展，一定会有更多风险浮出水面，我们必须一起学着接受这个现实，我们必须借助将来确立的标准、规则和程序，减轻、减少风险。

太空旅行成为一项频繁、可靠、可负担的服务，同时能产生效益，是商业航天公司取得成功的前提。但是，效仿航空公司的航天商业模式，安全问题必定面临巨大挑战。为什么航天是最适合亿万富翁们投资的领域？因为实现目标要花很多时间、很多金钱，而且在开发、测试阶段没有任何回报。对于维珍银河来说，盈利是将来的事。机库外面的那几个字母——FAITH——信念，似乎代表了布兰森这种人具备的关键品质。他和合作伙伴已经投资了近 20 年，在不断追求和开发航天旅游方面，表现出了令人难以置信的坚持。

2014 年的事故之后，维珍银河继续前进，联合号的试飞计划正如火如荼地展开。这家公司还扩展了业务范围，他们以自家的独特技术为基础开发了新系统，开展无人货运业务，运送卫星和其他小型装备。

他们的卫星发射公司，名为维珍轨道（Virgin Orbit）。该公司创建于 2015 年，位于加利福尼亚州长滩的一处独立设施。他们的目标是用发射者 1 号（LauncherOne）火箭发射中型卫星。像伊芙号搭载联合号那样，发射者 1 号会先被经过改装的波音 747 运送到一定

这是一张概念图。维珍轨道公司的运载飞机——一架改装的波音747，将无人卫星发射器运送到一定高度。

图片来源：维珍轨道公司

高度。

关于维珍银河的计划和测试，我同乔治·怀特塞兹聊了很多。他说："太空是一个极具挑战性的技术领域，现在的技术发展不尽如人意。我们想对困难发起挑战，但是跟50年前相比，现在的世界更憎恨风险。"

问及公司的整体计划时，怀特塞兹说："我非常希望，下一个十年，我们能把几百，甚至几千人送入太空。"他指出，在过去的60年，从第一个太空时代开始，平均每年会送十个人到太空。他补充说："航天飞机计划结束之后，进入太空的价格开始不断下降。到时候，世界会发生巨大的转变，所有人都会认识一两个进入过太空的人。"

在此之前，维珍银河将继续进行试

飞，以确保自己的飞机成为要多安全有多安全的商业载客火箭飞机。2018年4月5日，在经过地面测试和无动力坠落试验两年后，公司完成了联合号第一次自主动力测试。伊芙号搭载联合号升到一定高度，联合号在14000米处离开运载母船自由坠落。联合号火箭发动机点火，以80°角向上爬升，飞行速度接近两倍声速。在维珍银河的莫哈维跑道上降落之前，联合号最高爬升到了26000米。对于公司来说，这是一次里程碑式的试飞，离载客航天又近了一步。

维珍轨道公司的发展也很快。无人货运风险要小得多。跟太空旅游相比，这条路更容易些。如果卫星发射失败，制造公司和保险公司会受影响，但是没人会丢掉性命。

在卫星发射领域，眼前的以及潜在

首次动力试飞期间，联合号的火箭发动机点火。

图片来源：维珍银河公司

的竞争对手，比太空旅游领域多。在把普通人送入太空这件事上，维珍银河真正的竞争对手只有一个，那就是杰夫·贝佐斯的蓝色起源。蓝色起源也在建造并测试可以运送乘客的航天飞行器。在卫星发射领域，有很多积极进取的商业组织。维珍轨道公司需要继续大踏步前进，才能征服市场。

维珍轨道公司现在最大的竞争对手是轨道 ATK，这家公司的空射小卫星业务已经运营了近 30 年，2018 年被诺思洛普·格鲁曼公司收购。此后诺思洛普·格鲁曼公司更名为诺思洛普·格鲁曼创新系统公司，他们的小卫星发射器，名为"飞马座"（Pegasus），和维珍轨道将来要采取的发射手段一样，也要搭乘运载飞机。飞马座能将 450 千克以下的货物运送到近地轨道，但是费用很高，每次发射要 5000 万美元。怀特塞兹认为，维珍银河有能力参与竞争，他们能大幅降低发射价格。

长远看来，创新系统公司不会是维珍银河唯一的竞争对手。维珍轨道公司只是进入小卫星发射领域的众多新兴公司之一，他们身后有十几个竞争对手，想要以低价抢夺小型货运发射市场。作为进入私营航天领域的切入点，

小型货运比载人更简单。在监管和投保问题上，也容易得多，新企业入场门槛低得多。这些商业公司面对的市场也很大。2016 年的分析报告显示，从现在到 2022 年，有 3000 多个小卫星正排队等待发射，其中还不包括 SpaceX 即将发射的大规模宽带卫星群，以及其他大型卫星。据估计，要发射的小型宽带卫星，可能有 2000 ～ 10000 个。[48]

小公司太多，无法在这里一一列举。现有的公司中，很多可能不会持续经营下去。但是也有很多公司，已经开始对研发资金充足的硬件进行测试，这些都是值得重视的竞争对手。

平流层发射（Stratolaunch）公司是其中的重量级选手。他们规划中的火箭能发射重达 4500 千克的大卫星，或数百个小卫星组成的集群。这家公司的所有者是微软造就的亿万富翁保罗·艾伦（Paul Allen），伯特·鲁坦离开维珍银河后，来到保罗·艾伦麾下，他们的基地也在莫哈维。平流层发射公司会使用大型运载飞机，把三级火箭发送到一定高度，概念和维珍银河的发射者 1 号相似，但是它们会采用先进的轻质复合材料建造。运载飞机体积非常大，翼展117 米，装备从波音 747 上卸下来的六

轨道 ATK 的飞马座卫星发射器，脱离运载飞机。与此同时，火箭发动机点火，将其送入轨道，完成卫星发射任务。

图片来源：诺思洛普·格鲁曼创新系统公司

个喷气式发动机，预计将在 2019 年或 2020 年开始商业运营。

其他公司着眼于规模相对较小的单一货运，目标放在 590 千克以下。随着技术的快速发展，这个重量级别的下限正在迅速下降——小卫星变得越来越小。几年前，业界人士称所有的卫星都叫卫星。后来，小型化技术越来越先进，卫星缩小，就出现了"小卫星"这个称呼。没过多久，又出现了"立方体卫星"*，其体积更小，形状看起来像个 10 厘米见方的盒子，有效载荷称重仅 1.4 千克。然后又出现了"纳米卫星"，1～10 千克之间的都算纳米卫星（实际上这个名称容易引起误会）。甚至还有重量只有 28 克的"迷你卫星"，由此

---

* 立方体卫星（CubSats），是帮助研究者指挥简单的观察太空和测量地球大气层的设备。——编者注

可见这个领域的发展是多么迅速。

这些小卫星越来越倾向使用现有技术，有些实验装置是为手机的处理器设计的。由于侧面安装了小型太阳能电池板，所以即便是最小的立方体卫星，也能在太空中开展包括用于商业目的的轨道成像、气象追踪，甚至各种科学研究。卫星尺寸不断缩小，重量也随之减轻，一个小火箭就能发送数十甚至上百个小卫星，越来越多的公司因而有能力进入市场，参与竞争。

在众多将自身定位于小卫星市场的公司中，萤火虫航天公司（Firefly Aerospace）正在开发的火箭能运送 900 千克有效载荷至近地轨道。（这里提到的所有发射，目的地都是近地轨道。）萤火虫的两位创办人之前曾在其他航天公司任职——维珍银河、蓝色起源和 SpaceX。萤火虫航天公司成立于 2014 年，开始在加利福尼亚州霍桑运营，后来搬到了得克萨斯州。

火箭实验室（Rocket Lab）创立于 2006 年，在南加州和新西兰两地运营。他们的电子号火箭（Electron rocket）预计能发射 150 千克有效载荷到距离地表 483 千米的极地轨道，用以侦测地球两极，发射费用大约为 500 万美元。由于

2017年矢量空间系统的一次试发射。
图片来源：矢量空间系统公司

Cantrell）和其他航空航天领域及软件领域资深人士共同创建。坎特雷尔之前和SpaceX有很深的渊源。矢量空间系统公司位于亚利桑那州（Arizona）图森市（Tucson），公司发展迅猛，2017年进行了一次试发射。他们计划在卡纳维拉尔角之类的传统发射场发射，也考虑用小型移动装置在其他场所发射。矢量空间系统的货架设计发送66千克有效载荷到轨道，这样的发射预计每年超过100次。

矢量空间系统公司，只是私营小型卫星发射领域众多主要供应商中的一个范例。这些羽翼未丰的公司的共同点在

矢量空间系统发射概念图，在轨道部署立方体卫星。
图片来源：詹姆斯·沃恩

地球在卫星轨道之下自转，极地轨道能提供24小时不间断覆盖。火箭实验室已经对他们的火箭进行了飞行测试，在新西兰建造了发射设施，2016年就已完工。

成立于2016年的矢量空间系统公司（Vector Space Systems），是该领域的新成员，由吉姆·坎特雷尔（Jim

于，发射成本相对较低，一有订单就能马上安排发射。同时，要挑战那些大型运载公司，他们也面临着许多相似的困局：资金、发射设施受政府管制、小型设备设计方面的严谨性、可靠的火箭发动机，引导火箭——及它们搭载的货物——进入太空中的准确位置。

到目前为止，我提到的都是发射供应商。这些火箭制造商，像商业太空领域的乔治·克鲁尼（George Clooneys）和泰勒·斯威夫特（Taylor Swifts）一样，光彩照人。但是在不那么引人瞩目的领域，也有数不清的太空企业在辛勤耕作，很多企业家正在这些领域发挥

自己的影响——而且，有些企业获利颇丰。

在这些企业中，最著名的可能是创建于 2009 年的 NanoRacks，这家公司填补了一个行业空白，几乎没人注意到这个领域有创造利润的潜力，他们的主营业务是——标准化飞行接口。几年之前，卫星硬件都是个别定制的，各建造商制造的硬件无法通用，只能用于特定的火箭。从做生意的角度出发，这种现状的经济性和简便性都有待改善。NanoRacks 的创建初衷，就是要为卫星和运载火箭提供标准化接口。举一个简单的例子：新手机的充电插口大部分

通过 NanoRacks 系统从国际空间站部署的两架行星实验室鸽子号立方体卫星（Planet Labs Dove cubesats）。
图片来源：美国国家航空航天局

行星实验室的立方体卫星准备就绪。
图片来源：美国国家航空航天局 / 行星实验室

是 USB-C 型接口，但是几年前各品牌智能手机的充电口都不一样，对消费者来说非常不方便。就像手机和电脑的 USB-C 型接口一样，NanoRacks 制造的发射接口，能简化并标准化卫星和火箭之间的连接。NanoRacks 通过提供配合国际空间站机械手臂工作的立方体卫星部署机制，又向前迈了一步。

NanoRacks 的首席执行官杰弗里·曼伯（Jeffrey Manber）的业内相关工作经验非常丰富，他担任过一段时间的美国国家航空航天局和苏联太空项目之间的商业大使。公司成立时间不长，迄今为止却已经处理了 600 吨有效荷载，成就

着实惊人。他们的客户名单中，有大公司，也有小公司；装配的设备有国家安全局的卫星，也有大学生制造的立方体卫星。首批运往国际空间站的商业用途硬件中，有一部分就是 NanoRacks 提供的。

成立于 2010 年的行星实验室（Planet Labs），也是太空 2.0 时代一个成功的传奇，创始人是美国国家航空航天局的两位工程师。他们当初负责设计、制造和运送用于地球成像的小卫星，这些小卫星的成本只是现有卫星成本的几分之一。这家公司的设计思路，是延续使用立方体的外形。行星实验室的卫星名为 3U（三个标准单元）立方体卫星，规格

为 10 厘米 × 10 厘米 × 30 厘米。这类卫星不用像传统的地球成像卫星那样专门单独发射，可以作为次级有效载荷顺带发射——有时会和 NanoRacks 的硬件一起发射。如今，我们头顶上方有一大群立方体卫星在工作，地球表面的图像因此日益完善，可以通过互联网查阅。轨道上现在有将近 200 颗这种卫星，组成了一支目前由同一家公司发射的最大的"舰队"。

太空制造公司（Made In Space, Inc）也是太空企业中一个新的"市场补缺者"，他们也是一个有趣的案例。这家公司创建于 2010 年，创建者是四个在硅谷培训课程中相遇的学生。在美国国家航空航天局位于加利福尼亚的艾姆斯研究中心（Ames Research Center），这四个人在其中一间小实验室里，造出了第一台适用于太空的 3D 打印机。2011年，他们就把尚处于实验阶段的打印机，送到了美国国家航空航天局提供的零重力模拟舱中。经过为期数年的精心设计和测试，他们在 2014 年把 3D 打印机送入了国际空间站——这是第一台进入太空的 3D 打印机。

为高度管制的政府项目工作，由于技术方面的约束条件，对于一家小型创业公司来说并不容易。为了满足美国国家航空航天局的安全诉求，从用来软化 3D 打印用塑料的加热装置，到供电线路，再到融化塑料产生的味道，所有的一切必须经过航天机构的测试和批准。当然，打印机必须能在零重力环境下正常工作，这本身就不是一件易事。他们的打印机在国际空间站内成功通过测试，制造出了许多有用的塑料部件。公司创始人还有更远大的目标，其中包括用金属或小行星、月球和火星上的土做打印材料。太空制造公司正在设计可以打印金属的 3D 打印机，将在小行星上发现的原料加工成有用的航天产品；也在设计能用于国际空间站的大型 3D 打印机；以及制造太空专用光纤。

并非所有的太空公司制造的产品都会被送入太空。Kymeta 的创始人是微软前高管纳森·迈尔沃德（Nathan Myhrvold），微软和其他投资人也参与了投资。他们正在设计笔记本电脑大小，可用于追踪、联系近地轨道卫星的设备。与一直移动的目标保持信号连接其实很难，但是 Kymeta 的新系统可以在大幅缩减成本的前提下，提高通信的稳定性。他们独有的技术无须使用移动设备，可以直接向太空中的移动目标发射无线电波束。之前的信号接收装置都是抛物面形状的，有了超材料——可以改变入射信号方向的特殊材料——Kymeta 就可以用小质量的扁平接收装置完成同样的任务。

还有数以百计的其他小型企业，用独创的高科技产品当敲门砖，进入商业航天领域。有些是资金充裕的初创企业，有些则诞生自大学实验室和车库工作间。有些已经得到了美国国家航空航天局的小额合同，但是大多数还在自食其力。美国国家航空航天局跟小供应商合作了很长时间，目前正努力探索多样化的合作方式。美国国家航空航天局通过"黑客马拉松"（hackathon）*活动，支持小型初创企业和大学生，借此提升软件和技术设计水平。美国国家航空航天局的大部分扶持计划，都是以竞赛形式展开的。比如"太空便便挑战"，虽然名字听起来有些不正经，但实际上是为了解决太空飞行中一个非常实际的问题：清除人体排泄物。

宇航服上通常有特制的尿布，宇航员在太空行走或长时间束缚在座椅上时，特制尿布可以兜住排泄物，但是皮肤长时间接触屎尿会不舒服，甚至会引发感染。举办这次竞赛是为了找到更好的解决方案，参赛者有 20000 人，来自 130 个国家，他们提供了 5000 份完整设计。最后，来自加利福尼亚的空军军医撒切尔·卡登（Thatcher Cardon），获得了 1.5 万美元的冠军奖金。他制作参赛作品时，使用的原材料几乎全部来自廉价用品商店。[49]亚军有学生，也有消费品设计师。这种面向小发明家和初创企业的活动，是"新 NASA"计划的一部分，为的是努力找到更完善、更划算的方案，解决太空飞行中面临的各种难题。

聪明的人和企业正在拥抱太空行业，上文列举的只是一小部分例子。在10 年或者 20 年前，这些人很可能不会选择这个行业。在太空竞赛时期，大部分资金流向了成熟的供应商，与那时的老式做派相比，现在的进步不可谓不巨大。但是并非太空 2.0 时代的所有参与者都是小打小闹。一些由富裕的互联网大亨创办的大公司，正在带头建设新太空经济市场。其中的杰出人物，就是太空2.0 时代的"钢铁侠"——埃隆·马斯克。

---

* 黑客马拉松概念源自美国，并逐渐成为插件开发的主要形式：一群高手云集一堂，在几十个小时里开发出一款插件，现场休息，做完当场交作品，是"世界上最酷的开发者狂欢"。——编者注

图片来源：詹姆斯·沃恩

CHAPTER 8

太空探索
技术公司

莫哈维沙漠向西行 320 千米，你会来到一个完全不同的世界。被太阳炙烤着的荒漠沙砾，变成绿油油的连绵山丘，穿过山谷，映入眼帘的是波光粼粼的太平洋。加州中部海岸风景特别美。广袤的沙漠平坦又干燥，加州西部海岸一路走低，直到岩石海岸与大海相连。海天之间陡崖耸立，海风带来阵阵寒意，气温只有 10℃ 出头。正在建设的住宅和商业区距离海岸只有几千米，在这样的美景之中，有 57 平方千米的土地处于未开发状态。这片沐浴在海风中被灌木覆盖的土地，是范登堡空军基地（Vandenberg Air Force Base）的所在地，就在隆波克小镇（Lompoc）的西边。空军基地设立于 1941 年，很长时间以来，一直是美军核导弹部队的西部试验场。

范登堡空军基地有很多太空时代留下的遗迹。有封存的核导弹发射台；有

范登堡空军基地附近的加州中部海岸线。
图片来源: jakobradlgruber/123RF.COM

位于加州的范登堡空军基地正门。
图片来源: SpaceX

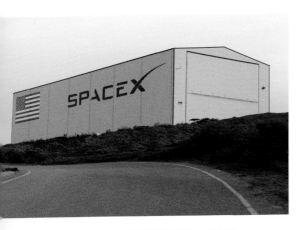

SpaceX 位于范登堡空军基地的机库。
图片来源: Claudine Van Massenhove/123RF.
COM

1972 年被取消的空军空间站项目的残余设施；还有一套胎死腹中的综合发射设施，是当初为了在西部海岸建一个军用航天飞机发射场留下的。其中有一个设施显得格外突出。这栋建筑看起来比较新，外面的油漆还很白，建筑上的标识还很清晰。这里是 4 号台，正式名称是"航天发射操作台 4–东"（Space Launch Complex 4E，简称 SLC-4E），是 SpaceX 在加利福尼亚建的一处新设施，猎鹰 9 号火箭从西海岸升空时，就是在这里发射的。2015 年，SpaceX 从空军手里租用 SLC-4E，作为可重复使用的猎鹰 9 号火箭第一阶段的发射和着落场所，但是 2018 年，他们还是用回了

1966 年，范登堡空军基地，正在建设中的导弹发射设施。

图片来源：美国空军

猎鹰 9 号火箭前往佛罗里达州卡纳维拉尔角发射台。

图片来源：美国国家航空航天局

太平洋上 SpaceX 的无人回收驳船——SpaceX 花了好几年时间才获得加州政府允许重回范登堡的许可。

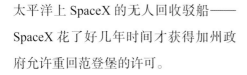

2015 年 12 月 22 日，SpaceX 高调回收猎鹰 9 号火箭。同年 6 月，一枚猎鹰 9 号火箭刚发生过爆炸。这次回收意义重大。有人可能会说："全世界最新最大胆的火箭公司信用岌岌可危。"

SpaceX 还会在佛罗里达州卡纳维拉尔角空军基地发射，也会使用美国国家航空航天局肯尼迪航天中心的 39A 号发射台。肯尼迪航天中心的 39A 号发射台非常有历史意义，大部分阿波罗飞船和航天飞机都是从这里发射的。从卡纳维拉尔角发射的火箭，要向东飞，

跨越大西洋，飞到地球赤道上方的轨道。范登堡发射场的独特之处在于，火箭可以进入垂直于赤道并南北向环绕地球的极地轨道。对于军用间谍卫星以及商业地球成像仪器来说，这里都是理想的发射场。从极地轨道可以看到，地球在下方缓缓自转。

这一天，加拿大航天局的 CASSIOPE 空间气象监测卫星搭乘了冒着热气的猎鹰 9 号火箭。现场有 20 多位媒体朋友，我就是其中之一。

我们站在悬崖边报道这次重要的发射。如果这是美国国家航空航天局的活动，现场会有一位新闻发言人，还会有折叠椅，接到发射控制台的麦克风，以

范登堡空军基地，猎鹰 9 号火箭准备从 SLC-4E 发射升空。
图片来源：美国空军

及一个浮夸的倒计时时钟，没准还会有咖啡。但是 SpaceX 的控制中心一看就是节俭作风，基地另一边没对媒体开放，我们只能在荒凉的土地停车场看发射。如果提前知道点消息、做好准备，环境差一些也能接受，但是现在我们无法联系控制中心，没有无线电，没有步话机 *，什么也没有，只知道今天早晨有一次向南的发射活动。我这里提到的

是 SpaceX 早年在西海岸的一次发射活动，那时候有关新闻发布的各种细节都不完善。如今，是空军方面在处理媒体关系。

后来，从卡车上下来两个年轻空军人员，拉过几根线，弄了个破麦克风。现场的人总算能听到发射的声音了——结果连的是工程部，没有带倒计时的解说。我们听到的全是"哪个阀门开了，哪个关了；哪个罐体加压了，但是还不够"之类的。

他们那边又鼓捣了半天，但是对于

---

* 步话机是一种小功率无线电话收发机，来源于老式军用无线电台，一般是背在通信兵后背上。——编者注

我们来说是没什么有价值的信息。大约20分钟之后，我开始找空军那边的人做采访，问他们和SpaceX的合作情况。大约上午9:20，我正在采访公关负责人空军少尉凯丽·奥斯本（Kaylee Ausbun），她正说道："今天，我们在这里观看猎鹰9号火箭的发射。对于范登堡基地来说，这是一次可以载入史册的活动，这是一周内的第三次发射。再往前，就只能追溯到2004年那次——"她突然不说了，眼睛望向我的身后。见大家都倒抽了一口气，我忙转过身，发现火箭已经升空。又过了一会儿才听到发射的轰鸣声，这时我才抓起相机，给正在爬升中的猎鹰9号火箭拍照。毫无信息含量的工程解说还在继续，我的咒骂声大到盖过了他们，那天给我上了一

猎鹰9号火箭从范登堡空军基地发射升空。图片来源：*SpaceX*

课：眼睛不要离开火箭。

自SpaceX创立以来，埃隆·马斯克一直在坚持做一件事：盯着自己的目标——建造并发射有史以来最大的火箭。猎鹰1号火箭，让他进入航天业；猎鹰9号火箭，让他拥有了付费客户，证明了他的火箭能重复使用。猎鹰重型火箭是继土星5号之后，最大的火箭，于2018年首次发射升空，之后还会继续频繁发射，猎鹰重型火箭的载荷规模是私营火箭中最高的。

马斯克在2002年创办了太空探索技术公司，也就是我们熟知的SpaceX，这家公司历经三次失败之后，在2008年成功发射了他们的第一枚火箭——猎鹰1号火箭。紧接着2010年，猎鹰9号火箭首飞，为了制造出更大型的火箭，他们在新火箭上安装了9台经过猎鹰1号验证过的发动机。猎鹰9号火箭已经发射过50多次，在不断改进的迭代中，截至今天，成功率为96%——完全符合行业标准。[50]

一开始，马斯克把大部分个人财产投入这家公司。他通过多家软件公司积累了大笔财富，其中最著名的是贝宝（PayPal）。那时的他已经为SpaceX花了超过1亿美元，但是这笔投资让他赢

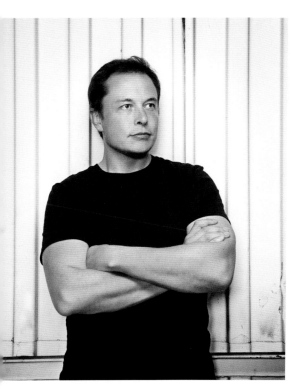

SpaceX 创始人埃隆·马斯克。
图片来源: SpaceX

2012 年，埃隆·马斯克会见美国国家航空航天局局长查尔斯·博尔登（Charles Bolden）。
图片来源: SpaceX

得了美国国家航空航天局 10 亿美元的合同，同时他也为美国空军和私营卫星企业提供发射服务。

和蓝色起源一样，SpaceX 以及太空 2.0 时代的其他几家公司，在很大程度上都是个人驱动型企业。SpaceX 目光远大，主导公司发展的，是一位有抱负，且极具英雄色彩的人。

马斯克在 2016 年说过："如果你追求的是最高风险调整回报，创立火箭公司绝对是疯子才会做的选择。但是我追求的不是回报率。我十分确定，如果不能改进火箭技术，人类将永远被困在地球上。那些大航天企业对激进的创新毫无兴趣，他们只想让自家老掉牙的技术一年比一年进步一点点，实际上，有时候他们的技术不但不会改善，还会越来越差。"[51]

马斯克着手重新设计火箭飞行方式。他的技术创新，包括更有效的加油

SpaceX 的回收驳船，为返航的 SpaceX 火箭提供了一个海上着陆场。
图片来源：SpaceX

程序、着陆方式，以及助推器和头锥乃至二级火箭的重复使用。他最终的目标是火箭整体重复使用——实现零浪费。值得一提的是，SpaceX 的成就与美国国家航空航天局和老牌太空企业在太空竞赛中取得的成果是分不开的，这一点马斯克也乐于承认。

截至 2018 年，SpaceX 在美国东、西海岸都发射过火箭，他们有一支负责回收和运输的小型舰队，在加利福尼亚州、佛罗里达州和得克萨斯州有建造和发射设施。马斯克为 SpaceX 设定了几个目标：建造火箭，火箭可重复使用，建更大的火箭，降低发射成本，可频繁发射。到目前为止，他已经实现了大部分目标。尽管如此，他仍然没有停止努

力，他的发射计划上还有新高峰——每天都有火箭离开地球。

私人创办火箭建造和发射公司的想法不算新奇，很多人从 20 世纪八九十年代就开始这么做。马斯克和 SpaceX 的特别之处在于，他们取得了一项非凡的成就——每个月都有商用或军用载荷发射任务，获得了丰厚回报。到目前为止，马斯克的运营成果包括：为美国国家航空航天局向国际空间站发送货物，为多家私营或政府机构发射卫星，为美国空军发射军用载荷。

最后一位客户是最难搞定的。美国空军与 SpaceX 唯一的竞争对手——联合发射联盟，签订了一份长期合同。这份合同规定，美国空军每年要向联合发射联盟支付 10 亿美元，联合发射联盟一方的义务是：军方发射任务高度优先，联合发射联盟随时待命执行军方发射任务。另外，无论联合发射联盟是否为军方提供过发射服务，美国空军每年必须支付这笔费用。[52]

马斯克想得到美国空军的订单，而且他认为联合发射联盟得到的这些钱，不算真正的打包费用，实际上更像联邦补贴。他认为这种协议对正当竞争有害。2014 年，他试图通过谈判获得美

国空军的发射订单，多次尝试无果之后，他将美国空军告上了法庭。

诉诸法庭并非出于愤怒。在2014年接受采访时，马斯克说，为了打入美国军事发射市场，他已经努力多年。"为了表示我们的抗议，最后只有一条路可走。"SpaceX的总裁格温妮·肖特维尔（Gwynne Shotwell）后来补充说，与国家安全相关的发射，是"目前最大的单一市场"，每年超过30亿美元。[53]

这场诉讼相当于发表了公开声明。马斯克在国会和媒体上谈过这个问题。他认为，一方面，联合发射联盟的10亿美元补贴，不公平且违反竞争原则；

另一方面，他的公司能为纳税人省钱。他只是希望SpaceX有机会参与竞标。他进一步指出，SpaceX是唯一一家将发射费用公之于众的公司，他们的发射费用比报道中联合发射联盟的费用至少低50%。SpaceX为军方提供一次发射服务，收取的费用大约在9千万到1亿美元（比商业发射费用高，因为军方发射要求快速预订，而且对稳定性的要求更高）。他说联合发射联盟每次发射收取的费用是5亿美元，联合发射联盟澄清说不到2亿美元。不管是5亿还是2亿，SpaceX的报价明显更低。

但是，联合发射联盟指出，在商业合作中，价格不是唯一的考量标准，可靠性才是关键。当时联合发射联盟的火箭发射成功率略高于SpaceX。联合发射联盟也有两套发射系统——宇宙神火箭和三角洲火箭——如果一套系统出问题，另一套系统可以充当故障保险，确保军方发射不受影响，这就是他们向政府收取高额费用的理由。另外，他们有久经验证的成功发射经验，这正是后起之秀SpaceX所欠缺的。（这是该公司向政府收取更高费用的理由，还有一方面理由是，相对于新兴的SpaceX，联合发射联盟拥有长期、可靠的发射成功纪

SpaceX的猎鹰9号火箭为美国空军提供发射服务，发射地点是美国空军的范登堡空军基地。SpaceX的老板埃隆·马斯克为了得到美国空军的发射合同，发起过诉讼。
图片来源：美国空军

联合发射联盟的宇宙神5号火箭为美国空军提供发射服务。多年来，联合发射联盟一直是美国空军的主要发射供应商，直到SpaceX加入竞争。

图片来源：美国空军

录。但值得注意的是，联合发射联盟仍未向公众披露其发射费用。）

尽管起诉潜在客户可能不是赢得新业务的最佳方式，但马斯克不是传统的航天业者。他要在新赛场和地位牢固的老手竞争，提起法律诉讼似乎是唯一的出路。不到一年时间，诉讼就尘埃落定了——两家公司可以同时参与美国空军

合同的竞标。2015年2月，SpaceX为空军提供了第一次发射服务。

法律诉讼是一次冒险的赌博，结果马斯克赌赢了，太空领域的某些商业活动将来可能就会按照这个方式展开。和所有企业一样，在争取订单的过程中，会遭遇艰难险阻，也会有更多的双方合意，这就是生意。

值得注意的是，2016年的美国国防授权法案，迫使国防部必须详细披露国家安全方面太空活动的成本，联合发射联盟的发射费用因此大白于天下。文件显示，如果联合发射联盟获得发射垄断权，到2021年，每次发射，空军要支付4.23亿美元以上的费用，因此对纳税人来说，SpaceX的价格明显更划算。这又是一个典型的案例，新兴公司，或者说打破现有秩序的公司，在未来十年会继续改变太空商业格局。

马斯克当然不会就此停手。在考虑SpaceX如何盈利的同时，他也在通过投资改进火箭技术，从而降低成本。为此，工程师为猎鹰9号火箭设计了着陆缓冲装置，而且一级火箭可以重新点火，实现回收再利用，这个目标极具挑战性，最终成功实现。SpaceX的一级火箭和龙飞船已经多次重复使用，发射

成本因此大幅下降——每次飞行能节约30%的费用。[54] SpaceX 目前正致力于，让所有火箭零部件均可重复使用，包括二级火箭和火箭的整流罩（携带载荷的火箭锥形头端外壳，价值 500 万美元）。关于发射火箭，马斯克追求的最终目标是：一级火箭着陆，回收二级火箭和整流罩，检查设备（如果需要进行修复），注入燃料，再次发射。马斯克希望将完成整个流程所需的时间降低到 24 小时——在他看来，要想把发射成本降低至他期待的水平，这是唯一的办法。

马斯克说："要把成本降低到每千克 200 美元，就要像飞机一样，每天多次发射才行。"这是一个非常高的目标，即便 SpaceX 的发射报价极具竞争力，把货物送入轨道的费用每千克至少也要 5000 美元。[55]"这个目标必须实现，所以不能每飞一次，就扔掉一个价值上百万美元的消耗性硬件。"

对马斯克来说，火箭助推器坠入海洋，是不得已的选择，一旦最新的设计投入使用，这个问题就能得到解决。这些火箭预计几年内就会投入使用，到时候，每次返回都会降落在发射地。[56] 马斯克认为，只要是心智正常的人，不可能从洛杉矶飞一次东京，就扔一架客机。你想勇闯太空，也不能去一次就扔

猎鹰 9 号火箭降落在大西洋 SpaceX 的驳船上之后，排出多余燃料。
图片来源：SpaceX

此前 SpaceX 试图让猎鹰 9 号火箭助推器降落到无人驳船上。助推器刚降落，燃料就不够用了，然后倾斜，紧接着发生爆炸。经过多次尝试，才总结出正确的回收程序。
图片来源: SpaceX

位于加利福尼亚州霍桑市的 SpaceX 总部。
图片来源: SpaceX

一枚火箭。[57]

重复使用火箭非常复杂。回收再发射这个过程本身就很困难，稳定地持续下去就更难了，SpaceX 直到最近才有能力让火箭成功稳定地自主飞回地球。[58] 竞争对手们要赶上 SpaceX 的步伐也非易事。

霍桑市位于洛杉矶附近，是 SpaceX 总部和主要工厂所在地。SpaceX 的总部离洛杉矶国际机场很近，这个地方的上一任主人是航天承包商格鲁曼公司。霍桑相对安静，城市定位是"睦邻友好之城"，值得高兴的是，SpaceX 成了大家的邻居。2016 年，我去霍桑拜访

SpaceX 的首席运营官格温妮·肖特维尔，她受马斯克直接领导。采访之前，我参观了工厂——简直叹为观止！

我见过很多火箭，参观过各种航天装配厂，参观过美国国家航空航天局大部分航天中心，见过正在建造中的航天飞机，以及火星探测器和其他机器探测器组装和测试过程，近距离检视过很多美国和苏联的太空装备。所有这些都很了不起，但是这次参观完全出乎我的意料。这家私营火箭工厂，真的非常大——世界范围内也是首屈一指。

很难用确切的语言形容，为什么 SpaceX 的主厂如此特别。维珍银河是个小厂房，不急不忙地手工打造航天器，而 SpaceX 却非常大——厂房面大

SpaceX 的火箭工厂，位于加利福尼亚州霍桑市。
图片来源: Flickr 用户尤尔韦特松（Jurvetson）

约有 930 平方千米——员工超过 5000 人。队伍还在扩大中，员工们正在忙碌地组装几艘组装进度各不相同的飞船，以及数十台助推器和引擎。美国国家航空航天局的厂房越来越杂乱、老化，工作程序严谨，在无尘环境组装大部分只能使用一次的航天部件；而 SpaceX 总部是一个互相连通的巨大厂房，工作队伍主要由年轻的工程师、机械师、技术人员和办公室员工组成，所有人互相协作，共同建造火箭——不是几枚而已，是很多。那天，我看到工作人员正在组装猎鹰 9 号火箭助推器的三个主发动机，助推器就在厂房靠前的位置，总部一楼有很受欢迎的咖啡馆和餐厅，助推器正好在咖啡馆和餐厅旁边。继续往里

走，各组员工正在组装将来要安装到不同猎鹰火箭型号上的组件。大厅正中间有一排燃料箱，银色的外壁有椭圆形的机械加工痕迹，看起来像是有人拿研磨机粗糙地打磨过罐体外侧——不仅看起来像，事实也确实如此。

我们正好能通过这些跑道形状的打磨图形，了解 SpaceX 是如何做生意的。火箭造价一直如此昂贵，因为其中涉及一个名为"消减质量"的过程，也就是要让火箭变得更轻。宇宙神和三角洲火箭是 SpaceX 的竞争对手——联合发射联盟的两员主将，它们采用的是等格设计，在保证强度的同时减轻火箭质量。简单来说，铝合金制成的厚壁圆柱体被制成之后，要在火箭的金属内壁上打磨出边长几英寸、一个挨一个的三角形。要打磨出成千上万个这样的三角形网格，才能起到相对明显的消减重量的作用。

三角形虽小，磨掉的金属质量加起来却很惊人，火箭结构还能保持稳定。这个过程极其耗时，而且要花不少钱，但是如果建造火箭是为了国防安全之需（宇宙神和三角洲火箭一开始都是用来发射核导弹的），实际上不太会考虑成本问题。而现在，火箭发射领域出现竞

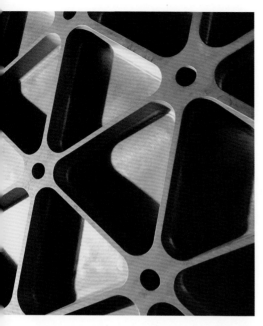

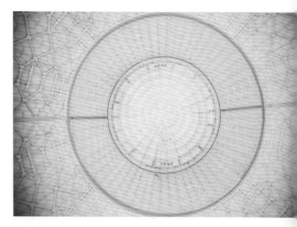

SpaceX 建造龙飞船时，使用了等格打磨技术。这张是内视图，向中心看到的是飞船的顶端。
图片来源：SpaceX

网格打磨样例。这是普遍的火箭"减重"技术。火箭外壳建造完成之后，开始打磨三角形网格，减轻重量。打磨之后，结构很稳固，由于全靠手工打磨，因此耗资巨大。
图片来源：美国国家航空航天局

争，而且用途逐渐转向商业化，必须考虑成本问题，还要想办法控制成本。

设计猎鹰火箭时，关于如何减重，SpaceX 彻底换了个思路。他们的首席工程师研究了美国国家航空航天局以及他们的承包商，甚至是俄罗斯的火箭制造技术。看过之后，他们觉得很震惊。那些人使用的建造技术很实用，也很新奇，但是造价很高。为解决减重问题，SpaceX 想出了一个简单的替代方案——打磨火箭燃料箱，不但能减重，还能保持坚固。虽然没喷漆之前，燃料箱看起来有点丑，但是容易操作，而且确实有效。跟普遍的等格打磨火箭外壳相比，打磨燃料箱成本更低，耗时也更短。这只是马斯克改变火箭建造方法的一个例子，成本控制和可靠性始终是他关注的焦点。

再往里面走，有一间非常宽敞的无尘室。室内空间密闭，空气经过高度过滤。这里的发动机部件更多，都在接受严格检验，几艘二代龙飞船正在组装中。外面，左边，几节火箭冲远处那面墙的方向摆着，墙那边有猎鹰重型火箭的发动机部件。

猎鹰 9 号火箭发射期间，在加利福尼亚州霍桑市 SpaceX 总部，穿着随意的 SpaceX 员工，正在观看封闭式玻璃外形的控制中心。
图片来源: SpaceX

SpaceX 总裁兼首席运营官格温妮·肖特维尔。
图片来源: 美国国家航空航天局

这里是真正的火箭工厂，太空设备制造达到了工业规模。厂房宽敞，而且很新，但是有很多磨损——这家工厂注重的是批量生产，而不是生产最新、最好的设备。所有东西够大、够新、够精巧，正好够用，但是绝不超过这个标准。猎鹰火箭的组件排成一排，依靠自动生产线装配。这个地方非常忙碌，马斯克经常来工厂，或者停下来检查一个部件，或者和一小群员工聊天。我去工厂参观那天，他穿得很随便。实际上，我在这里没见过穿西装打领带的。SpaceX 的氛围不适合那种装扮。

我离开车间没多久，在一间小会议室见到了肖特维尔。会议室里面有一张

黑桌子，桌面上有些碎屑和凹痕，不难猜出这张桌子的大致用途，他们可能会把各种机械、电子零件摊在桌子上，一边查看，一边讨论。一开始我以为桌面是石板或塑料板做的，但是我很快发现，桌面就是一块上了黑漆的松木。松木桌面完全够用，根本不需要红木或胡桃木。

肖特维尔在伊利诺伊州的一个小社区出生长大。她原本的职业规划是进入

汽车产业。她从西北大学拿到机械工程和应用数学学位后，到克莱斯勒公司（Chrysler corporation）工作，但是没过多久就搬到了加州。到了加州之后，她在美国航空航天公司（Aerospace Corporation）工作了十年。这是一家为政府、军队提供服务的智囊顾问公司，最近也开始为公司客户服务，她在这家公司做过各种工作，其中就包括航天飞机项目。肖特维尔后来到一家小型初创火箭公司工作过四年。2002年，肖特维尔来到SpaceX，成为马斯克手下的第7名员工，担任业务发展副总裁一职。从那时起，她一直为SpaceX效力至今。

我问她，该怎样向小学生介绍SpaceX的传奇，她说："这一切都是为了创立一家最终能够造出把人们送上其他星球的飞船的公司。"长期以来，SpaceX一直把火星当作终极目标，肖特维尔特意指出，月球也是目标之一，而且已经排上公司日程。在一次大型航天会议上，马斯克发表了关于人类大规模移居火星的宏大计划。九个月之后，他宣布："为了真正点燃公众的热情，我认为我们应该在月球上建个基地。建造月球基地，把人送到火星，甚至更远的地方，这是阿波罗任务的延续，我认

为这是人们希望看到的。"[59]

这不能算是开创新路，公司只是打算做出更明智的规划，重新回归到能实现近期目标的方向上，并为之努力。火星依然是马斯克的梦想，月亮可能是他实现梦想的第一个台阶。资金压力会影响决策，但是对于马斯克和SpaceX来说，还有比资金更重要的东西。

肖特维尔解释说："我们的新系统规划中有火星的项目预算，即便不能赢利，我们还是会做。移民火星一直是埃隆的动力，更是他创建这家公司的原因。"向火星移民是他想要完成的梦想，要是能从中获利当然更好。肖特维尔说："就像17世纪的东印度贸易公司，

SpaceX的火星业务：可重复使用的火箭，例如图中所示的大猎鹰火箭（Big Falcon Rocket，简称BFR），每次可向火星运输100名乘客，费用为每人25万美元。一段时间过后，火箭营运就能收回成本，然后开始盈利。
图片来源：SpaceX

如果你构筑了贸易通路，钱自然会来。如果你去探索……将来自然会获得财富，你会从中找到可做的生意。"显然，在马斯克继续关注火星相关研发的同时，如果美国政府希望在向月球运送货物和人员方面与 SpaceX 合作，SpaceX 会欣然接受。

SpaceX 对未来的构想非常宏大，其中涉及很多新技术以及复杂的太空基础设施。看看 SpaceX 不算漫长的发展历史，也许能帮助我们更深刻地理解马斯克的计划。

猎鹰 1 号火箭第一次成功进入轨道是 2008 年——这一年，也是 SpaceX 深受财务压力困扰的一年。在一系列的发射失败之后，马斯克发现，他为这家公司划拨的创始资金已经花光了。SpaceX 因此陷入窘境。马斯克联系了之前为他的汽车公司特斯拉（Tesla）投资的史蒂夫·尤尔维森（Steve Jurvetson），这位投资人在创始人基金向 SpaceX 注入 2000 万美元现金之后，也为 SpaceX 注入了现金。

马斯克继续他之前的递增设计理念，他把九台经过猎鹰 1 号火箭试验成功使用的发动机，安装到更大更先进的猎鹰 9 号火箭上。猎鹰 9 号火箭的首飞

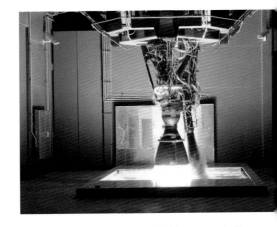

在 SpaceX 位于得克萨斯州的工厂，梅林（Merlin）发动机正在接受测试。
图片来源：SpaceX

时间是 2010 年。成功试飞之后，猎鹰 9 号火箭开始快速更新换代，每次换代都在上一代的基础上做了改进。现在最新的型号是猎鹰 9 号 Block 5 型火箭，火箭基础设计提升，跟原始版本相比，火箭可向近地轨道运送的载荷质量增加一倍，达到 22.8 吨。

可重复使用是 SpacesX 的重要目标，到目前为止他们已经能够回收并重复使用龙飞船和火箭助推器。事实证明，回收再利用火箭整流罩更困难，但是他们的回收测试试验已经成功，很快就能实际应用。这些东西造价都很高，设计时就考虑了多次使用的问题。一级助推器先推动火箭上升运行，然后一、

二级助推器分离，二级助推器点火，根据客户的需求继续推动火箭进入近地轨道或地球同步轨道。在大多数情况下，火箭都要调转方向，发动机点火降速，开始返航，有的飞回发射地点，有的飞向无人驾驶的驳船。（也有例外情况，如果载重过重或目的地是高海拔轨道，发射阶段会耗尽所有燃料，火箭就会被视作一次性发射器，在返回地球时解体——SpaceX 的竞争对手们使用的都是这种火箭。）为了保证完整返回，火箭速度必须从开始返回时的每小时4800 千米，逐渐降速，直至着陆。

助推器点火制动告一段落，在 160千米的高度开始滑行。火箭即将进入大气层，这对于任何飞行器来说都是一项严峻的挑战。火箭此时的速度没有那么快，不需要隔热罩，但是返回途中还是要承受高温和严重的冲击。火箭重返大气层时，发动机要重新点火，目的是保持火箭稳定，同时进一步降速。

火箭进入稠密的大气层之后，其前端会伸出四个桨状物——SpaceX 称之为"超音速栅格翼"（hypersonic grid fins）。这些桨状物有点像有孔的特大号铲子，装在枢轴上，作用是在火箭返回地球时引导方向。然后就到了最棘手的阶段——火箭必须自主着陆。

抛开将所有燃料全部用于发送载荷的情况不谈，火箭会驶向 SpaceX 的海上驳船，驳船可能停在发射点附近的海面；火箭也可能选择在发射点附近的陆地着陆。无论是哪种情况，整个过程都是自主的，火箭上的电脑与着陆点保持通信，然后靠自己飞回地球。火箭从发射、再入大气层、飞到着陆点，发动机一共点火四次——第一次点火，发射；第二次点火，调转方向；第三次点火，再入大气层；第四次点火，最后的制动和着陆（并非所有着陆都需要发动机制动）。着陆时，火箭速度已经从最初的4830 千米 / 小时降至触地时的 8 千米 /小时。到目前为止，只有 SpaceX 能做到。蓝色起源正在进行自主亚轨道飞行测试，到时候也会进行自主着陆。

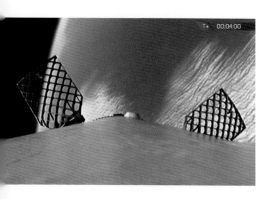

展开的栅格翼引导猎鹰 9 号火箭返回着陆。
图片来源: SpaceX

最后阶段，火箭要调整到完全垂直方向，四脚着陆。四个支架在飞行过程中紧贴机身，呈收缩状态，降落时落下、锁定，供火箭着陆用。如果返回发射地点，火箭就是在陆地降落；如果是在海上，火箭要降落在驳船上，电脑必须根据驳船的状况做出判断，选择最佳着陆程序。驳船所处的"海面情况"，或者说驳船在海面上的运动情况，垂直变化可达3米。在这种情况下，平安降落，是非常了不起的壮举。经过几次失败之后，无论是驳船降落，还是陆地降落，对SpaceX来说都已经没什么难度了。

日后，火箭、太空舱、整流罩都可以经过检查后再次使用，从而省掉发射活动中最主要的一项花费——建造。这些组成部分的重新利用已经节约了很大成本，成本缩减的效果也会传递到消费者层面。

最后，肖特维尔说："猎鹰9号，将来的费用也就几百万美元。这是我们的最终目标——理论上的最低价格。"

现在猎鹰9号火箭的发射费用是6000万美元，因此降到几百万的水平必定大受市场欢迎。SpaceX表示，火箭和相关硬件占了成本中的绝大部分，

燃料成本大约为20万美元。另外的成本就是检查和翻新（如果有必要）所需的时间成本。如果SpaceX能回收再利用一级火箭、二级火箭、整流罩，有时还包括飞船太空舱（发射卫星不需要龙飞船），成本节约空间将非常大，短时间内就能缩减50%。[60]

猎鹰重型火箭是马斯克的下一个阶段，是实现行星际旅行的工具，2018年2月成功首飞。火箭进入轨道，搭载的测试用载荷中包括一辆马斯克自己的红色特斯拉跑车，里面坐着一个穿着宇航服的假人。两个侧助推器在卡纳维拉尔角成功降落，核心助推器在海上驳船着陆失败，坠落到附近的海洋中。在马斯克看来，这种失败是发展中的小插曲。从这次飞行中收集到的工程数据，为SpaceX提供了充分的信息，足以避免未来再发生这种小意外。坠毁原因是进入最后着陆阶段，助推器再次点火时，点火液不足，导致没能成功点火。

猎鹰重型火箭相当于将三枚猎鹰9号火箭绑在一起，运载质量等于猎鹰9号火箭的三倍，可以向近地轨道运送约63503千克货物。这是美国自20世纪60年代的土星5号月球火箭以来，最大型的运载火箭，也是继20世纪80年

代苏联能源号火箭之后的世界之最。猎鹰重型火箭能运送大质量载荷至月球甚至更远的地方。SpaceX 采用已经得到验证的技术，将三枚猎鹰 9 号火箭做成一个火箭集群。猎鹰重型火箭用 27 台

2018 年 2 月 6 日，佛罗里达州，猎鹰重型火箭即将首飞。
图片来源：SpaceX

马斯克的梅林火箭发动机，取代了土星 5 号用的 5 台大型火箭发动机。

马斯克的火星计划呢？ 2016 年，马斯克公布了一个大胆的计划，他要设计一艘巨型火星飞船，一次飞行能向这颗红色星球运送 100 人。他将运载火箭命名为"大猎鹰"火箭。2018 年马斯克将其更名为"超重型"（Super Heavy）火箭，这艘火箭的推力能达到土星 5 号火箭的两倍，相较之下，猎鹰重型火箭成了小儿科。

马斯克将位于火箭上部的飞船，命名为"星舟"（Starship），这艘大型载人结构飞船，有一个大小相当于空中客车 A380 大型喷气式客机的压力舱（环境适宜居住）。除了能飞往火星，超重型火箭 / 星舟飞船组合还能帮 SpaceX 完成向月球运送货物的任务。SpaceX 也在开发地球上的点对点运输技术。在这种布局之下，飞船可以从纽约起飞，进入亚轨道，然后在中国上海着陆，全程只需 40 分钟。[61] 货物运输的变革方案也在设计中。

超重型火箭 / 星舟飞船目前正在建造中，地点位于 SpaceX 主厂房几千米之外。SpaceX 在洛杉矶的港口租用了大片土地，他们会在那里建造航天器，

也方便通过驳船将航天器运输至佛罗里达。

SpaceX用什么来支付这些宏伟计划所需的费用呢？星际飞船已经获得了第一份合同——日本亿万富翁前泽友作（Yusaku Maezawa）将会同六到八位艺术家一起环游月球，队员中还会有一两位宇航员。肖特维尔认为，未来很有可能会和美国国家航空航天局进一步合作。SpaceX手里已经有两份这样的协议——从2012年开始，美国国家航空航天局已经开始付费让SpaceX为他们向国际空间站运送货物——SpaceX很快会让两名宇航员乘坐龙飞船2号。肖特维尔希望，美国国家航空航天局能进一步加强这种公私合作伙伴关系，继续推进"商业轨道运输服务"项目。此前美国国家航空航天局正是通过"商业轨道运输服务"项目，在私营业者的帮助下，满足了国际空间站的运输需求。

肖特维尔说："把我能想到的所有领域都包括在内，纳税人花在商业轨道运输服务项目上的钱，是最物有所值的。因此，能在火星项目上继续合作，也会取得令人满意的结果。如果美国国家航空航天局愿意像商业轨道运输服务项目那样，分担相同比例的成本，那当然更好了。"

根据SpaceX提供的消息，美国国家航空航天局通过各种形式的合作协议，为龙飞船开发项目承担了一半成本。值得一提的是，据美国国家航空航天局估计，这个项目的总成本比他们自行开发的成本低。美国国家航空航天局的一项内部研究表明，跟传统合作模式相比，SpaceX开发猎鹰9号火箭和龙飞船的成本降低了90%。[62] 这还不包括火箭和飞船回收节约的成本，只是单纯地计算了设计和开发成本。

对于为国际空间站提供运输服务的猎鹰9号火箭和龙飞船，美国国家航空航天局进行了专项投资。还在开发中的猎鹰重型火箭和大猎鹰火箭，到目前为止，所有开发资金全部来自SpaceX。之前，通常只要与航天承包商签订合同，美国国家航空航天局和美国空军就会为火箭和飞船大部分开发成本买单，但是现在的合作方式与之前不同。通过SpaceX的融资安排，我们可以看到未来这类项目如何推进——私人运营商承担部分费用，美国国家航空航天局支付开发硬件所需的全部或部分资金。[63]

SpaceX正在开展一个更宏大的计划——通过太空提供全球宽带上网服

务。SpaceX计划在六年内发射1600颗小卫星，再花几年时间，总共发射4425颗小卫星，为全球提供高速宽带接入服务。大部分通信卫星的运行高度在地表以上40000千米，而这些卫星会放置在海拔几百千米的低轨道空间。卫星数量如此众多，意味着宽带信号能无缝连接，在卫星与卫星之间互相传递，不间断地覆盖全球。SpaceX虽然是该领域的领头羊，但是他们并不是唯一的参与者。一网公司（OneWeb）筹划类似的系统已经好几年了，计划发送650颗或更多的卫星。其他公司也对这个有利可图的潜在市场虎视眈眈。

这个项目什么时候能出成果，SpaceX什么时候能通过这个项目获利，在很大程度上与降低发射成本有关。SpaceX在这方面有优势。这是一个垂直整合的经典案例，所需的全部服务由一家公司提供，从而压低成本，扩大利润空间。全球宽带卫星计划已经吸引了很多竞争者争相加入，形形色色的参与者都在努力扫除政府的监管障碍。在美国境内发射火箭必须获得美国联邦航空管理局的批准，宽带卫星计划也必须得到联邦通信委员会的批准，因为该计划会用到政府控制的商业电信宽带。但是

SpaceX的所有火箭部件，全部在室内建造，这样既能保证质量又能控制成本。图中是一台完整的梅林发动机，准备装配到猎鹰9号一级火箭上。

图片来源: SpaceX

对于公司和整个社会来说，潜在的回报远远超过成本，而且还有金钱之外的收益。

正如肖特维尔在采访中所说的："我们之所以要构建一个全球卫星系统，是因为上网和更好的教育是平衡经济发展的最佳武器……如果世界各地的人们都能接入互联网，那么所有人都能获得相同的机会。如果撒哈拉以南的非洲，能用上廉价高速的网络，该有多好。如果世界各地的人每天都能谈论他们的问

题，也许可以通过群策群力，找到更好的解决方案。"

这个表述很宽泛，并不是说这个计划没有它的复杂性。在不太富裕的地区建立廉价的地面基站是一个挑战，比如要解决电力供应问题。但这确实是一个伟大的构想。

在 2008 年 SpaceX 最艰难的时期，伸出援手的投资人史蒂夫·尤尔维森也认同这个观点。宽带卫星计划最终能把"目前还没有用上互联网的 40 亿人带入网络世界，互联网人口会因此增加三倍。想想互联网创造的教育机会，以及潜在的创业可能。全球经济从来没有面对过这么多可能性。想想 GPS 对我们生活的改变，互联网人口的激增，可能会创造人类史上最大规模的经济大爆炸，只需再过 5 ～ 10 年，这个历史时刻就会到来。"他又继续畅想了一下，在目前处于资源欠缺状态的庞大人口中，将来会有多少个爱因斯坦脱颖而出。

SpaceX 在短时间内创造了惊人的传奇，如果他们的历史可以作为参考，那他们的计划会一一实现，但是实现的时间可能会比设想的长一些。SpaceX 会在发展中被迫做出调整，重新评估自己的各项计划，太空 2.0 时代的其他公司也不例外。但是马斯克的成就已经打破了传统。新地平线号（New Horizons）冥王星探测任务的现任首席科学家艾伦·斯特恩（Alan Stern），2008 年在美国国家航空航天局担任科学部副主任，他那时就说过："埃隆·马斯克想把人类变成'跨行星物种'，他不会放弃努力。他会改变模式，他可能会花光所有的钱——他一定会付诸行动。他不是为了造火箭而造火箭，造火箭只是他达到目的的手段。他把梦想当作信仰来追求。"[64]

竞争是美国最优秀的传统之一，在努力的道路上，马斯克和 SpaceX 不会孤单。很多潜在的竞争对手准备加入新太空竞赛，但是只有两家公司在财力和技术实力上与 SpaceX 接近：一家是杰夫·贝佐斯的蓝色起源，另一家是联合发射联盟。

搭载了"级联小卫星与电离层极区探测器（CASSIOPE）"
的 猎鹰 9 号火箭准备在范登堡空军基地发射升空。
图片来源: SpaceX

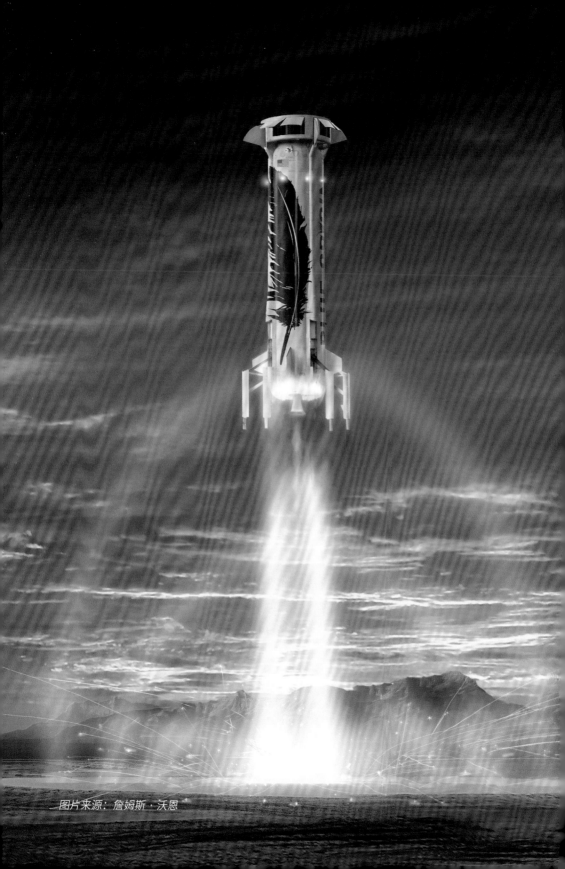
图片来源：詹姆斯·沃恩

CHAPTER 9

新太空竞赛

参与载人航天发射竞争的业者非常少——因为把人送入太空所需的资源惊人至极。致力于载人航天的企业包括前面提到的SpaceX，以及联合发射联盟，我们会在后面对联合发射联盟做详细介绍。除此之外，还有一位主要参与者，杰夫·贝佐斯的蓝色起源。他们的载人航天开发，切切实实可以用独一无二来形容。说他们独一无二，不是因为他们做得多么出色，而是因为他们与众不同。

蓝色起源使用的几乎完全是自有资金，只从美国国家航空航天局的商业载人项目中（该项目也为SpaceX和联合发射联盟提供了资助，让他们建立发射系统，为国际空间站运送宇航员），得到了2500万美元资助，这点钱和贝佐斯的私人投资相比，简直不值一提。随后，联合发射联盟为火神号（Vulcan，三角洲4号和宇宙神5号的替代产品——后面会做详细介绍）大型火箭引擎招标

蓝色起源计划用新格伦号火箭与猎鹰重型火箭竞争，预计于 21 世纪 20 年代初投入使用。
图片来源：蓝色起源

亚马逊和蓝色起源创始人杰夫·贝佐斯。
图片来源：蓝色起源

时，蓝色起源加入竞标。后来，蓝色起源从美国国家航空航天局那里得到一份价值 4500 万美元的合同，为他们的亚轨道研究提供了飞行服务。但是，总的来说，蓝色起源的财务操作，算是半隐藏模式的。"新谢泼德"亚轨道飞行器一直使用的是自有资金，随后建造的更大型的新格伦号大推力火箭也是如此。

贝佐斯通过亚马逊网站赚得了亿万家财，但是他从年轻时就开始眼望繁星。1982 年，他在高中毕业典礼上发表演讲时说，他想"在太空建旅馆，建游乐园，建一个能供 200 万～ 300 万人居住的定居点，让他们在轨道生活。这个构想是为了保护地球……最终目标是为了疏散人类。地球应该变成一个公园。"[65] 之后，他把亚马逊发展成了一个世界级的营销巨头，但是对太空的思考，从来没离开过他的大脑。

埃隆·马斯克通过互联网产业成功赚到钱，然后拿这些钱投资造火箭，贝佐斯和他不一样。贝佐斯 2000 年创建蓝色起源，那时候亚马逊才成立六年。所有人都说，造火箭不是一般的富豪玩得起的事业。到 2014 年年中，贝佐斯已经向蓝色起源投入了 5 亿美元资金，而且逐步在加大投资力度。[66] 他在 2017 年的一次太空讨论会上说："我现在的商业模式……是每年卖 10 亿美元的亚马逊股票，然后把钱投到蓝色起源。"[67] 这个模式够独特，其实也透露了他对自己的商业构想极具信心。从 2004 年起，贝佐斯总共卖了价值接近50亿美元的亚马逊股票，其中多少投入了蓝色起源不得而知，但是据业界估计，应该是很大一部分。[68]据估计，贝佐斯个人净资产超过1500亿美元，因此，即便持续现在的"商业模式"，也能坚持很长时间。

蓝色起源已经悄然运营了将近20年，只发布了几次成功试飞的消息，并偶尔公布新计划。直到最近，他们才开始相对频繁地发布进度报告，向公众透露他们的未来计划。贝佐斯的火箭公司，成立时间比SpaceX早两年，很多人得知这个信息都很惊讶。

关于太空业务，蓝色起源的运营方式，和竞争对手SpaceX以及联合发射联盟完全不同。蓝色起源目前只有1500名员工，长期以来主要专注于建造亚轨道火箭，即新谢泼德号（得名于水星计划宇航员艾伦·谢泼德）。蓝色起源最初的目标和维珍银河的目标差不多——亚轨道旅行。在这种情况下，他们选择用可完全重复使用的火箭运载传统型飞船，而不是带机翼的火箭飞机。新谢泼德号于2015年首飞，测试飞行9次，成功8次——2015年首次试飞时，火箭在着陆前坠毁，但是飞船无

蓝色起源正在试发射中的新谢泼德号火箭。新谢泼德号火箭和飞船已经发射过9次，8次成功。

图片来源：蓝色起源

新谢泼德号飞船搭载6名乘客进行亚轨道旅行的概念图。

图片来源：蓝色起源

碍，借助降落伞完美降落。[69]2016年，蓝色起源宣布计划建造更大的火箭——新格伦号（得名于宇航员约翰·格伦）。新格伦号的推力和SpaceX的猎鹰重型

蓝色起源的 BE-4 火箭发动机,能产生高达
250 吨力的推力。
图片来源:蓝色起源

火箭相当,且一级火箭可重复使用。

新谢泼德号是单级火箭,用于搭载蓝色起源的宇宙飞船到亚轨道,是专门为开展太空旅游设计的。新谢泼德号飞船舱内空间 15 立方米(比老式阿波罗飞船多出了 8.5 立方米),有六个座位。飞船有大窗环绕,而且在技术层面符合太空 2.0 时代的一个重要特征,可重复使用,预计在一两年内进行载人试飞。

蓝色起源一直在为新谢泼德号亚轨道火箭和新格伦号轨道火箭开发大推力火箭发动机。贝佐斯很早就决定使用比液氢更易储存、更易处置,且比航空煤油更清洁的替代燃料——液态甲烷。清洁能源对火箭可重复使用至关重要,因为如果发动机相对干净,做清理维护的

时候会更容易。除了要在即将投入使用的新格伦号上安装这种发动机,蓝色起源也在和联合发射联盟协商,将他们最大的火箭发动机卖给联合发射联盟,安装到火神号的一级火箭上。[70] 联合发射联盟是蓝色起源潜在的竞争对手,这种竞争对手之间的"合作",可能会成为太空 2.0 时代一道独特的风景。

新格伦号在可重复使用模式下,有效负载能力与猎鹰重型火箭大致相同。[71] 新格伦号从 2012 年开始研发,近期就会首飞。

2017 年 12 月,我和蓝色起源的高级副总裁罗伯·梅尔森(Rob Meyerson)聊了很长时间,关于公司重心从开发测试过渡到进入市场——从对市场的预测到真真正正地通过航天飞行创造利益,他说了很多自己的想法。梅尔森有密歇根大学和休斯敦大学的航空航天工程学位,从 1985 年到 1997 年在美国国家航空航天局的航天飞机和人员救援部门工作。后来他到一家现在已经破产的航天企业——奇石乐(Kistler)工作,这家公司当初也计划用发射载具和火箭飞机,为美国国家航空航天局和私人发射需求提供服务。然而公司没能取得成功,包括梅尔森在内的一众员工

蓝色起源前高级副总裁罗伯·梅尔森。
图片来源：蓝色起源

新谢泼德火箭在试飞期间着陆。
图片来源：蓝色起源

全都从奇石乐去了其他新兴太空企业。2003 年，梅尔森加入蓝色起源，那时候蓝色起源只是一个 10 人左右的团队，现在已经发展成一家有上千名员工的公司。在我们交谈结束不久，梅尔森在公司内担任了其他职务，负责高级开发项目（Advanced Development Programs）业务部门。

梅尔森表示："从地球到近地轨道，逐步发展出更多商业操作，迈出的第一步非常好，大家看到的这些，我也看到了。但是，我们必须找到那个转折点，这样才有机会通过提升运载能力和重复使用，削减成本。所以，我们开始建造亚轨道飞船新谢泼德号。我们认为，在接下来的五到十年，新谢泼德号这类亚轨道飞船，会成为进入太空的最佳选择，不止对游客来说如此，对那些想在微重力环境下论证新技术的科学家也是如此。"[72, 73]2018 年年底，贝佐斯表示，希望从 2020 年开始，游客和研究人员可以乘坐新谢泼德号进入亚轨道。

接下来，我们来谈一谈他们的发动机。蓝色起源正在开发两个型号的大型发动机：一个是推力为 50 吨力的

BE-3，另一个是推力为 227 吨力～ 250 吨力之间的 BE-4。新谢泼德号安装的是 BE-3 型单一发动机。新格伦号计划在一级火箭上安装七台 BE-4 发动机，在二级火箭上安装三台 BE-3 型发动机。

火箭动力公司（Rocketdyne）和航空喷气公司（Aerojet）这类传统航空航天发动机制造商，不是被收购，就是破产。在这样的市场环境下，私营企业选择开发大型火箭发动机，是一个非常大胆的决定。由于美国政府——最受大型航空航天企业欢迎的客户——已经多年没有订购新型发动机，现在还在研发新型火箭的公司少之又少。SpaceX 自己制造发动机，但是他们的发动机比 BE-4 小得多。联合发射联盟的宇宙神

5 号火箭用的是从俄罗斯买来的老式火箭发动机，鉴于当下的政治环境，国会向联合发射联盟施压，要求他们从国内寻找大型火箭发动机的供应商。这正好给了蓝色起源一个机会，据梅尔森说，蓝色起源最近就供应 BE-4 火箭发动机问题，与联合发射联盟达成了协议。

蓝色起源一直在寻找其他商业机会，其中包括一些与美国国家航空航天局的合作。2017 年，蓝色起源公布了自主开发无人月球登陆器的计划，搭乘的火箭可能会选择美国国家航空航天局的空间发射系统火箭，也会考虑其他火箭。蓝色起源曾建议，美国国家航空航天局应该多创造机会，"鼓励私营企业开展月球商业货运服务。"[74] 他们的提

蓝色起源的 BE-4 火箭发动机试点火。BE-4 火箭是首枚以液体甲烷作为燃料的大型火箭。
图片来源：蓝色起源

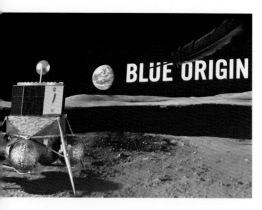

计划中的蓝色月球登陆器概念图。
图片来源：蓝色起源

议同美国国家航空航天局与 SpaceX 和波音公司的合作形式类似，私营企业自己出资设计新型航天器，借此换取美国国家航空航天局的使用保证。这也是一个有价值的迹象，表明贝佐斯正带领他的公司超越过去内部投资和私营合作（与联合发射联盟签订的发动机供应协议）模式，也开始像他的竞争对手们那样，进入政府－私营合作领域。

据梅尔森说，正在设计中的月球货运飞船名叫"蓝色月球"（Blue Moon），这艘飞船会"以划算的价格将大质量货物运送到月球，在月球表面软着陆。"[75]政府目前没有出资建造月球登陆器，美国国家航空航天局在 2000 年初曾做过相关努力，但在 2009 年星座计划取消时，登陆器开发随之终止，因此在美国国家航空航天局现行的重返月球计划中，存在一块巨大缺失，这类航天器正好能填补上这块缺失。也有其他小型企业在开发机器人登陆器，但是在规模上都不及"蓝色月球"。私人建造、运营的登陆器，可以为美国国家航空航天局、商业实体以及可能实施的国际空间项目，提供一个抵达月球表面的可靠通路。有了这个保障，便可以在月球建造基地和其他设施。蓝色起源计划在 2020 年对蓝色月球进行测试。蓝色月球负载能力为 4500 千克——和 20 世纪 60 年代的阿波罗登月舱相差无几，但是成本低得多。另外，蓝色月球当然也可以重复使用。

在太空 2.0 时代，并非所有 SpaceX 的竞争对手都和蓝色起源一样——是互联网富豪新创办的公司。实际上，在本

位于科罗拉多州森特尼尔市的联合发射联盟总部。
图片来源：维基共享资源/杰弗里·贝尔
（Jeffrey Beall）

联合发射联盟继承的火箭遗产，要上溯至美国第一批核导弹之一——初代宇宙神。图中是在康维尔（Convair）工厂装配的一批初代宇宙神导弹，康维尔后来被洛克希德·马丁公司收购，成为联合发射联盟的一部分。

图片来源：美国国家航空航天局

书里一直提到一家老式航天装备企业，他们很早就与洛克希德·马丁公司和波音公司建立了合作关系，这里我说的就是从 2006 年开始运营的联合发射联盟。

联合发射联盟承袭了冷战时期的美国火箭技术。他们现在有两个型号的现役火箭，一个是宇宙神 5 号火箭，一个是三角洲 4 号火箭。宇宙神火箭是美国最早的火箭之一，设计之初是为了向苏联发射核弹头。宇宙神火箭在 1962 年将约翰·格伦送入轨道，因此名声大振。1965 年，宇宙神被军事服务名

单除名，后来几十年一直在发射卫星。2000 年初，从头到尾全部重新设计后，建造出的宇宙神 5 号火箭，持续在扮演之前的角色。

各种型号的三角洲运载火箭从 1960 年开始服役，一开始也是用来发射军事导弹，同样经过不断更新、改造，只是改造程度不如宇宙神那样彻底。总体来说，这两个型号的火箭在过去这段时间都经历过大规模改造，目的是让建造和发射变得更经济实惠。三角洲 4 号重型火箭是目前美国运载能力第二强的火箭，仅次于猎鹰重型火箭，但是每次发射费用是 4 亿美元，而猎鹰重型火箭的单次发射费用只有 0.9 亿～1.5 亿美元（取决于所需配置）。另外，三角洲 4 号重型火箭不久就会退役。[76]如果猎鹰重型火箭能像计划的那样，开始正常服役，它将会成为重型货运服务领域一个强有力的竞争者。

2018 年，联合发射联盟发现，SpaceX 让他们失去了美国重型载荷商业发射服务的独家供应商的地位。因为失去了美国空军的独家协议，联合发射联盟深感不安。联合发射联盟的发射成功率略高于 SpaceX——总共已经完成超过 600 次发射——SpaceX 的猎鹰 9 号火箭完

联合发射联盟很长时间以来一直是美国空军的供应商，而且双方会继续合作。图中是正准备发射的新一代宇宙神 5 号火箭。
图片来源：美国空军

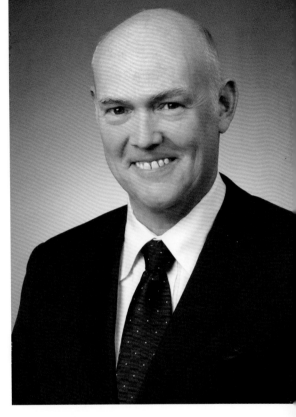

联合发射联盟的托里·布鲁诺。
图片来源：联合发射联盟

成的发射相当于他们的 1/10。

美国范围内的军事和商业发射，目前仍然有一半是由联合发射联盟完成的，而且他们也无意向 SpaceX 或其他公司割让市场份额。联合发射联盟正在设计新火箭火神号，用来取代三角洲 4 号型火箭和宇宙神 5 号火箭。火神号至少部分可重复使用，而且，无论是造价还是运营费用都比联合发射联盟的现役火箭低廉。

由于联合发射联盟的现役火箭采用的是传统建造方法，因此发射一次宇宙神 5 号火箭的费用比猎鹰 9 号火箭贵得多。在火神号投入使用之前，为了保持竞争力，必须改良宇宙神号。联合发射联盟总裁兼首席执行官托里·布鲁诺（Tory Bruno）曾表示，最近几次任务已经做了改进。他说："现在我们工厂建造一艘火箭只需过去一半的时间，装配时间只需之前的三分之一。"[77] 这家公司不会原地踏步，他们正在逐步淘汰三角洲火箭，而且宇宙神火箭的造价已经降到了之前的 1/3。

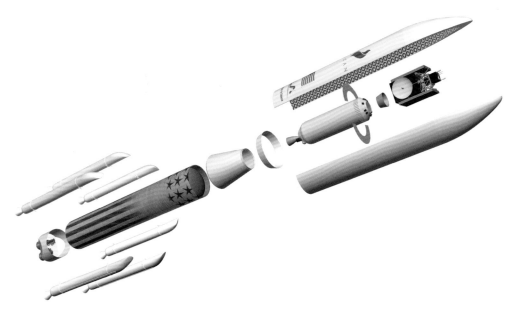

联合发射联盟计划于 21 世纪 20 年代发布的新火箭——火神号概念图。
火神号火箭预计部分可重复使用。
图片来源：联合发射联盟

SpaceX 主要通过重复使用技术缩减成本，联合发射联盟为了保持竞争力，必须朝这个方向努力。联合发射联盟的宇宙神火箭永远不能做到重复使用，因为设计之初就没考虑过这个问题。公司在设计火神号的时候彻底抛弃了原来的设计，火神号将部分可重复使用，但是他们选取的路径与 SpaceX 完全不同。

托里·布鲁诺从 2014 年开始担任联合发射联盟首席执行官。在担任联合发射联盟负责人之前，他在洛克希德·马丁公司耕耘了 30 年。行业里的

人都称布鲁诺为"坚毅的火箭人"，成年之后便投身于火箭事业，从未动摇。实际上，他从小就是个航天追梦人——12 岁时，他在祖母家的粮仓里发现了一箱有 80 年历史的炸药，然后全凭自己，从零开始造了一枚火箭。在他位于科罗拉多的办公室，我和他谈起了联合发射联盟的未来计划。

联合发射联盟的重复使用策略，由两部分组成。一是只保留火箭发动机——造价最高的部分，不必考虑回收整个一级火箭。布鲁诺说："其实整个火箭最贵的部分就是发动机。我们的构

先进低温渐进级

75%
性能提升

超轻气球式
燃料箱
3 倍推进剂

1～4台
先进火箭发动机
（BE-3U/RL10/XCOR）

星际跑车

超高效整体式机身
流体系统

— 可燃烧废物的先进
　内燃机 GO_2/GH_2
— 再加压燃料箱
— 提供姿态控制推力
— 无限引擎启动

3个系统替换成**1**个

复合
轨道运行
多轨道面

超长持续时间
小时 ➡ 周

联合发射联盟的新先进低温渐进级上面级，将在轨道上提供一个长期可重新启动的"太空拖船"，降低将有效载荷移动到围绕地球更高轨道上的成本，并有可能到达月球和返回地球。
图片来源：联合发射联盟

想是，分离发动机，想办法让发动机在无需任何推进剂的情况下返回地球。"

为了返回发射地，SpaceX 的火箭必须留存 15% ～ 30% 的燃料。这些燃料本来可以用来负担更重的载荷。而联合发射联盟的计划和如今大多数的设计一样，让火箭抛下发动机，空燃料箱在重返大气层的时候自由解体。发动机借助滑翔伞滑落——一种看起来像滑翔机的降落伞——然后从空中抓取发动机，完成回收。

布鲁诺介绍说："我们会用大型直升机捕捉坠落的发动机。20 世纪 60 年代，从间谍卫星上取回胶片，用的就是这种方法，我们用的是现有技术，而且经济层面的操作成本非常低。重复使用两次就能达到收支平衡，第三次就能开始盈利。"

联合发射联盟重复使用战略的第二部分，关注的是火箭的上面级。火箭上面级通常都是一次性部件，联合发射联盟和 SpaceX 都希望改变这种现状。SpaceX 计划对飞回的二级火箭加以回收，而联合发射联盟计划将二级火箭留在太空。

布鲁诺说："我们把新型火箭的上

三角洲 4 号重型火箭是联合发射联盟最大的火箭，在 *SpaceX* 的猎鹰重型火箭面世之前，曾是美国最大的火箭。可惜它的建造和发射费用是猎鹰重型火箭的 5 倍，因此很快会被淘汰。
图片来源：美国空军

面级称为 ACES，ACES 可以在太空中重复使用。"ACES 全称是先进低温渐进级（Advanced Cryogenic Evolved Stage）。他认为，业界对于重新使用进入轨道的二级火箭的想法还不够成熟。"先耗费大量能量把它送入太空，然后还要卸掉它的能量，把它收回来。一级火箭只到亚轨道，自己就会落回地球……比让上面级脱离轨道容易得多。"

关于 ACES 上面级，布鲁诺解释说："可以重新添加燃料是 ACES 天生的属性。ACES 可以运行很长时间，这是有别于可重复使用性的又一项革命，你要做的事会因此发生改变。我们要在轨道上打造一支舰队，为飞船服务，去拖动飞船，或者俯冲到近地轨道抓取飞船，把它送到目的地。"

这是一个非常振奋人心的概念，

ACES 在太空界引起了相当大的轰动。笼统地说，ACES 是一种通用型"太空拖船"，可以在轨道上停留数月甚至数年，需要的时候重新注入燃料，然后就能在近地轨道和更远的轨道上，按你的需求完成一切任务。

联合发射联盟前高级项目部副总裁，现在在科罗拉多矿业学院担任教授的乔治·索尔斯（George Sowers）说："ACES 还只是一个（联合发射联盟构想的）概念，但是大家已经为此努力了数年。它是一个液氧／氢高能效上面级，气球式加压稳定燃料箱，薄壁是不锈钢，非常实用。"[78]

布鲁诺指出，火箭进入轨道，相当于任务完成了一多半，因此把有用的硬件留在那儿是完全合理的。他说："只要你进入近地轨道，就能去往太阳系内的任何地方，你能做的事会和之前完全不一样。我甚至可以想象，到了那个时候，人们想去近地轨道之外的任何目的地，无须再从地球表面出发——你在近地轨道，一个 ACES 俯冲下来，把你接走，带你去你想去的地方。"

这个设计方案能实现的关键在于 ACES 可以在点火后时不时地重新加注燃料，并在太空中再次点火。说起来容易，实现起来很难——因为再次启动火

运送宇宙神 5 号火箭到发射地。
图片来源：美国国家航空航天局／格伦·本森（Glenn Benson）

箭发动机之前，地面技术人员要进行检修，哪怕只启动了一次，也会有问题。虽然之前完成过在轨道上重新注入燃料的过程，但是整个过程非常复杂，可能会失败无数次。

低温储存的燃料效能最高，我们称之为低温燃料。短时间内保持低温不难，比如在发射之前那段时间，等到温度升高，燃料汽化，低温状态就结束了。但是一旦进入轨道，低温燃料升温，就会膨胀逸散到太空中。联合发射联盟计划用创新隔热技术解决这个问题——基本上相当于，当 ACES 在轨道上等待下一个任务时，用一个超大号热水瓶储存燃料。燃料汽化时，ACES 会回收逸散的燃料。布鲁诺指出："基本上就是把一个高效隔热简易罐固定到上面级的顶端，这样的话，ACES 就能在轨道上运行一到五年。"

这项举措将大大延长和提高了火箭寿命和性能。如果客户知道，有太空拖船在等着他们的载荷，准备将货物拖到地球轨道，运送到更高的轨道，或者发往太空深处，他们就会意识到自己不需要花大价钱从地面发射沉重的上面级。这个概念很有创意，未来可期。

正如我们看到的，在 21 世纪，火箭制造商付出的大部分努力，都是为了降低成本。如果像马斯克之前预测的那样，大质量载荷发射报价最终降到 1000 万～ 2000 万美元，需求可能会暴增，发射供应商群体会因此变得强大且多样化。当然了，欧洲、俄罗斯、印度和中国不会袖手旁观，坐看美国公司主宰整个发射市场。这些国家近年来都在建造和发射自己的火箭，而且做得越来越好，为了提升自身竞争力，他们现在也在想办法降低发射成本。但是，在重复使用和削减成本方面，美国公司确实领先他国企业，SpaceX 目前稳居第一，蓝色起源和联合发射联盟则竭尽全力，争取不落人后。

联合发射联盟、蓝色起源和 SpaceX 的未来计划，既振奋人心又大胆无畏，而蓝色起源和 SpaceX 更引人注目，因为它们都是个人出巨资创办的。但是，大部分私营和公私合营企业不可能获得贝佐斯和马斯克那种投资规模的现金。为了实现目标，他们必须引入外部资金。幸运的是，有很多或大或小的投资人，想给那些在太空 2.0 时代不断开拓的人投资。

宇宙神 5 号火箭末端，图中是两台俄罗斯制造的 RD-180 火箭发动机。联合发射联盟正在逐步放弃使用俄罗斯制造的火箭组件。
图片来源：美国国家航空航天局

图片来源：詹姆斯·沃恩

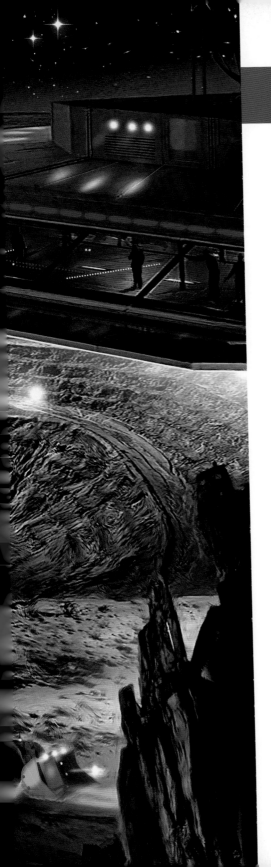

CHAPTER 10

投资太空

《福布斯》杂志每年都要发布全球富豪榜，身家 10 亿美元以上的，才有资格进入榜单。2018 年，共有 2208 名富豪上榜，其中 585 位来自美国。如果我们能促使他们全都开发自己的太空项目（杰夫·贝佐斯不算，他现在位居富豪榜第一名，但是他已经创办了自己的航天公司），那么太空领域的商业发展速度一定会快得多。 但是，贝佐斯、马斯克，还有部分像保罗·艾伦这样的人，这些"10 亿美元俱乐部"的成员，不会为私营太空产业提供资金。在接下来的十年，如果现在的太空投资趋势一直延续下去，投资太空项目的钱，会来自更大的中产阶级资金池，来自那些现在把存款放到共同基金里的人。手里有几万到几百万美元资金的这群人，会逐渐意识到投资太空的潜在价值，虽然开始是长期投资获利，但最终，短期投资也能获利。[79]

谈论太空 2.0 这个话题，必须谈

钱。一开始，所有奔赴太空的项目都是由大政府*投资，但是这种情况在20世纪70年代走向了终结，至少在美国是这样。政府资金会继续扮演重要角色——通过直接对项目投资，雇用承包商提供这些项目，与SpaceX、蓝色起源及其他私营供应商合作。太空2.0时代未来的主要驱动力是资本主义，以及资本主义在一个国家，乃至全世界范围内释放出的创业活力。

私人资金广泛投资太空的想法，并不是一种全新的投资理念。自1980年开始，私营卫星通信业务创造的年均收益已经高达1000亿美元以上，与卫星业务相关的企业，正是从那一年开始蓬勃发展起来。给这些企业供给硬件和软件的公司都日益兴旺。这些公司有很多是上市公司，资金来源于各种投资组合，其中就包括广大的中产阶级群体。

卫星产业从20世纪60年代就已形成。谈到早期的新空间公司（NewSpace），我们不能不提到第一批试图发射自家火箭的公司。那些公司规模都很小，项目资金短缺，而且地位尴尬，无法向卫星

和通信产业那样筹措资金。咱们来看几个例子，关于早期的初创太空企业，以及它们对目前的太空领域私人投资市场起到了怎样的引导作用。

1980年，一家名为太空服务公司（Space Services Incorporated，简称SSI）的私营火箭公司建造并发射了一枚小型测试火箭，这枚火箭成功飞到了322千米的高度，远远超过了太空边缘的分界线。可惜，太空服务公司资金不够充裕，只进行了几次测试性发射，大部分发射均告失败。从那以后，这家公司被数次出售。目前太空服务公司以发射服务中间商的身份运营良好，为其他公司的火箭业务提供中介服务。作为早期的私营火箭开发公司，它理应享有荣誉。

轨道科学私人发射公司（Orbital Sciences）创建于1982年，1990年开始运营飞马座火箭，飞马座火箭是世界上第一艘成功发射的私人投资的运载火箭。飞马座火箭是一枚空射火箭，能将重达453千克的载荷送到轨道。2014年，轨道科学公司与航天公司ATK合并，飞马座火箭还会继续运营。合并之后的轨道ATK公司，在2018年被航天巨头诺斯洛普·格鲁曼创新系统公司吞并。创新系统公司持续供应了大量国防

---

* 大政府（big government）指奉行干预主义政策的政府，一般被理解为意味着经济管理与社会控制。——编者注

轨道 ATK 的安塔瑞斯号运载火箭，与美国国家航空航天局签订合同，为国际空间提供货运服务。

图片来源: 诺斯洛普·格鲁门创新系统

和航天产品，其中包括为美国国家航空航天局即将推出的空间发射系统提供固体燃料火箭，并继续通过天鹅座飞船为国际空间站提供货运服务。天鹅座飞船可搭乘的火箭包括宇宙神 5 号，以及安塔瑞斯号（Antares）运载火箭。除了飞马座和天鹅座，这家公司还在开发一系列将投放到商业市场的火箭和火箭发动机。

1984 年，一家名为太空居（Spacehab）的公司成立，设计并建造用于航天飞机货运港的太空居住舱。他们的加压模块舱，使轨道微重力实验的设备和能力得到强化，扩展了其作为研究平台的能力。太空居一共有 22 次航天飞行任务，搭载了太空居公司的设备，目前公司更名为 Astrotech，已经开始为国际空间

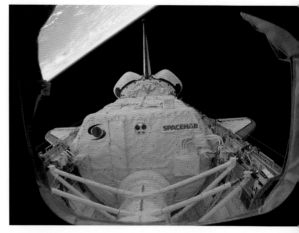

一个安置在航天飞机货运港的太空居住舱。

图片来源: 美国国家航空航天局

站提供硬件服务。太空居是新太空时代早期的成功代表，遵照美国国家航空航天局的安排，送硬件到太空，与今天太空 2.0 时代的公司颇为类似，是最早的公 - 私太空合作典范。

海上发射公司（Sea Launch）于 1995 年进入私营太空市场。这家公司由来自美国、俄罗斯、挪威、乌克兰的传统航天公司共同创建，它的自融资模式（self-finanacing）*在当时是一种创新（虽然来自俄罗斯和乌克兰的合作方以及他们的政府之间关系很复杂）。俄罗斯与乌克兰建造的火箭在加利福尼亚州

---

* 是靠发射合同赚钱维持公司发展的模式。
　　——编者注

长滩的浮船坞上组装，然后被运送到赤道附近发射。这些火箭能把 6 吨重的载荷运送到轨道。这家公司经历了 31 次发射和一系列的资金困局，最终破产，上一次执行发射任务是 2014 年。

这只是早期几家值得注意的、私人投资创办的非传统发射服务企业。他们的成功路径各不相同：轨道 ATK，现在隶属于诺斯洛普·格鲁门创新系统，至今还在蓬勃发展；海上发射公司已经运营了近 20 年；太空居虽然不再建造火箭，但是转型成太空服务公司，发展成了太空相关服务供应商。很多小型公司想用私人资金开发和发射飞行器，因为各种各样的原因，最终以失败收场。总的来说，时间不对，市场不够强大，而且从零开始创建一家火箭公司所需的资金也是一大问题。

变化发生在 2000 年，航天创业开始步入正轨。最引人注目的两名参与者，就是来自 "10 亿美元俱乐部" 的马斯克和贝佐斯。纳诺拉克斯（NanoRacks）这类小型企业也开始引入外部投资人，为他们的航天项目投资。从 2010 年开始算起，投资人已经向私营太空企业投资了 140 亿美元，其中并不包括亿万富翁们为自家技术研发投入的资金。[80] 仅

太空天使首席执行官查德·安德森。
图片来源：太空天使

2015 年一年，对私营太空企业的投资就超过了之前 15 年的总和，这样的投资增长率还在继续攀升。获得 2 亿美元以上投资的公司有七家。[81] 发现太空投资潜力的风投家和投资基金，进一步推动了这一趋势。2017 年的一份报道指出，仅当年，太空 2.0 相关产业引入的风险投资就高达 39 亿美元（商用发射

服务获得了其中72%的投资）。[82]

面向太空产业的投资集团，有上千个投资对象可供选择。全世界的追梦人都在等待机会，为开拓终极边疆做出贡献，但是他们没有足够的资金。就在你读这段文字的时候，就有上百家私营太空公司准备进入市场，每个月都会有新公司成立。有小型发射供应商，也有小卫星制造商；有步步为营的运作，也有资金充裕的大冒险。这种市场扩张——新形式的太空竞赛，会是董事会之间的竞争，而不是国家之间的竞争——在可预见的未来还会继续。

投资私营太空企业有很多途径。对于小投资者（small investors）来说，最安全的路径就是通过资金组合中太空投资占比较高的共同基金*进行投资。对于没有对市场进行过广泛研究，还想降低风险的投资者来说，这是最佳选择。投资太空相关产业的其他投资集团，会对已经建立的航天公司，以及新公司——包括有前途的初创企业——进行调研，也会特别注意这些公司。

像德丰杰风险投资公司（Draper

---

* 是指汇集许多小钱凑成大钱，交给专人或专业机构操作管理以获取利润的一种集资式的投资工具。——编者注

Fisher Jurvetson Venture Capital，简称DFJ）前合伙人史蒂夫·尤尔维森这样的大投资家，已经向高科技产业投资了数十亿美元资金，其中大部分是与太空业务相关的公司。虽然世界各地都有这样的大投资家，但是目前大部分投资来自美国。美国商业环境独一无二，而且大部分大型商业太空企业都在美国，但是国外投资也在增长。比如，2017年，维珍银河公布从沙特阿拉伯方面获得了10亿美元投资，在此之前他们已经从中东筹得了数亿美元投资。[83]

查德·安德森（Chad Anderson）是太空天使投资公司（Space Angels）的首席执行官，经手的资金从数十万到数百万美元不等。这家公司成立于2007年，一小群充满热情的有钱人，想把资金导入刚开启的太空2.0相关产业。太空天使网络业务总部位于纽约，在旧金山、洛杉矶、西雅图、斯德哥尔摩、伦敦、苏黎世和中国香港，都设有卫星业务办公室。

我想通过和安德森的谈话，获得一些与投资机会相关的信息，有哪些投资方、太空天使会对哪类公司感兴趣。[84]安德森给我讲述了他们公司的发展简史。

2008 年，猎鹰 1 号火箭成功发射。
图片来源: SpaceX

美国国家航空航天局的资助活动——资助学生，将他们的理念转化成有投资价值的创业公司，图中是在丹麦开展的活动。
图片来源: 美国国家航空航天局

"从 2007 年到 2012 年，我们的运作方式和传统的天使团队一样，扮演的是接头人的角色。早年间，太空领域没有多少创业活动。那时候主要是建立信誉。"安德森认为，太空天使需要向市场证明，投资太空产业是有利可图的。

太空天使的四个创始成员都曾投资过太空技术公司。SpaceX 的猎鹰 1 号火箭成功发射之后，紧接着在 2010 年发射了猎鹰 9 号火箭，几个合伙人意识到，私营太空领域正在成为热门行业。

"那时候事情开始步入正轨……我们看到的商业计划越来越多，而且各种交易的质量也在提升。"太空天使现在有 200 多位投资人，对小公司投入的资金达到了上千万美元。安德森认为，太空相关产业的增长将会是指数级的。

太空天使有传统投资理念，也有对新兴产业——私营太空企业——的热情。其中存在很大风险，大部分寻求投资的公司都很年轻，它们需要看好太空产业的投资者。

"有些企业家，会对全人类产生重要影响，我们希望成为他们的后盾，投资回报只不过是一个令人愉快的副产品。如今，我们已经经手过数百家寻求资金的公司，他们的商业计划正有序展开。有些投资未来会做出调整，有些会失败。"安德森说完这些话，继续补充道，"在当下这种投资环境，在几百家公司中，可能有几家会失败。但是放在 10 年前，能成功的可能是其中少数几家。"

和那些公司创始人不同，与太空天

使合作的新投资人可能对航天领域知之甚少，甘愿冒风险投资，只是出于对航天概念的欣赏。安德森说，他们的很多新投资人"原本投资了其他公司，看见彭博社（Bloomberg）报道SpaceX发射了火箭，激发了他们对太空产业的兴趣。然后他们就找到了我们。"

为了保证获利机会最大化，太空天使这类的投资公司要确认他们投资的公司会在这个新型市场中茁壮成长，这并非易事。安德森说："这是一个全新的领域，可用的信息非常少，因为没有先例可循。辨别谁是干实事的创业者，谁是满嘴大话的骗子，依然很困难。"他又加了一句，"但是这两种人之间的区别越来越明显了。"

会像纳诺拉克斯一样成功，还是像其他小公司那样迅速陨落，其实造就这两种结果的原因正是这些含糊的区别。和其他商业领域一样，投资太空也分稳健型和高风险高回报型——当然，以高回报型判断谁是最终赢家很难。20世纪80年代，你可能投资IBM（International Business Machines Corporation，国际商业机器公司）——稳健型，收益合理；也可能投资了苹果电脑——激进的初创企业，可能回报率很高。这两家都是好

企业，但是苹果公司让很多投资者变成了超级富豪。现在和那个时候一样，投资的诀窍，就是去窥视未来。

安德森说："现在卫星领域有很多机会，因此很多人都开始创建卫星公司，结果在发射问题上遇到了瓶颈。"以小卫星为主的产业爆炸，创造了对小规模、低成本火箭的需求，现在的情况，对这两部分市场来说，都意味着机会。卫星和火箭领域，都有很好的投资机会，这是因为需求很快会出现。

到目前为止，我和安德森讨论的一直是无人航天飞行。把人送入太空，比无人航天飞行困难得多，所需的技术更加复杂，对防护系统和生命支持系统的要求更高。但是有SpaceX和其他优秀

随着波音这样的公司进入私营太空领域，过去几年间，投资机会猛增。
图片来源：詹姆斯·沃恩

企业在前开路，太空企业家一定能应付这些复杂的挑战。

安德森说："鉴于美国国家航空航天局正逐步把所有近地轨道项目都移交给商业团体操作，投资界对载人航天很有兴趣。"他还提到了，美国国家航空航天局针对空间站补给问题，与SpaceX和轨道科学展开合作，以及与SpaceX和波音即将开展商业载人飞行。

很多新公司的首轮投资都来自太空天使，后续的几轮融资，太空天使有时也是第一个跟投的机构。安德森举了一个例子，2009年创建的行星资源（Planetary Resources），是一家计划用无

人航天器到小行星采矿的公司。每次融资，太空天使都参与。"我们是他们这个团队，以及他们要达成的梦想的主要支持者。能从小行星上获取水、燃料，还有维持生命的基本所需，这是最让我兴奋的。为了进入轨道，我们花了那么多钱、那么多精力。无论你想去太阳系内的什么地方，只要到达轨道，困难就克服了一半。"

多年以前，人们就已经认识到了小行星采矿的潜力，但是直到最近，才有靠谱的人拿出正式的商业计划，打算脚踏实地去实现这个目标。行星资源公司是这个领域的先驱，已经获得了安德森

将来，为了开采资源，小行星可能会被私营太空采矿公司拖拽到离地球或月球更近的位置。
图片来源：詹姆斯·沃恩

史蒂夫·尤尔维森在 SpaceX 的 2 号龙飞船舱内,这里是他最喜欢的地方之一。
图片来源:尤尔维森在 Flickr 发布的照片

和大投资家史蒂夫·尤尔维森的资助。尤尔维森投资行星资源公司的时候还没离开德丰杰。

太空天使投资了很多太空 2.0 时代的初创公司。但是像 SpaceX 这类相对成熟的公司,需要更大额的投资。

尤尔维森是私营太空投资领域的大人物。2008 年,他出手给 SpaceX 注入了大笔现金,当时 SpaceX 正身处困境,马斯克自己出资 1 亿美元发射猎鹰 1 号火箭,由于屡次失败,结果赔个精光。在这个关键时刻,尤尔维森给他引入了上千万美元的外部投资。这笔钱彻底改变了局面,SpaceX 取得了惊人成果,如今美国半数以上发射活动,都是 SpaceX 提供的。[85]

尤尔维森在 1967 年出生,他这个年龄的人对太空竞赛的尾声还有记忆。他对太空探索非常着迷——对创业者也是如此。他说:"我做了 20 年投资,我爱给那些靠热情驱动的企业投资。"[86]他对 SpaceX、特斯拉、行星实验室的兴趣,很大程度上来源于这些企业的创办者。"这些创始人不会把利益放在第一位,驱使他们前进的,是他们的热情。我要找的就是这样的公司。刚开始起步时,不需要别的,只需要创始人有梦想……所以我们就找那些能改变这个世界的,不夸张地说,甚至能改变其他世界的公司。"

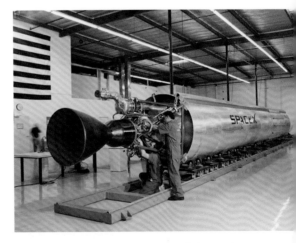

2007 年,SpaceX 的技术人员为猎鹰 1 号火箭发射做准备。2008 年,火箭发射成果不佳,SpaceX 陷入财务危机。
图片来源:SpaceX

刚进入 21 世纪，尤尔维森就做好了投资航天业的准备，但是他一直找不到合适的公司。他会见了很多创业者，这些人向他兜售的商业模式从电磁轨道炮到太空旅行，但是他对这些没什么感觉……直到 SpaceX 进入他的视线。

他说："按照我的判断，在 SpaceX 之前，没有一家公司适合当我的合作伙伴。"他审查的公司，或者要的投资太多，或者市场定位不够精准。"比如当时有家公司计划在太空安置燃料库。他们的设想很不错，但是不应该在 SpaceX 之前。不然的话，谁是他们的客户？我不愿意冒那个风险。"

他继续说道："但是 SpaceX 完全不同，虽然我们第一次投资时，他们的猎鹰 1 号火箭连续三次发射失败。当时他们自己都觉得如果再失败一次，公司可能就要倒闭，但是我没意识到。我们在第四次发射之前，还是给他们投了钱。"他边说边笑。

尤尔维森和一位工程师面谈之后，就给行星实验室投了资。那位工程师从美国国家航空航天局出来，去了谷歌，后来从事立方体卫星研究工作。"我见了一个美国国家航空航天局的人，他用火箭发射了智能手机，想看看手机能否经受过载等状况。他们已经在真空室用其他方法测试过了。他们认为，他们可以制作一个立方体卫星，发射到近地位置，拍摄到的图像，和在更远的距离拍摄的效果一样好。"

行星实验室制造的立方体卫星造价低廉，用的大多是现成的电子元件，送入近地轨道的费用比之前的发射费用要低得多。即使这些立方体卫星没有发射

行星实验室鸽子立方体卫星拍摄的轨道图像，鸽子立方体卫星造价低廉，大部分用的是现成组件。
图片来源：美国国家航空航天局

成功，由于其替代产品很小，也完全可以搭借其他公司的发射。

尤尔维森说："跟更大型的高轨道卫星相比，替代产品发射成本极低。我在确认投资之前的几个月，跟他们见了面，他们当时还在车库办公。如今行星实验室发射的卫星比其他公司的总和还多。"

尤尔维森喜欢和跟他自己相像的人一起工作，他是金融界的领导者，有热情，有动力，有远见，会引导更多的投资者进入太空投资领域。这些投资不会局限于火箭或者我们常见的其他大规模技术。私人资本将越来越关注那些靠小型投资就能成功的企业——比如研究纳米卫星，或者材料科学。

金融分析师沙辛法什奇（Shahin Farshchi）在 2018 年航天技术峰会上说："下一个取得巨大成功的太空公司，可能根本不是一家太空公司，他们通过在太空创造机会、利用机会盈利。有人会构想出一项伟大的事业，太空是这项事业中的一个重要组成部分。"[87]

太空 2.0 时代的个人投资，无论是人数还是金额，都创下了纪录。随着商业太空领域的迅速发展——私人投资的推动——很快会出现更多发射公司，他们的服务和硬件水平更完善，他们会造出价格划算的火箭把人类送入地球轨道，送到月球，乃至火星。

到现在为止，太空 2.0 时代的投资活动大部分发生在美国，但是在国际范围内，从小国卢森堡到大国中国，每个人对他们国家太空领域的投入都增加了。虽然这些海外投资者都对太空 2.0 时代的美国参与者有很大兴趣，但是他们自己国家也常有重大活动。在国际范围内，虽然太空业界的企业家精神不如美国市场这般强劲，但是也在茁壮成长。

图片来源：詹姆斯·沃恩

CHAPTER 11

国际间太空事务

竞争是成功的最大驱动力，伟大的事业往往是通过合作达成的。如今，我们每天都能在商业、制造、军事行动，甚至政治领域，看到各种形式的合作。在太空中，国际合作的典型代表——国际空间站，每90分钟就会从人类头顶飘过一次。这项合作来之不易。美国和苏联在20世纪50年代，决定勇闯太空，双方各自行事。搞清楚国际间太空合作的起源，能帮助我们进一步认清将来要面对的复杂局面。

太空竞赛是极端民族主义——国际合作的反方向——的一个实例。苏联率先用本国火箭发射了卫星，还把一个宇航员送入轨道。紧接着，美国准备把人送入月球。由于早期承担运载任务的火箭都是用核导弹改造的，当时两国核力量日益增长，强大到可以发动足以毁灭地球的核战争，两国太空项目就是在这个现实基础上展开的，因此双方从未认真考虑过合作问题。但即便如此，两国

美国和苏联早期的轨道飞行器都是搭乘另作他用的核导弹升空的。图中是宇宙神火箭,搭载的是友谊 7 号(Friendship 7)飞船,约翰·格伦乘坐飞船完成了一次里程碑式的轨道任务。

图片来源:美国国家航空航天局

动科学的恐怖。让我们一起,探索宇宙星辰。"[88] 但是苏联领导人对于合作兴趣索然。其中的原因不是很清楚——可能是因为之前的成功让他们过于自信,也可能因为他们觉得这个提议并不真诚,只是美国想在国际舞台上摆出一副友善的样子。[89]

1962 年,苏联领导人尼基塔·赫鲁晓夫(Nikita Khrushchev)给肯尼迪写了一封信,重新开启了太空合作的话题。结果只达成了有限的信息交换。1963 年,肯尼迪提出了合作登陆月球的可能性,一开始和苏联代表谈,同年晚些时候在联合国会议上也提到了这件

之间还是开展了一些合作。

在太空竞赛最胶着的时期,两国都想把人送入轨道,这个过程耗费了巨额资金,两国政治家全都派人出去试探对方的意愿,讨论太空合作相关事宜。美国肯尼迪总统在就职演说中提到:"愿我们双方都去唤醒科学的美好,不要惊

关于太空合作,肯尼迪总统(右)和苏联领导人赫鲁晓夫(左)至少进行了两次交谈,但是成果甚微,直到很久之后双方才开始合作。

图片来源:美国国家档案馆

1967 年，多国签署《外层空间条约》。
图片来源：美国国家航空航天局

事，但是没什么成果。[90] 肯尼迪遇害后，这个提议似乎被人遗忘了，肯尼迪遇刺也许并不是提议遭搁置的全部原因。[91] 而登月竞赛没有停止，双方的竞争愈加激烈。

美国和苏联在登月方面没有合作，但是那些年并非完全没有开展过任何国际合作：1967 年双方签订了《外层空间条约》（Outer Space Treaty）。这项协议为空间利用提供了法律框架，其中特别强调了禁止使用大规模杀伤性武器，完全禁止军事活动。条约还确认了太空和地球之外的天体只能用于开展和平项目，禁止领地声明，这项条约和早期约定南极相关事务的《南极条约》（Antarctic Treaty）类似。1967 年，105 个国家确认加入《外层空间条约》，另

有 26 个国家签署了文件，在走审批流程。签订条约一开始的主要考量是两个超级大国——美国和苏联——寻求共识，然后才是进入太空，但是从那以后，越来越多有航天追求的国家加入了条约。[92]

直到 1975 年，国际合作通过阿波罗－联盟号测试计划真正实现。经过数年的复杂谈判，以及地面技术合作，在阿波罗计划最后一次飞行中，阿波罗飞船与苏联的联盟号在轨道完成了对接。但是与其说阿波罗－联盟号（苏联人称之为联盟号－阿波罗计划——苏联的联盟号在前，也可以理解）计划是一项太空任务，不如说它是一次政治作秀。双方试图通过这次飞行合作，推行和缓政策，让两国从对立走向中立。正如苏联领导人勃列日涅夫（Leonid Brezhnev）所言："苏联和美国的宇航员将进入外层空间，这是人类史上第一次重大的科学合作实验。他们知道，从外层空间看，地球更美。地球那么大，我们完全可以在地球上和平共处，但是地球也很小，它经受不住核战争的打击。"[93] 作为一场公关活动，阿波罗－联盟号计划大获成功，但是对美苏间的太空合作没有任何意义，之后的近 20 年两国合作

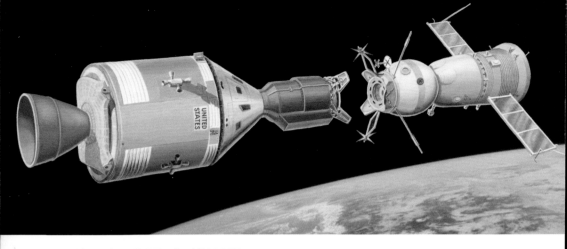

阿波罗飞船与联盟号飞船对接概念图。
图片来源：美国国家航空航天局

几乎没有进展。

1981 年，美国的航天飞机开始投入使用。1984 年，美国国家航空航天局计划创建第一个空间站——命名为自由号（Freedom）的模块式前哨站。但是，自由号空间站项目起步缓慢，直到 20 世纪 90 年代才发展为国际空间站项目，从而生根发芽。同一时期，苏联的和平号空间站于 1986 年开始运行。两个国家在太空中都有不错的表现——美国有载重能力优秀的航天飞机，苏联有新的模块式空间站——显然，两国若

阿波罗飞船与联盟号飞船对接成功后，美国宇航员与苏联宇航员的首次"太空握手"。上方是美国宇航员汤姆·斯坦福德（Tom Stafford），靠下的是苏联航天员阿列克谢·列奥诺夫（Alexei Leonov）。
图片来源：美国国家航空航天局

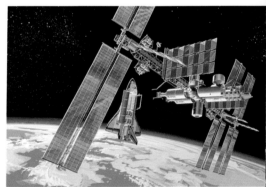

里根时代提出的自由号空间站概念图，右侧是日本和欧洲的模块舱。
图片来源：美国国家航空航天局

能合作，一定能从中获益。鉴于在里
根（Ronald Wilson Reagan，1981 年 至
1989 年担任第 40 任美国总统）执政期
间，两个超级大国之间紧张关系升级，
双方一直没能收获任何合作成果。

苏联解体之后，又过了三年，直到
1994 年，美国和俄罗斯再次合作开展
载人航天任务。1994～1998 年间，航
天飞机多次对接俄罗斯空间站。[94] 航天
飞机造访和平号空间站共 11 次，这是
第一次真正的广泛空间国际合作，达成
了很多飞行和研究目标。

美国新总统比尔·克林顿（Bill
Clinton）上台后的 1993 年，计划生变。
美国国家航空航天局的空间站开始被称
作国际空间站。美国和多个国家展开合
作，一方面因为原始计划耗资过巨，美
国不想独立承担；另一方面国际合作对
改善公共关系能起到积极作用。这个项
目的主要合作方还包括日本、加拿大和
欧洲航天局的 11 个成员国。

除了美国，俄罗斯也是载人航天界
的重量级角色，既能为国际空间站这类
项目贡献技术人才，又能提供航天硬件
支持。他们多年来一直计划建造和平二
号空间站，但是当这个项目确认缩减
时，他们只完成了第一个模块。随着苏

美国航天飞机靠近对接时，从航天飞机视角看
到的俄罗斯和平号空间站。航天飞机访问了和
平号空间站上的俄罗斯航天员，并开展了一系
列任务。
图片来源：美国国家航空航天局

联在 1991 年解体，和平二号空间站项
目也走向了终结。美国想同新建立的俄
罗斯联邦稳固合作关系，因此提出了一
项大胆的合作建议。闲置下来的和平二
号核心模块被重新启用，用作国际空间
站的主要动力和推进装置。俄罗斯建造
的其他模块最终也和美国、日本、欧洲
的硬件组装在一起，组成了空间站的其
他部分。

美国因为空间站国际化已经省了不
少钱，实际上在轨道上运行的这个复合
体造价昂贵到无法确定。据估计，截至
2015 年，美国大约贡献了 780 亿美元，
其他国家承担的费用大约为 200 亿～

组建完成的国际空间站。图片来源：欧洲航天局

300亿美元。[95] 无论怎么看，这种结果都是多赢。美国国家航空航天局无须耗资开发国际空间站的多个模块，只需承担部分运行成本——例如地面控制和宇航员培训——这些费用由美国、欧洲和俄罗斯分摊。国际合作过程中还酝酿出了诸多善意。

国际空间站成功合作之后，包括阿波罗11号任务中在月球漫步的巴兹·奥尔德林，以及倡导探索火星的罗伯特·祖布林在内的许多航天界专家指出，国际化是人类航天道路上唯一的合理选择。他们以国际空间站为例，解释合作的价值——不仅能分担成本，还能集合技术先进国家的优势取长补短。这对将来开展的火星计划也有助益。

美国国家航空航天局人类探索和行动任务管理局副局长，以及载人航天项目负责人比尔·格斯登美尔（Bill Gerstenmaier）说："火星是摆在我们面前的一个令人难以想象的挑战。我们不会靠一个国家或一个政府的力量去挑战；也不会由一个人或一家企业去挑战。我们会结合全世界最优秀的组织、私营企业，集聚所有的力量，一起实现这个目标。"[96]

美国国家航空航天局的官方政策是，支持国际间太空合作，但是必须严格遵守美国法律——《国际武器贸易条例》(International Trafc in Arms Regulation, 简称 ITAR)。《国际武器贸易条例》涉及多个美国机构，总的来说，这部法律旨在约束所有可能将国家安全置于风险之中的国际贸易。《国际武器贸易条例》不只适用于可能将国家安全置于直接风险中的国家，也适用于所有外国实体。[97]

《国际武器贸易条例》是有争议的，对美国和其他国家之间所有种类的技术合作都有影响。下面是联邦法案电子数据 22 项 I 章 M 节 120 条，一段有关《国际武器贸易条例》和执行系统的描述：

§120.1 一般权限，获取许可和禁止。

武器出口管制条例修正案第 38 项（美国法典 22 项，2778）授权总统管制国防产品和国防服务的进出口。根据第 13637 号行政命令，总统颁布国防产品和国防服务出口条例的法定权力下放给国务卿。该权限，以及《国防武器贸易条例》（美国法典 22 项，2751 等）中

卡西尼土星任务（Cassini, Saturn）是美国国家航空航天局和欧洲航天局之间开展的一次国际合作。美国国家航空航天局负责轨道航天器，欧洲航天局提供登陆土卫六（Titan）的探测器。探测器是图中正离开航天器底部的那个锥形物。
图片来源：美国国家航空航天局

的其他权限由本条生效。经国务卿授权，这些条例主要由负责国防贸易管制的副助理国务卿和政治－军事事务局执行。[98]

实际上，《国际武器贸易条例》不仅限制了包括武器弹药在内的各种一般性国防产品，还适用于电脑软硬件，以及各种可能用于军事用途的普通技术。其中包括很多太空项目的关键组成部分。更复杂的是，各潜在合作伙伴，受到的约束也不相同。美国国家航空航天局与大多数国际伙伴并非不可能合作，只是过程格外复杂。[99]

我问宇航局喷气推进实验室前主管查尔斯·埃拉奇（Charles Elachi）对国际主义和太空项目的看法。喷气推进实验室和国外合作伙伴合作了数十年——实际上，早在 20 世纪 60 年代，在开展无人探索计划期间，首次太空科学合作就已经发生了——因此对于这种复杂的合作，埃拉奇经验颇丰。

"我认为国际合作是必要的。喷气实验室的很多任务，在某种程度上都需要通过国际合作完成，当然必须经过深思熟虑。我可以给你举两个例子。一是卡西尼－惠更斯项目（Cassini–Huygens mission）——欧洲建造了惠更斯探测器，

我们完成了其他部分；二是 TOPEX 波塞冬海洋观测系统（TOPEX Poseidon ocean observing system），那次任务相当于花了一份钱，得到了两份收获。因此，我认为国际合作是未来的发展方向。"[100] 在埃拉奇举的两个例子中，欧洲合作伙伴不仅在任务中攻克了技术难题，提供了支持，还让美国国家航空航天局省下了大笔项目开支——仅卡西尼任务就省了 5 亿美金。[101]

埃拉奇只列举了无人任务，这些任务对技术要求很高，但是不像载人航天项目那么复杂。

另一个与载人航天有关的观点来自奥尔德林。关于太空合作，奥尔德林发表过很多言论，尤其是在中美合作问题

太空军事化，令人担心的问题包括反卫星武器（anti-satellite weapons，简称 ASAT）。这个概念图是 1983 年设想的一种可能。
图片来源：美国国防部

上。2015 年，他在韩国延世大学发表谈话："美国应该帮助中国，而不是与中国竞争，大家一起合力实现登陆火星这个远大目标……大家一起努力，有时能完成不可能完成的任务。如果不是因为一群有共同目标的人一起努力，阿波罗不可能登上月球。"奥尔德林补充说，美国也应该和包括韩国和印度在内的其他国家合作。

2018 年，特朗普总统授权组建美国太空部队（US Space Force），太空部队作为一个军事组织，致力于保护美国军用和民用太空资产。一般认为，组建太空部队是为了应对他国威胁，算是必要防御战略，但是人们担心，这会导致空间武器能力升级。

一些杰出的思考者和政策制定者为此感到担忧，也可以理解。其中就包括美国国家空间委员会执行秘书斯科特·佩斯（Scott Pace）。

"来自俄罗斯和中国的挑战以及他们的空间对战能力日益强大，我们面临的挑战也随之增加。"这是佩斯在 2017 年对我说的话。中俄两国的军事能力目前主要表现在反卫星武器和电子战工具方面，佩斯注意到这些风险的出现，导致载人航天的动机发生了改变。"外国

1998 年国际空间站两个最早的模块舱。左侧是俄罗斯的曙光号功能货舱（Zarya），右侧是美国的团结号节点舱（Unity）。
图片来源：美国国家航空航天局

威胁是发展载人航天的一个理由，而且会是一个持续存在的理由。现在，这件事需要与我们的地缘政治利益以及经济利益挂钩。因此，确保载人航天与美国的长期地缘政治目标保持一致——比如应对俄中威胁——是个大问题。"[102]

为了解释这个问题，佩斯提到了太空竞赛。"在冷战时期，阿波罗模式是为了改变那些刚刚从非殖民化走出来的发展中国家的想法和思路，是共产主义和西方资本主义的较量。发展中国家会与哪个体制结盟？用冷战时期的话语描述，'冷战前沿不固定，太空竞赛就是其中一部分'。当时，国际领导力就是通过叫嚣'看看我们能做到什么，看看我们多强大、多伟大'来彰显优势。"

但是，佩斯看到了未来国际合作的潜在机会。"今天的领导力表现在你能让别人和你一起做什么，而不是你自己能做什么。为了让别人和你一起做事，你们要做的事必须富有挑战性，足够吸引眼球，同时他们必须能够参与其中。"

据佩斯判断，对于短期的未来而言，火星这个目标挑战太大，国际合作目前可能没有多少可发挥的空间。他说："但是，由美国领导多国联手重返月球，能提供更多的国际合作机会，同时我们还能将火星作为一个长期目标，朝着这个方向共同努力。如果我们决定通过国际合作的方式重返月球，以及实现其他目标，大家就会跟我们一起努力。"

考虑到《国际武器贸易条例》的限制和整体安全性，以及国际伙伴关系的实际局限性，为了在太空中实现有序合作，制定一个富有建设性的框架很重要。国际空间站运行得不错，说明国际合作可以实现。我们只需选对道路，并找到正确的前进方向，让所有的合作伙伴都能分享丰厚的回报，包括技术发展、教育、航天私有化，甚至民族自豪感等诸多方面。

这是一个远大的理想，并非不可能实现。但是，彼此间要信任，要经过谈判，还要恪守原则，才能实现。

正如我们在国际空间站看到的，除了美国和俄罗斯，其他许多国家都有空间技术能力，它们也有优势显著的强项。这些国家的项目成果，以及他们面对的挑战，都能帮美国分析出利益最大化的合作方案。

欧洲

苏联和中国在导弹技术方面有过短暂合作，不同于这种纯军事层面的合作，国家间的太空合作最早是从 20 世纪 60 年代的欧洲开始的。英国从 1952 年开始开展太空工作，欧洲几个主要国家在接下来的 20 年，也为自己的太空项目奠定了基础。现在的法国宇航局（French space agency，Centre national d'études spatiales，简称 CNES）成立于 1961 年，德国航天中心（German Aerospace Center，Deutsches Zentrum für Luft- und Raumfahrt e.V.，简称 DLR）于 1969 年成立。1975 年，欧洲几个航天大国结成同盟，成立了欧洲航天局。

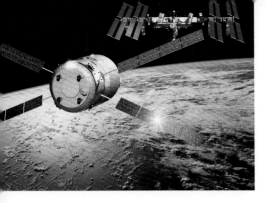

欧洲航天局的 ATV 货运飞船抵达国际空间站示意图。

图片来源：欧洲航天局 /D · 杜克洛

2008 年，欧洲航天局成员国用他们的无人货运飞船（Automated Transfer Vehicle，简称 ATV），为国际空间站提供了货运服务，并为国际空间站贡献了一个名为哥伦布号（Columbus）的科学实验舱，国际空间站上的大窗"穹顶舱"也是欧洲航天局安装的。欧洲航天局制订了强大的行星探测计划，他们对火星、彗星和外太阳天体的探测，均取得了巨大成功。

2016 年，欧洲航天局总干事约翰－迪特里希·韦尔纳（Johann-Dietrich Wörner）公布了一个宏伟目标：要在 21 世纪 20 年代建造一个国际"月球村"。欧洲航天局计划同私营企业，以及美国、俄罗斯、中国和其他国家的国家太空项目组合作，共同实现这个目标。欧洲航天局——特别是最大的成员国，法国和德国——正准备在无人和载人航天方面

发挥更大的作用。我和德国航天中心委员会主席帕斯卡尔·亨弗雷德（Pascale Ehrenfreund）交谈过，希望能了解欧洲航天局未来 20 年的项目和目标。[103]

"接下来十年、二十年，载人航天主要目的地还是国际空间站。德国正通过投资来稳固自身地位，计划投资 9 亿美元，这笔钱在欧洲对空间站的投资中占了很大一部分。我们将这视作一份重要的责任，包括在国际空间站做大量科学研究，至少到 2024 年。空间站之后要做什么，是我们必须要考虑的问题。我们即将走到十字路口，因为我们不知道美国的太空探索到底会朝哪个方向迈进——这毕竟是国际合作。

"我们正在确认，在今后的国际项目中，我们能扮演什么样的角色……这是一件我们必须要认真考虑的事。空间站结束运行之后，我们是不是要运行规模较小的空间站，继续停留在近地轨道？还是我们应该重返月球？"

我问亨弗雷德对欧洲私营组织的看法，"欧洲和中国貌似最适合孵化出下一个 SpaceX 和蓝色起源"——她的回答很有启发性。

"在美国，亿万富翁们乐意投资太空，我们没有你们那么幸运。欧洲的情

况和美国不同。我们这里的风险投资很少——欧洲人不愿意冒险。美国国家航空航天局可以资助 SpaceX，这一点我们可做不到，我们没有可以用来投资私营企业的大笔公共资金。"

在与 SpaceX、诺思洛普·格鲁曼创新系统以及其他公司的新合作中，美国国家航空航天局花费了数十亿美元。欧洲还没走上这条对私营企业投资的道路。

亨弗雷德继续补充道："但是，很显然，所有欧洲国家都看到了大西洋彼岸正在发生的事，也在思考我们如何才能激活空间应用市场。从根本上来讲，我们必须为太空 2.0 时代的问题，找到属于自己的答案。"

日本

日本为太空付出努力的时间最早可以追溯至 20 世纪 50 年代，当时开展相关工作的单位是东京大学。1969 年，日本成立国家太空发展局（National Space Development Agency，简称 NASDA），日本的航天项目因此得到整合。2003 年，国家太空发展局与日本另外两个太空组织合并，成立日本宇宙航空研究开发机构（Japanese Aerospace Exploration Agency，简称 JAXA）。

日本研究和思考通过飞船，甚至航天飞机，开展载人航天的方法，但是所需资金巨大，政府最终不愿意为此投入大笔资金。他们转而资助了一系列无人飞船项目，掌握了发射无人飞船的能力，日本在卫星发射和行星探索方面表现得相当活跃。而在其他方面也很活跃，日本宇航员搭乘过美国的航天飞机，登陆过国际空间站。日本宇宙航空研究开发机构华盛顿特区办公室负责人岩本裕之（Hiro Iwamoto），很看好日本

日本为国际空间站建造的 HTV 货运飞船，准备从位于日本的发射场发射升空。
图片来源：日本空间科学研究院 / 日本宇宙航空研究开发机构

2005 年，日本隼鸟号小行星探测器登陆任务概念图。
图片来源：日本宇宙航空研究开发机构

的太空项目。[104]

"日本宇宙航空研究开发机构为接下来的十年、二十年设定了很多目标。我们一直在开发 H3 火箭飞船，计划在 2020 年首次发射，同时进一步完善我们的艾普斯龙运载火箭（Epsilon），我们的目标一方面是让这些火箭顺利投入运营，另一方面也希望在商业市场获得一定的竞争力。"H3 属于重型火箭，运载能力和美国的宇宙神火箭差不多。

日本宇宙航空研究开发机构也向国际空间站发送了无人货运飞船，飞船名为 HTV，现在他们正研究新一代 HTV-X 飞船，向更深远的太空进发。岩本表示："HTV-X 除了向国际空间站提供后勤保障外，还会用于行星际人员运输。"

日本宇宙航空研究开发机构在机器人太空探索领域也很活跃。2005 年，他们的隼鸟号探测器（Hayabusa）登陆小行星，2010 年带回了少量小行星样本。2014 年，隼鸟 2 号（Hayabusa-2）发射升空，将于 2020 年带回新一批小行星样本。2007 年，日本进行了月亮女神（SELENE）绕月任务，捕捉和传输了第一批月球表面图像，绘制了非常详细的月表新地图。日本也在制定火星任务，计划探测火卫一、火卫二，同时继续监测 2010 年发射的太阳帆飞船伊卡洛斯号（IKAROS）。太阳帆飞船用太阳光中的光子推力推进，这种推进方法在美国和其他国家已经研究了很长时间，被日本率先应用到了太空中。光子推进可能会成为实现行星间远途无人货运的最有效方法。

日本宇宙航空研究开发机构除了与国际空间站合作，也和美国国家航空航天局一起参与了很多机器人探索项目。日本宇宙航空研究开发机构和美国国家航空航天局目前正合作开展一项火星项目，名为火星卫星探索任务（Martian Moons Exploration mission），该项目计划于 2024 年登陆火卫一，并携带首批样本返回地球。他们还在 X 射线天文测量任务（X-Ray Astronomy Recovery Mission，简称 XARM）中有合作，XARM 的轨道天文台计划 2021 年发射升空。

印度

印度的国家航天机构名为印度空间研究组织（Indian Space Research Organization，简称 ISRO），成立于 1969 年，1975 年借助苏联的推进器发射了第一枚卫星。印度从 1980 年开始使用本国生产的火箭发射卫星，自此不断完善发射步骤和火箭

加尔各答科学城陈列的印度极地卫星运载火箭（PSLV）模型。

图片来源：维基资源共享 / 比斯瓦鲁普·甘古利（Biswarup Ganguly）

型号，其间也为国外商业卫星提供过发射服务。

和欧洲航天局一样，随着太空竞赛的终结，印度空间研究组织也开始以和平探索为目标扩大业务。和中国一样，印度也是处于高速发展中的国家，国家太空项目被视作一种促进教育和科技进步的方式。事实证明，空间探索所需的工程和专业科学知识，是学校和学生发展相关技能的强大动力。

美国和苏联在太空竞赛中锤炼出的技术发明，让在 20 世纪 60 年代开始航天探索的所有国家获益，印度也不例外。这就像在第二次世界大战期间，德国大肆发展火箭技术，结果美苏两个大国获益一样。这么说，并不是给印度取得的成就增加争议性——他们用本国人才发展出了自己的航天技术，本国超低的人力成本也是一个优势，虽然太空实力不如西方国家，但是以上两点足以让他们取得不凡成就。因此，在未来的国际合作中，印度的地位举足轻重，他们将为低成本航天飞行提供硬件和技术。

印度为科学领域做出了很多贡献——有些依靠本国火箭，有些与美国

印度火星飞船（Mangalyaan）号火星轨道飞行器概念图。

图片来源：维基资源共享 / 内斯纳德（Nesnad）

国家航空航天局这类其他国家的机构合作——印度是第一个成功触及火星的发展中国家。2014 年，印度取得一项巨大成果，他们的火星轨道飞行器（MOM，又称火星飞船，Mangalyaan）成功进入这颗红色行星的轨道。虽然这主要是一次测试机械航天技术的工程任务，但是火星飞船也发回了有价值的科学数据。由于运行轨道很宽，探测器正收集和传输科学家们梦寐以求的完整火星面貌数据。这些图像会在研究火星天气周期和地质方面发挥重要作用。

想一下背景，就更能认识到这项成就的伟大之处了：除了美国之外，只有欧洲和印度成功向火星发射了航天器。20 世纪 60 年代伊始，苏联曾数十次尝试走近火星，1991 年俄罗斯联邦成立之后，接过了这项挑战，然而每次都只是部分成功。日本、英国和中国也试图向火星发送一些设备，他们通常都会选择与俄罗斯合作，但是每次都以失败告终。正如有些人在美国国家航空航天局喷气实验室说的那样，火星之路无比艰难。

印度的未来计划列表中，包括继续发射一系列的地球观测卫星；月船航 2 号（Chandrayaan-2）月球轨道飞行器任务（月船 1 号 2008 年开始绕月飞行，持续近一年）；计划于 2019 年发射名为阿迪亚号（Aditya）的太阳研究轨道飞行器；2019 年发射金星轨道飞行器；还有计划尚不成熟的木星探测器任务。对于一个在太空探索方面尚处于起步阶段的国家而言，这些目标可谓野心勃勃，虽然国内有反对声音，但是他们还是表明了立场，他们有信心有意愿为这些目标提供资金支持。因为印度是发展中国家，还有很多等待解决的问题，因此国内反对声音十分强烈，但是印度政府依然选择继续朝太空进发。

载人航天方面，印度进展缓慢，但是一直朝这个方向努力，一旦印度人进入太空，他们将成为继美国、俄罗斯、中国之后，第四个拥有载人航天能力的国家。2014 年，印度成功发射了用于研究载人航天所需的各种程序和技术的无人测试飞船。测试飞船体积不大，质量和美国 20 世纪 60 年代发射的水星号飞船差不多，但是从这次任务中获得的工程数据意义重大，为计划于 2022 年发射更大型的载人飞船任务，迈出了重要的第一步。

印度和很多国际航天伙伴合作过，在行星探测计划中，与美国国家航空航天局合作密切，为美国和欧洲私营公司提供过发射服务，也和之前的苏联（后来的俄罗斯）有过合作。印度于近期进入了商业发射服务市场，率先尝试在一次飞行中发射多个小型负载——印度在 2017 年 2 月发射的一枚火箭，搭载了 104 颗小卫星。

印度航天方面最引人注目的是它的成本控制。据估计，其火星轨道飞行器项目成本约为 9300 万美元，是目前为止成本最低的火星任务。火星轨道飞行器项目成本如此之低，主要得益于印度劳工和专业人才低廉的用人成本（中国也有类似优势）。印度达成了这么多成就，但是年度太空预算只有 15 亿美元——只是中国、俄罗斯、日本和欧洲的 1/3 ~ 1/2，与美国国家航空航天局

190 亿美元的年度预算相比，实在相形见绌。

单看成本，西方国家可能会频繁需要印度的相关服务，这种情形和亚洲在过去几十年间接管了大部分消费品制造一样。这种趋势的好处在于，西方合作伙伴只要主动和国际航天组织接触，就能花费更低的成本建造飞船。这也有助于提升一些合作国家的高科技职位就业水平和教育水平。"离岸外包"也存在一些需要考虑的问题，但这是国际太空合作的必然选择。

和美国、欧洲一样，印度也有兴趣发展本国的商业航天企业。到目前为止，印度的航天公司只是子系统制造商，仅限于制造卫星和航天电子元件。印度目前还没出现像 SpaceX 和蓝色起源那样的私营火箭公司（中国刚开始推动相关工作）。促进私人航天蓬勃发展，理所当然是印度这样一个茁壮成长的新兴科技社会的目标。这就要求印度空间研究组织和印度政府有很大的灵活性。大量私人投资会成为关键。考虑到印度科技企业的成长以及印度整体经济的增长，航天产业继续扩大似乎不可避免，就像印度在其他科技领域取得的成就一样。

加拿大

加拿大航天局 1990 年才成立。加拿大航天事业的起源可以追溯至几十年前政府开发的一系列小型火箭，实际上那些都是亚轨道火箭和军用火箭。加拿大也有自己的卫星项目，发射用的是美国的火箭。加拿大航天局预算很少——年度预算只有 5 亿美元——因此他们没有试图发展独立的发射能力，而是选择与欧洲航天局、美国国家航空航天局和其他国家的太空机构建立强有力的伙伴关系。他们最引人注目的一项贡献，是在航天飞机和国际空间站应用的机械手臂——加拿大机械臂（Canadarm）。美国国家航空航天局 1975 年与加拿大在这个组件上达成合作，加拿大机械臂是航天飞机运行期间的一个标准配件。2001 年，国际空间站安装了能力更强大的加拿大机械臂 2 号。加拿大机械臂2 号更长，能抬举的质量更大，关节更多，因此更灵活。

这些年来，有不少加拿大人乘坐航天飞机进入国际空间站，其中最著名的是克里斯·哈德菲尔德（Chris

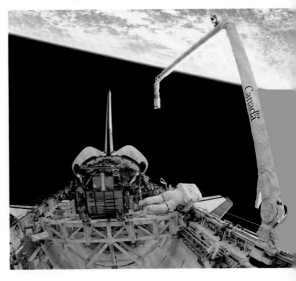

图中右侧是从航天飞机货运港伸出的加拿大机械臂。
图片来源：美国国家航空航天局

Hadfeld），2013 年他在空间站弹吉他、唱歌给地球上的数百万人听。美国国家航空航天局各种任务和欧洲航天局的大量行星任务都用到了加拿大的科学设备。加拿大公司也会向美国太空公司投资，2012 年，美国 / 加拿大公司马克萨技术有限公司（Maxar Technologies Ltd）收购了美国卫星制造领军企业——劳拉太空系统公司（Space Systems/Loral，现称 SSL）。

其他竞争者

除了以上这些，还有许多小国的太空机构，而且每隔几年就会有新机构成立。伊朗、朝鲜、韩国、沙特阿拉伯，甚至微型国家孟加拉和卢森堡（只有53.5万人口），都宣布了他们的航天计划。有的国家正在建造火箭，有的在制造卫星和其他航天硬件。

其中最值得一提的是卢森堡和阿联酋。卢森堡运作了卢森堡航天集团（Luxembourg Space Cluster），这是一个由活跃在电信领域，以及其他太空相关专业领域的高科技公司组成的协会。卢森堡宣布，他们打算投资太空采矿公司，与总部位于美国的深空工业公司（Deep Space Industries）和行星资源公司联手。

阿联酋采取了完全不同的策略。阿联酋航天局成立于2014年，目标是打造一个世界级的航天组织。该机构在阿布扎比建造了一个地球观测中心，已经用其他国家的火箭发射了多颗卫星。阿联酋太空局曾宣布，要与一些美国高校和其他国际合作伙伴合作，于2020年发射一枚火星轨道飞行器。飞行器会装配一套在阿联酋设计，用来研究火星大气的仪器。阿联酋发展太空事业，将大力推动国内技术和教育领域的发展。

更吸引眼球的是，2017年年初，阿联酋宣布要在2117年建造一座火星城市。他们计划同国际伙伴合作，促使人类在接下来的几十年飞向火星，同时在这颗红色星球上逐步建造基础设施。在收获民族自豪感之外，这些举动还能强化阿联酋的技术实力，让更多年轻的工程师、科学家和技术人员参与进来。阿联酋航天局的首要目标是先开发火星上使用的食物、能源和其他后勤资源，为在火星地表建造城市做准备。这个计划野心勃勃——需要长达一个世纪的技术积累——君主制政府相对稳定的领导地位及施政目标的连续性，是计划得以实施的关键。

海外太空企业家

国际上开始出现类似马斯克、贝佐斯式的太空企业家。全球范围内有很多投资航天事业的个人，但是到目前为止，国际上还没有哪个亿万富豪能在国外创建出类似 SpaceX 和蓝色起源这样的企业。中国、印度、俄罗斯存在大量私人资本。如果在监管方面做出一些调整，政府适当激励，再加上与美国实体有可能达成的合作，其他国家的富豪可能更倾向于打造更强大的公私合作伙伴关系，最终孵化出在太空领域运营大规模业务的私营实体。类似于印度等经济高速发展的国家，由于其劳工成本低廉，员工接受过严格培训，受教育程度越来越高，政府监管程度相对较低，所以其他国家的航天界资本可能很快就会涌入。中国的私营发射公司刚刚起步（详见第十三章）。

经济收益和科学好奇，当然不是中国和印度这类国家的唯一动机。两国选择的道路不同，中国积极开展载人航天事业，印度目前聚焦机器人探索，两国整体进展类似于 20 世纪 60 年代的美国和苏联，发展决策带有强烈的国家主义色彩。美国、欧洲和俄罗斯进入太空已有数十年之久，但是出于国家自尊心和国家安全考虑，彼此间合作受限，大部分项目本质上依然在内部展开。中国和印度都属于新兴航天势力，两国都清晰地阐明了各自带有国家主义色彩的目标。[105]

尽管如此，真正的国际合作，才是这些国家的太空项目的最佳出路，各方依据自己的优势为实现合作做出相应的贡献。确定如何，以及在什么时间范围内达成合作，是现在的工作重点。虽然有国际空间站这个成功的先例，但是要在太空内实现真正的全球化，可能为时尚早。不过，随着这些国际项目的推进，以及各方目标的趋同，全球化必定会受到"效率"的召唤。

图片来源：詹姆斯·沃恩

CHAPTER 12

航天巨头俄罗斯

我们来说说俄罗斯。在所有向往天际的国家中，俄罗斯选择了一条最大胆、最曲折的道路。1957 年，苏联的斯普特尼克号（Sputnik）首次进入太空，1961 年首次将人类送入轨道，1971 年首次发射空间站。他们的联盟号一开始把阿波罗号当对手，是为了登陆月球设计的，后来变成了有史以来使用寿命最长、最成功的太空出租车。20 世纪 60 年代，苏联早期的行星探索项目搞得轰轰烈烈，23 年间有 10 枚金星号（Venera）探测器抵达金星。唯一辜负了他们努力的行星目标是火星，到现在也是。

我们花点时间把苏联（俄罗斯）达成的几项重大成就罗列一下：

- 第一颗地球卫星——斯普特尼克号，1957 年（无人）。

- 第一次将动物送入太空——伴侣 2 号（Sputnik 2），1957 年（送一只

1982 年苏联金星 13 号在金星表面拍摄的图像。
图片来源：美国国家航空航天局

狗进入轨道）。

- 第一次硬着陆月球——月球 2 号
  （Luna 2），1959 年（无人）。
- 拍下月球背面的第一张照片——
  月球 3 号，1959 年（无人）。
- 第一次飞掠金星——金星 1 号，
  1961 年（无人）。
- 第一次将人类送入太空和地球轨
  道——东方 1 号，1961 年（载人）。
- 第一次飞掠火星——火星 1 号
  （Mars 1），1963 年（无人；已经
  接近目标，但未能成功飞掠）。
- 第一位女性进入太空——东方
  6 号，1963 年（载人）。
- 第一次太空行走——上升 2 号，
  1965 年（载人）。
- 第一次在太空中完成交会对接全
  过程，1967 年（无人）。
- 第一次绕月飞行——探测器 5 号
  （Zond 5），1968 年（无人，但是
  携带了爬行动物和昆虫）。
- 第一次成功着陆金星——金星

7 号，1970 年（无人）。

- 第一台在月球巡游的机器——月
  球车 1 号（Lunokhod 1），1970 年。
- 第一个有人轨道空间站——礼炮
  1 号，1971 年（载人）。
- 第一次火星软着陆——火星 3 号，
  1971 年（无人，着陆之后只运行
  了一分钟）。
- 第一次向空间站运输货物补给
  （无人）。
- 第一个长期运行的多模块舱空间
  站——和平号，1986 年（载人，
  运转了 10 年）。
- 第一次航天飞机全自动驾驶任
  务——暴风雪号（Buran），1988
  年（无人，但属于可载人级别）。
- 开发多个大型发射系统，其中不
  少至今仍在使用，用于俄罗斯宇
  航员运输和国际货运（载人和无
  人）。[106]

俄罗斯的航天事业并非万事顺遂。

他们早期的载人航天成就令人赞叹，他们多次努力，想在月球任务上击败美国——1968年，试图先于美国阿波罗8号绕月飞行，送俄罗斯宇航员环绕月球；1969年，试图在阿波罗11号抵达之前，让一名俄罗斯宇航员登月——结果一系列的发射失败，让他们颇受困扰。

上述成功事迹主要发生在苏联时期，和平号空间站投入使用之前，辉煌就终止了。和平号空间站于1986年发射升空，那时候苏联还没解体，1996年终止运转。苏联解体，俄罗斯联邦成立。俄罗斯接手了苏联时期的很多太空项目，同时抛弃了部分项目，又新增了一些。

苏联的 N1 大型月球火箭，四次发射均以失败告终。
图片来源：美国国家航空航天局

2012 年，俄罗斯和美国宇航员乘坐俄罗斯联盟号火箭搭载的联盟号飞船，飞往国际空间站。
图片来源：美国国家航空航天局

如今，俄罗斯的航天事业受资金掣肘，也受到了政治争斗的干扰。俄罗斯发现，无论是保持他们在国际空间站的席位，还是继续开展机器探索项目，都面临着很大挑战。美国境内私营发射公司的崛起，尤其是 SpaceX 和波音这类有载人航天能力的公司，让俄罗斯的处境更加艰难。将来，只要有一位宇航员乘坐 SpaceX 的龙飞船 2 号或波音的星际客车去往国际空间站，联盟号就失去一单生意，对俄罗斯而言，就相当于失去了 8200 万美元外汇。[107] 俄罗斯联邦航天局会因此失去大笔年度预算——大约 1/8 或者更多。

但是有一个领域，俄罗斯仍然很耀眼，那就是他们的运载火箭，主要是联盟号和质子号（Proton）。两个型号的火箭负责运送大质量货物进入太空，稳定性和频繁程度都达到了很高水平。[108] 联盟号飞船于 1967 年首飞，目前已成为全世界最安全、使用频率最高的载人太空运输工具。

俄罗斯正在开发名为联邦号（Federation）的新飞船，以替代日益老化的联盟号。联邦号比联盟号大，设计上更接近美国的阿波罗号和猎户座号飞船。和联盟号一样，联邦号也负责人员运输，但是也计划为国际空间站和将来的俄罗斯空间站提供全自动货运服务。俄罗斯联邦航天局，是负责监督俄罗斯太空项目的联邦政府机构，他们也投资了一些联盟号的潜在替代品。一个是从 1992 年就开始研发的安加拉号（Angara）模块化火箭。安加拉号可以通过调整火箭配置，运输各种质量的载荷，因为是模块式火箭，可以提供客制化服务，轻型载荷或重型载荷都能运送。

他们也在研究一种超重型运载火箭，目前尚未命名，可能会在 21 世纪 20 年代投入运营。这种超重型运载火箭能发送体积更大的重型飞船，其中可能包括载人月球飞船。[109]

俄罗斯和中国、印度这类发射服务供应商一样，随着计划的推进，不得不面对一个巨大的挑战：可重复使用。美国的所有主要商业发射服务供应商都在开发可重复使用的发射工具和飞船，除非一次性推进设备造价远低于现在的水平，否则将来一定会妨碍计划的推进。在这个领域，SpaceX 和蓝色起源确立了新的标准，其他发射服务供应商为了保持竞争力，将来不得不顺应这套标准。

2016 年，俄总统普京将大部分俄罗斯太空企业收归国有，运营方式和苏联时期相似。此举旨在提升效率，减少腐败。但是，仍然存在资金问题。2015年，美国国家航空航天局争取的年度新项目预算在 180 亿～195 亿美元之间，俄罗斯政府核准了 200 亿美元——资助未来十年的太空活动，也就是每年20 亿美元，只相当于美国国家航空航天局年度预算的 1/10。虽然俄罗斯用人成本比美国低——技术人员和工程人员月工资普遍在 200～300 美元之间——即便如此，依然无法弥补巨大的预算差距。华盛顿大学空间政策研究所前负责人约翰·罗根（John Logsdon）曾经指出："他们的预算无法让他们在太空领域全面保持在世界级水平。"[110]

太空历史学家阿西夫·希迪奇（Asif Siddiqui）对这一状况的评述更直白："俄罗斯联邦航天局一直受到腐败、经营不善，以及任人唯亲的资本主义困扰，这些是后苏联时代大经济体的典型特点。这是一个高标准的科技领域，这些问题已经导致一线工作人员偷工减料。"[111]

2017 年 11 月，联盟号起飞时，上面级出现故障。2016 年也曾发射失败，2015 年发射失败三次。这些失败，并不一定表示去往国际空间站的人员运输工具包含某些存在缺陷的特定硬件，但是肯定表明俄罗斯联邦航天局在质量把控方面存在很大问题。[112]

从 2011 年开始，美国一直靠俄罗斯往国际空间站运送人员，因此美国国家航空航天局十分关注俄罗斯的发射活动。SpaceX 和波音能取代联盟号的项目启动得比较晚，因此确认俄罗斯火箭的可靠性对美国来说十分重要。无论哪个国家，谁都不愿意让一个宇航员白白送命。

那么，俄罗斯的太空项目将会如何发展？未来的挑战包括：俄罗斯政府的拨款，与美国之间的关系（近年来情况日益严峻），对科技领域和高等教育投入不足，以及人口减少，这些问题对高科技领域的冲击最严重。在苏联时期，为了在登月计划中打败美国，政府不计代价，如今欧盟、中国，甚至日本，每年在太空项目上花的钱都比俄罗斯多。俄罗斯还在依赖过去的设计和硬件在太空中奋进——这肯定不是未来取胜的良方。

俄罗斯的太空项目受资金掣肘，可能要依靠国际合作才能取得成功。欧洲航天局最有可能成为他们的合作伙伴；印度和其他国家的项目可能会选择购买俄罗斯的技术，或者获得俄罗斯的技术使用授权。国际空间站结束运营之后，美国会不会和俄罗斯继续合作，完全取决于政治风向。美国目前计划在"月球轨道平台－门户"项目上与俄罗斯展开合作（详见第十六章）。

多年来，俄罗斯航天业界一直有美国私营企业的身影。就像在第九章提到的那样，联合发射联盟的宇宙神 5 号火箭从 2002 年就开始用俄罗斯的发动机——但是他们很快会转用蓝色起源制造的火箭发动机。2016 年，国会通过一项修正案，限制与美国国家安全相关的发射使用俄罗斯的火箭发动机，宇宙神 5 号火箭的大部分发射都是美国军方的合同。这类私营企业与俄罗斯的所有合作在未来几年会变得越来越复杂。

俄罗斯仍在使用老化的飞行硬件，而替代这些硬件更是困难重重，与此同时，中国正逐渐成为最强大、最具进取精神的太空新势力。虽然中国研究导弹和大型发射系统已有多年的时间，但是在过去 20 年才向世界证明他们是这个领域的重要参与者。中国进步很快，在中国，有一个小型私营航天企业正崭露头角。我们不妨仔细了解一下全球范围内载人航天领域最新的一股势力：中国。

俄罗斯联盟号飞船对接国际空间站。
图片来源：美国国家航空航天局

翟志刚 Hi.
Zhai Zhigang

特别特殊 第5

图片来源：詹姆斯·沃恩

CHAPTER 13

大有可为的中国

21世纪初，中国加入美国和俄罗斯的行列，实现了载人航天。从2003年开始至今（2020年），中国开展了六次入轨载人航天任务，且十分成功地发送了两个小型空间站。第三个空间站的规模要大得多，采用的是与和平号和国际空间站相同的模块式设计，预计在2022年面世。

从2007年开始，中国陆续对月球发送了多枚机器探测器，执行各种探测任务。其中包括两枚月球轨道探测器——嫦娥一号和嫦娥二号，这两枚探测器的任务是对月球进行测绘，取得月球全表面的高清图像。在这之后，中国又发送了两枚登陆器——嫦娥三号和嫦娥四号，这两枚登陆器各自装备了一台玉兔号月球车。需要注意的是，嫦娥四号的登陆点是在月球南极附近，该区域位于月球背面，蕴藏着许多有价值的资源——这是其他成功登陆月球的国家，从未尝试过的壮举。由于月球背面永远不会朝向地球，因此，在月球背面登陆，需要提前部署通信卫星。玉兔二号月球车执行任务的时间，已经远远超过了它3个月的预期寿命，在这期间，它搜集了很多有价值的关于月球远地面的数据。另外，派遣航天员登月也是中国的目标。和美国、俄罗斯一样，中国也在逐步测试和完善他们的空间硬件设施，而且目标越来越远大。

20世纪50年代，中国开始发起太空项目，那时候苏联正准备发射斯普特尼克号。早年间，苏联与中国分享技术，因此中国进步很快。1960年，中苏两国分道扬镳。中国政府搁置了涉及载人航天的计划，但是时间很短。

20世纪60年代中期，中国决定重新启动载人航天项目，在1970年发射了第一颗轨道卫星。[113]

尽管进展缓慢，但是在之后几年，也进行了多次发射。1971年，中国确立了一个大胆的目标，计划两年后，也就是1973年送中国航天员进入太空（西方通常用太空人"taikonauts"指代中国航天员）。航天员乘坐的飞船名为曙光一号，设计大体上与美国国家航空航天局的双子座飞船类似。当时项目还没正式开始，就被搁置了，直到2003

年才重启。[114]

中国国家航天局（CNSA）总部位于北京，神舟项目总部在上海郊外的航天城。庞大的上海航天城与分布在中国境内十几个主要太空和军用场所协同运作，大规模项目的组件由分布在各地的人分别建造，再组装到一起，这样的选择有很多优势——比如，足够偏远，可以进行火箭发动机真实点火测试。

从20世纪60年代开始，中国已经开发了一系列的长征号火箭，新的迭代产品还会沿用这个名称。中国所有的航天员和准民用太空硬件，都是搭乘长征火箭进入轨道的。

经过四次无人测试之后，神舟五号飞船于2003年首次搭载一名航天员发射升空。自那之后，神舟项目的进展越来越迅猛，就像20世纪60年代的美国和苏联一样。轨道试飞，然后是太空行走。紧接着在2011年，中国发射了第一个小型空间站——天宫一号。2013年有三名航天员访问了空间站。后来，中国地面控制人员与空间站失去联系。2018年，天宫一号坠入地球大气层，没有造成任何危害。

2016年，中国发射了天宫二号。天宫二号体积更大，功能更强大。两名

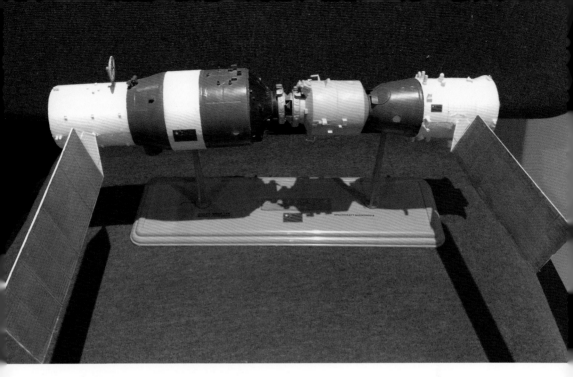

天宫一号空间站（左）与神舟飞船（右）对接模型
图片来源：维基共享资源 / 李布兰登克里默（Leebrandoncremer）

航天员搭乘神舟十一号飞船抵达空间站，停留了一个月，并与货运飞船成功对接，为空间站加注两次燃料。大型多模块空间站的第一个模块舱将于2020年或稍晚时间发射升空，其他模块进入轨道之后会与之对接。

中国已经发展出了有一定运载能力的大型火箭，现在可以定期为国际客户提供货运服务。中国的发射频率几乎与美国持平。随着几家商业发射企业强势闯入市场，中国的发射频率总体上很快会超越美国。各商业企业开始发射可回收火箭，SpaceX 和其他企业正在试图

开发新技术，彼此竞争，收效甚佳。中国的星际荣耀、翎客航天和零壹空间等公司都开发出了可重复使用的火箭助推器，其最初目的是为小型卫星市场提供服务，星际荣耀甚至在开发载人火箭飞机。这些企业在全球卫星市场的地位将举足轻重，太空旅行业务同样也是他们的最终目标。

2017 年年末，翎客航天宣布，他们要建造一种可重复使用的小型火箭，在中国航天机构框架之外，为商业发射提供服务。他们的火箭名为新航线 1 号（New Line 1），是一种单级火箭，负载

能力大约为 230 千克。航天业之前一直是政府机构的主场，翎客航天是中国私人企业试水航天业的先驱代表。翎客航天的活跃打开了中国企业家涌入航天领域的闸门，该公司新制造的新航线一号火箭发射成本可能低于 500 万美元，如果能循环使用，成本会降低不少。这家公司已经完成了 200 多次小火箭试飞，在猎鹰 9 号火箭投入商业发射之前，SpaceX 也是通过自己进行飞行试验获得相关经验的。翎客航天希望能在 21 世纪 20 年代前期开始提供商业服务。

航天界的创业活动在中国可能确实已经崭露头角，现代的中国航天项目经过了各个阶段的飞行测试，且取得了成功，经历了明智且计划周密的循序发展过程，与私营企业的火箭公司，早早开展了合作——事实证明该战略相当成功。在载人航天方面，神舟号体积大，质量重，运载能力强。天宫号空间站完全是中国自己开发的——这是中国太空技术自给自足能力日益提高的明确标志。

神舟飞船早期成功完成了轨道飞行，为中国的两个空间站提供了人员和货物运输服务。中国目前正在开发一种新型载人航天飞船，新飞船还未命名，

中国的神舟号飞船。
图片来源：罗德·派尔

已于 2020 年 5 月成功完成测试（无人测试）。与联盟号不同，该飞船从设计上更接近上世纪 60 年代的阿波罗飞船，该飞船的目标是在本世纪 20 年代结束之前将中国宇航员送入月球。

中国会凭借自身的航天实力参与到国际间的航天合作中，一步一步实现各种目标。从上世纪 90 年代开始，美国国家航空航天局及其国际合作伙伴，一直在讨论将中国纳入维护国际空间任务的国际大家庭中。支持者中包括：1996 年到 2001 年期间担任约翰逊航天中心负责人的乔治·阿比（George Abbey）和宇航员焦立中（Leroy Chiao）。但是，2011 年美国国会通过在美国航空航天局的拨款预算法案中插入禁止性条款，

阻止了这项倡议。即便没有这个障碍，受限于国际武器贸易条例的规定，中美合作的进程也会非常缓慢。[115] 最终结果就是，中美合作可能取得的大部分成果都会因此受阻，进展减缓。中国一直在独自前行，同时也在考虑与其他国家的航天项目进行合作，主要是与欧洲航天局的合作。中国的航天项目一直进展迅猛。

除此之外，中国对行星探索同样有兴趣，计划在21世纪20年代早期向火星发送轨道探测器和火星漫游车，并考虑在2040年开展载人火星任务。

中国太空项目预算相对较低，目前大约为20亿美元，远低于美国的190亿美元。除了花费低，还有一个事实，中国没有扶持那么多"传承"任务。美国国家航空航天局要资助已有41年历史的旅行者项目以及火星探测车项目，除此之外，美国还要持续为国际空间站投入资金。中国目前的预算全都用于诸如即将成型的多模块空间站之类的新项目。基于上述状况，再加上中国强大的经济力量，这个国家载人航天的推进速度很可能会非常迅猛。

中国的未来计划大多来自官方文件，最近一次发布消息是2016年的一份长篇报告，详细介绍了国家航天目标和发展状况。[116] 报告序言阐明了中国的意图：

> 探索浩瀚宇宙，发展航天事业，建设航天强国，是我们不懈追求的航天梦。未来五年及今后一个时期，中国将坚持创新、协调、绿色、开放、共享的发展理念，推动空间科学、空间技术、空间应用全面发展，为服务国家发展大局和增进人类福祉做出更大贡献。

报告指出，中国支持"开放发展"，在独立自主的同时，愿意加入外部世界，携手国际共同促进科学进步。这说明中国一直有兴趣与西方大国合作，也许有一天，中美两国会展开合作。除中国之外的哪个亚洲国家会进入合作框架目前还不清楚。

接下来我们来聊一聊有关技术、可续和项目计划的问题。中国未来目标远大，极富雄心。下面的内容还是摘自同一份报告：

> 我们将会"研制发射无毒无污染中型运载火箭，完善新一代运载火箭型谱，进一步提升可靠性"。

报告继续指出：

> 中国将会"开展低成本运载火箭、新型上面级、天地往返可重复使用运输系统等技术研究"。

这段描述在很大程度上表明，中国会追随 SpaceX 和蓝色起源在可重复利用方面的脚步——在即将到来的太空 2.0 经济时代，这无疑是一个明智的举措。这份报告在后面还罗列了其他目标，比如到月球之外的星球探索，以及登陆火星："开展火星采样返回、小行星探测、木星系及行星穿越探测等的方案深化论证和关键技术攻关。"

中国的行星探索计划，相当于在月球和火星探索方面与美国和欧洲展开竞争，对于木星和土星这类地外行星，他们并没有明确表态。

报告中表达了对国际合作的兴趣，同时也包含很多明确的目标：

> 全面建成航天强国，具备自主可控的创新发展能力、聚焦前沿的科学探索研究能力、强大持续的经济社会发展服务能力、有效可靠的国家安全保障能力、科学高效的现代治理能力、互利共赢的国际交流与合作能力，拥有先进开放的航天科技工业体系、稳定可靠的空间基础设施、开拓创新的人才队伍、深厚博大的航天精神，为实现中华民族伟大复兴的中国梦提供强大支撑，为人类文明进步做出积极贡献。

"实现中华民族的伟大复兴"有很多深意，在航天方面，几乎可以肯定，这一目标包括在太空探索方面发挥主导作用。最近，中国在贯彻已公布的计划和实现既定目标方面的表现令人印象深刻。中国可以在 21 世纪稳步执行长期的航天项目，得益于中国政府的稳定。中国共产党可以制定他们想要执行的计划，并坚持下去，这是西方相关组织不具备的条件。

在航天领域，中国逐渐追上了西方世界的脚步，彼此间的合作意愿也持续增加。从历史发展的角度来看，机器航天任务方面的合作，为后续展开的航天合作提供了一个很好的切入点。上世纪 60 年代的美苏合作，以及上世纪 80 年代的美欧合作，就是这样开展的。为此，我到美国航空航天局开展行星探索任务的重要组织——喷气推进实验室，询问了太阳系探索项目的负责人雅各布·范·泽尔。

他表示："国际合作，尤其与中国合作，是一个非常复杂的问题。国际武器贸易条例背后的目的，是为了保护美国的知识产权和国家安全。我觉得大家都认可该条例在这两个领域发挥的作用，但代价是我们实际上加速了其他地区的发展。结果证明，'其他国家'自己发展更容易。"

在鼓励国际合作的问题上，范·泽尔补充道："人类想要帮助他人解决问题。因此，从这个层面来讲，国际武器贸易条例限制合作是违背人性的。我完全理解国家的担忧……我的感觉是，人们正在想办法解决这个问题：如何在保护美国知识产权的同时，与包括中国在内的其他国家合作。这是一件大事，牵扯到很多利益，如果有人想将利益据为己有，那么谁也不会愿意奉献重要资源。但是我认为，有些活动最终还是会让中国加入，这是正确的做法。"

国家空间委员会的斯科特·佩斯对此也有一些想法，也是从机器探索开始，但是他的思考并不是从人性的角度出发的。

"我看到很多科学合作方面的潜在机会，比如无人科学任务。我可以举一个例子，在纳米架的项目中，有一个中国的商用装备正要运往国际空间站，我觉得这没什么问题。我们可以像在冷战期间和苏联合作时那样，在科学合作和数据共享方面与中国展开有限合作。

短期来看，国际武器贸易条例的限制不会消失，中国会在无人和载人项目两个方面，持续扩大在航天领域的投入。中国在航天领域的大部分扩张行为都是和平的、以聚焦科学为主的。就像当初美国和苏联开展的太空竞赛那样，民族自豪感和科技成果，在未来几年会继续成为大家前进的动力。国家安全和军事需要也会推动其他项目继续发展。

展望未来十年到二十年，中国国家航天局与其他航天项目可能发展出的合作关系，布鲁斯·皮特曼对此持有积极的观点。皮特曼是美国航空航天局加州艾姆斯研究中心的总工程师，也是国家太空协会的高管。

他说："我们取得今天的成果，很多人为此付出了无数心血，我们在太空中的未来，真的会让人震惊，但是我们要做一些艰难的抉择。我希望，我们都能听从善良天使的意见，不要受恐惧和怀疑操控。国家安全的威胁确实存在，太空中的军事化操作也在发生，这些确实值得我们担忧。我们能做的，就是把注意力集中在积极的方面，想办法让开发太空这件事对所有人都有益。"

对话结束时，皮特曼表示，今天的政治不确定性会引发讨论，大家会为了更美好的明天开始合作。他认为，太空合作会在更大范围的、关于国际主义的讨论这一背景下进行。"我们对彼此的义务是什么？政府对我们的义务是什么？我们对政府、对国家、对其他国家、对全人类的义务又是什么？在此之前，这些问题都没有明确的答案，但是此时此刻，我们需要明确的答案。我们需要马上开始，对那些做了几十年的假设发起挑战。我们需要变得更好，我们会变得更好。"

鉴于中国的技术优势，尤其是太空技术，美国和其他国家想继续排挤中国变得越来越难。作为一个潜在的合作伙伴，中国的价值大到让你无法忽略。反过来也是如此。虽然已经拥有强大的技术，但开展国际合作对中国更为有利。参与太空探索的各方之间维持良好的合作关系，会打开一扇大门，甚

至会有更多国家加入，开展真正的全球太空项目。

长期以来，巴兹·奥尔德林一直在倡导这类项目，他计划建立一个以太空探索为目标的新世界联盟，强大的中国太空计划也会成为该联盟的一部分。"让美国国家航空航天局把这些整合起来，各个国家（包括中国）都可以考虑考虑这个过程中有什么样的（合作）机会……中国已经引起了所有人的注意。"[117]

神舟项目中使用的中国宇航服。
图片来源: 罗德·派尔

在上海科技馆展示的神舟飞船。神舟飞船
比联盟号更大、更适应现代化需求。
图片来源：罗德·派尔

图片来源：詹姆斯·沃恩

CHAPTER 14

太空货运站

"基础设施"这个词实在很难点起人的热情。对于一个广告经理来说，火箭发射或者首次登陆火星之类的词组，显然更耀眼夺目。但是，谈到航天新时代，以及正冉冉升起的新商业机会时，基础设施则意味着一切。基础设施能够开发太空、让太空定居变成日常活动，也能让开展这些活动所需的花费变得更加合理。建设基础设施是向前发展唯一的正路。这就解释了为什么很多人在谈论太空贸易时，提到这个词常会充满热情。所有的一切，都离不开基础设施。

那么，太空基础设施到底指的是什么？也许我们这里需要做个比喻。太空基础设施，在很大程度上，与现代社会保证日常生活的各种服务类似。你一大早起床，先开灯——电力就是基础设施的一部分。洗个澡？自来水也是基础设施。把车从车库开出来，去上班？大马路和高速路都是基础设施。现在你理解了吧。你停车加的油，不用下车就能买到的星巴克咖啡，上班之后帮你接收了113 封邮件的互联网——这些都是我们日常生活中的基础设施。

当然了，太空基础设施具体由哪些要件组成，取决于我们向前迈进的方式和方向。我们可以先建造轨道燃料库，也可以先建造巨大的轨道基地。私营公司计划建造轨道旅馆，美国和中国的工业集团和大学团体都在研究太阳能卫星，这些卫星能为太空活动提供能源，产生的能量也能用于地球。一些深空任务需要在中转站装配飞船，然后飞船再从那里飞往火星或更远的地方。SpaceX 正在建造可重复使用的火箭舰队，联合发射联盟和蓝色起源也在参与太空基础设施建设。这只是其中几个代表。

太空产业还不成熟，建造令人满意的基础设施，是产业走向成熟的基础。我们没有平坦的多车道高速路，但我们可以先建一条高速公路车道。我们还需要能源，但是为了节约成本，我们可以选择定期补给。不需要零食或"五小时能量饮料"——只需给我们一点必需品，我们就能让太空产业蒸蒸日上。其实我们需要的太空基础设施和地球差不多，我们需要在地球轨道和轨道之外修建办

公室、医院、旅店、加油站、火车站和货运站。进入新的太空时代，如果我们想超越现在的太空探索模式——探测其他距离相对较近的星球，然后再返回地球——大规模基础设施建设至关重要。如果我们想扩大人类领地，在太空中工作生活，基础设施建设是继"掌握低成本发射能力"之后，下一个重要的里程碑。对于太空 2.0 时代来说，参与建设基础设施的人，当然希望日后能有所回报，这也是吸引私人投资的关键。

美国国家空间协会在 2017 年发起太空定居峰会（Space Settlement Summit），如今已经成为一年一度的大事件。出席第一届峰会的有很多顶尖的思考者，他们展望了太空 2.0 时代，并开始着手建设，这些思考者中包括私营企业家、美国国家航空航天局的领导人物、军人和来自投资界的个人。他们汇聚一堂，不只是为了讨论太空定居——也就是人类在太空中建立据点的问题，也讨论了实现太空定居所需的基础设施的相关问题。后一个问题讨论的不只是人，还有如何为了全人类的利益，以多种形式开发太空的问题，其中既涉及了人，也涉及了机器。机器和人之间必定存在无法分割的关系。

ORBITAL PROPELLANT DEPOT
轨道推进剂仓库

1971 年美国国家航空航天局设想的轨道燃料仓库，建造完成后可以用来储存从地球发送过来的燃料。只是从月球或小行星获取资源这一构想，没有被广泛接受。
图片来源：美国国家航空航天局

美国最后一次超近地轨道载人探测：1972 年的阿波罗 17 号任务。图中是尤金·塞尔南在驾驶月球车。
图片来源：美国国家航空航天局

　　和太空 2.0 时代的其他课题一样，想象遥远的目标比设想眼前的目标要容易。我们想在太空中建燃料库为开采资源提供燃料，我们想利用其他原位资源（in-situ resources）进行加工制造，我们想修建定居点、中转站、社区，甚至更多。但是迈向这些目标的第一步，是最困难的。

　　在过去 60 年间，人类一直在探索太空：第一次进入轨道……第一次登陆月球……接下来的 50 年，始终有卫星和飞船围绕地球运行。而航天飞机的可重复使用程度却有限。即便国际空间站算是一个中转站，也必须通过来自地球的不断补给才能使用。太空基础设施的最终目标，是在太空中工作、生活所需的设施和资源全部来自太空——比如从月球和小行星获得水和建筑材料。

　　任何人都不可能独立完成太空基础设施建设，这是太空定居峰会带给人们的一个重要启示。我们必须把各种各样的计划和构想放到一起，整理出最佳集

水在月球上的分布情况。水可以用来制造用于呼吸的气体、饮用水和火箭燃料，还有其他更多用途。

图片来源：美国国家航空航天局 / 布朗大学

合，达成一致，指明前进的道路。

美国国家航空航天局承包商和国家空间协会主管布鲁斯·皮特曼（Bruce Pittman），对在初期阶段建造基础设施的重要性做了总结："在接下来的 50 年，如何在太阳系开展工作，首先我们要开启对话，讨论这个问题。我们要讨论的不只是火箭发射问题，更要扩大讨论范围。我们应该讨论深空经济（deep-space economy）。我们现在已经知道如何通过地球同步轨道获得利润——除此之外，我们难道就不做生意了吗？"

这段陈述勾勒出了一个摆在整个太空团体面前的重要问题，尤其是对非科学家而言。我这么说是因为，从科学的

角度永远不乏进入太空的理由——美国国家航空航天局、欧洲航天局、俄罗斯联邦航天局探索太空几十年，都是这个理由。但是太空科学探索，一直是政府支持，用的都是纳税人的钱，虽然我们能切实看到太空技术发展出的副产品，但是缺乏利益作为天生的驱动力。太空商业活动会显著提高经济效益。实际上，仅电信产业就已经通过轨道活动创造了几十亿美元的收益，但是想让人类进一步深入太空，并持续下去，建立稳固的商业模式至关重要——这就是"深空经济"一词的全部意义。

初期阶段，利用资源就是指用最简单的方法使用最容易获得的资源。从月

球土壤和月球可能存在的冰层中，以及从小行星上获取水，这些水可以用来生产燃料、饮用水、可呼吸的空气和火箭燃料。火星冰层和大气中也蕴藏着可以用作相同用途的关键成分。月球、小行星和火星土壤可以制成砖、混凝土和3D打印材料，也可以从这些天体中获得金属元素、二氧化硅和其他元素。运行中的国际空间站和世界范围内的其他研究机构都已经证明，只要使用恰当的培育技术，在无重力环境和其他星球中就可以种植出可食用的植物。有充足的种子储备和适当的营养来源，食物就不会成为大问题。

我们可以设想一个时间，那时候我们已经有能力满足这些基本需求，如果想象得出来，就可以思考下一步了。皮特曼继续针对我们能开发资源并储存在燃料库的未来展开讨论："如果有多余的货物，我可以卖给别人。"他解释说，"我们就是要这样在地球之外持续发展下去。我们现在想知道，如何用最低成本、最大的灵活性去实现这些构想。"

我们再说得详细一点。美国国家航空航天局、航天公司以及高校中的很多聪明人，已经对大型太空基础设施的各种组成做过思考，这一点不足为奇。但是对太空2.0时代的投资依然有限，想开启一个和阿波罗登月项目同等规模的新项目几乎不可能。用纳税人的钱建造昂贵的航天飞机的时代已经成为过去，我们也不可能再用税金建造一个1500亿美元的空间站。庞大的基础设施项目也面临同样的问题——单靠政府投资，远远不够。我们必须找到一种新模式，去构建太空基础设施。构建太空基础设施初期，无疑要靠美国国家航空航天局出资。美国国家航空航天局会与私营企业签订国际空间站补给商业协议的商业合同，私人资本最终会参与进来推动太空基础设施的建设。

联合发射联盟前副总裁、现科罗拉多矿业大学教授乔治·索尔斯在会议上举了个例子，来介绍这种伙伴关系。他谈到了一个名为"地月空间–1000"（Cislunar-1000）的计划，这个计划实际上是联合发射联盟发起的一个倡议：2045年，有1000个人在太空中工作、生活，且在经济层面能实现自立。你可能还记得第九章介绍的先进低温渐进级（ACES），该计划是以ACES太空拖车为中心展开的。ACES可以用来运输空气、水、燃料以及其他供给品，从开采地运输到需求地，然后储存在仓库中。

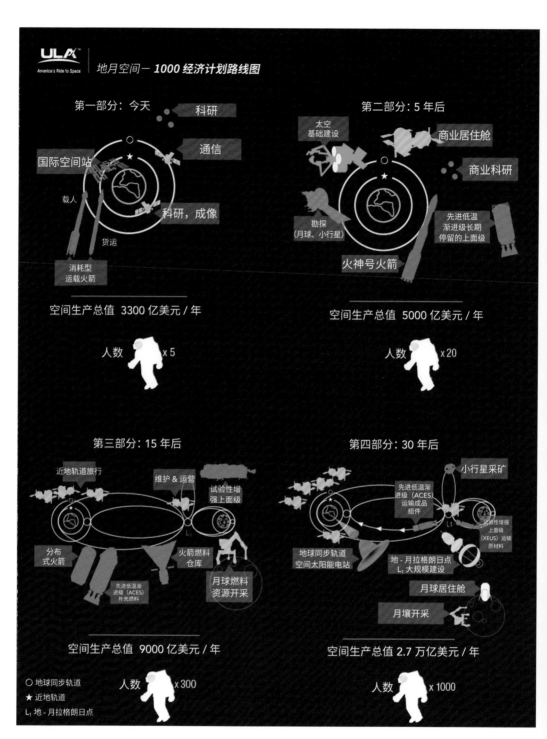

预计到 2030 年前后，联合发射联盟的地月空间－1000 计划每年的空间生产总值能接近 1 万亿美元。

图片来源：联合发射联盟

有些仓库可以建在地球轨道，有些可以建在月球，有些可以建在火星附近，甚至建在火星上面。

索尔斯表示："月球两极有大约100亿吨水。我们可以先从燃料补给服务开始。"月球上的水可以制成燃料，然后储存起来。"ACES（先进低温渐进级）和XEUS（试验性增强上面级）搞贸易运输时，就可以用这些燃料。"XEUS是一台月球登陆器，用于把从月球上收集的有用物资，转运到存储仓库。

太空企业家正在研究提取、转运、存储这些资源的方法，但是如果不与政府合作，即便是亿万富豪，也无力承担这项事业中的风险。前任美国国家航空航天局副局长罗莉·加弗认为，政府与私人企业合作，是促进产业发展的有效手段。"我是民主与资本主义的坚定支持者，把这些理念扩展到太空，这个想法太棒了！"

有些人在这里可能看到了互相矛盾的地方——政府出资或者与私营企业合资，归根结底用的都是纳税人的钱，为什么未来只有私营企业获利？加弗的回答很巧妙："我们都知道，在资本主义社会，政府会做一些高难度的投资，排除风险，然后让私营企业进来推动、打开新市场。这样做是为了增强航天业的竞争力，也意味着我们将一种代表公平和民主的文明送入了太空。在我看来，未来的太空项目只会不断增加，私营部门进入该领域，跟在政府后面建设市场，有时候甚至会跳到政府的前面，但是在世界上，这两者是共生关系。"她继续补充道："私营部门开始关注基础设施建设，它们带来的经济收益最终会回流到当初资助它们的国家手里，就和19世纪的铁路以及20世纪的航空业一样。"

地球上的经验表明，实体间的竞争有利于推动行业创新和行业增长，无论是商业实体还是其他实体都一样。航天企业也不例外——公司间的竞争，无论是大公司还是小公司，都会让抵达太空、在太空工作居住的费用变得更低廉，最终会让国家，乃至全球经济受益。尽管有马斯克、贝佐斯这样的大富豪投资航天业，政府扮演的角色依然很重要，不只是美国如此，全世界都如此。

美国国家航空航天局是这种公–私伙伴关系的前沿代表。全世界没有哪个国家的航天机构面对过像美国这种程度的创业公司的崛起。正如我们所见，创

龙飞船2号按照与美国国家航空航天局签订的合同，向国际空间站运送宇航员和货物的概念图。
图片来源：詹姆斯·沃恩

新和有利可图的合作已经出现。但是在美国国家航空航天局、传统太空公司和初创企业之间的关系中，有一个值得关注的地方。找到正确的合作模式，在接下来的一二十年间，是美国国家航空航天局，以及其他航天大国的政府，面临的最大挑战之一。

这就意味着，美国国家航空航天局将继续从一个"负责美国所有主要太空科学和载人航天努力"的机构转变成一个"在太空奋斗中，先入场打破困局，再给私营部门投资，让私营部门做剩下的事"的组织。美国国家航空航天局一直与承包商（老牌航天企业）合作，制造所需的太空设备。进入21世纪，这种合作主要以"成本加成"的形式开展——先支付承包商合同成本，让他们完成工作，然后多付一部分钱，保证他们盈利。

在过去十年间，美国国家航空航天局将采购合同调整成了"固价合同"模式，其他小额协议也调整成了这种模式，为的是改进与SpaceX和波音公司向国际空间站运送宇航员项目的合作方式。这样做的目的是分担风险和收益，借此引诱承包商投入更多资源，开发新的太空技术。美国国家航空航天局可以将运行国际空间站、发射火箭、将来建造太空燃料库之类的日常工作外包出去，自己腾出手来开展更非凡的深空科学和探索任务——机器人任务和载人任务都包括——过去一段时间，这种模式已经很成功。

美国国家航空航天局通过合同，开展太空基础设施建设，这一理念得到了广泛支持。问题是，如何才能得到最佳成果？美国国家航空航天局主导的基础设施建设是什么样子？美国国家航空航天局的资金投入与私人投资相比，收效如何？美国国家航空航天局该什么时候停手，私营企业该什么时候进入？谁从中获利，是如何获利的？

美国国家航空航天局人类探索和行

动部门首席助理比尔·格斯登美尔提议混合美国国家航空航天局和私营企业的资产。"如果有人要建着陆器，那我就建基础设施。如果我有猎户座飞船这样的居住设施，就能通过私营企业提供的货运服务往返月球设施。我有全套基础设施，其他人只需要花一个着陆器的成本，就能在月球表面生活。然后我们就可以展开合作……往返月球。美国国家航空航天局要获得更多月表经验。我不用先付钱，想在月球有所作为的会付。这就是我们选择的方法。"[118]

在这种模式之下，美国国家航空航天局将自己在开发的项目，或者有开发价值的项目，拿出来与私营企业分享，私营企业在公私合作中填补产业空隙，最终选择自己投资。通信卫星市场的增长，提供了几个有价值的案例。最早一次的卫星发射是在 1958 年，由美国国家航空航天局出资。到 20 世纪 60 年代，进入轨道的卫星越来越多，这些卫星是美国国家航空航天局提供合同，由私营企业建造的。1962 年，首颗私营通信卫星升空，这颗卫星是由 AT&T（美国电话电报公司）、贝尔实验室（Bell Laboratories）、英国和法国的国家邮政集团以及美国国家航空航天局共同投资

的。之后许多其他国家也纷纷效仿，陆续展开合作。

比如，在太空基础设施建设中，可以这样展开合作：美国国家航空航天局提供去往月球的火箭，私营企业负责登陆设备、月表开采机械以及对开采出的资源进行加工。蓝色起源的蓝色月球登陆舱，以及硅谷初创企业月球快车（Moon Express）开发的月球采矿机，就是为了满足这种类型的合作设计的。这种合作模式，最终会让月球开采、用月球材料搞建设，以及用月球开采的水和氧气维持人类生存等得以实现。

从 1985 年开始，宇航员中的先锋人物巴兹·奥尔德林，针对太空运输基础设施建设，发表了很多讲话，写了很多文章。在他的构想中，地球和火星之间应该建设一条让航天器通行的永久航路，借此降低向火星大批量运送人口和物资的成本和复杂程度。他将这些航器命名为"奥尔德林环线号"（Aldrin Cyclers）。

奥尔德林这一构想的主要目标是：人类永久定居太空。关于在月球和火星维持人类生存，他预想了一个合理的发展过程：先从近地轨道建设新实验室开始，一步一步建设距离地球越来越远的据点；不断完善设计是关键，利用月球

通过 3D 打印技术，用月球土壤打印建筑的概念图。

图片来源：美国国家航空航天局

资源、人工重力、高效大推力运输系统也很重要；国际合作不容忽略——通过这些方法，我们只需支付合理费用，就能用环线号把大批人口从地球运到火星。[119]

根据奥尔德林的设计，环线号要借助火星的引力助推，摆脱火星引力场回到地球。由推进系统负责修正运行轨道，无论是化学燃料发动机，还是现代太阳能电池发动机，在长途飞行中，航天器都靠太阳能运行，以降低能耗。大部分行程都是"零耗能"。

环线号概念的美妙之处在于，大质量飞船只需发射和组装一次，然后只要它能正常工作，就可以在两个星球之间无限运行。从地球到环线号这段路程由小型航天飞机负责，从环线号到火星的过程中，环线号会经过几个落点。环线号上会安装生命维持系统。屏蔽大规模辐射不再是问题——无论防护材料来自地球还是太空，只需获取一次，就能无忧航行了。大型环线号飞船可以安装离心设备，为乘客创造低重力环境，让他们在长期旅行中保持健康。环线号应该同时运行两艘飞船，一艘出发，同时另一艘从火星返回地球。

即便奥尔德林的环线号最终化为现实，在此之前也可能出现更基本的轨道系统。2016 年 10 月，一个工作组聚集在投资人史蒂夫·尤尔维森位于加州山景城的办公室，讨论了关于建造这种基础设施的问题。出席会议的有航天工程师、科学家、企业家和主张太空探索的代表。开会之前，大家就已经做了大量准备工作——大多数与会者开始思考基础设施问题至今已有一二十年，有些人思考的时间更长。将他们的知识和经验结合起来，对于制订可行性计划至关重要。

这次会议的任务是总结一份五六页的文件，并在 2017 年 1 月就职典礼后，发送给即将履职的新一届总统政府。这份文件必须描述出一套清晰的发展过程：从美国国家航空航天局和航天业界建立更多公私合作，到最终发展出可自我维持的空间基础设施。文件标题是"向继任政府提出的关于商业太空的建议"。[120]

文件开篇建议政府重启国家空间委员会，总统在就职典礼后不久便签署了重启国家空间委员会的总统令。就像我们前面介绍过的，美国国家空间委员会是一个通过副总统直接向总统报告太空计划和空间政策相关事项的机构。该机构要为美国国家航空航天局和美国政府与太空相关的活动，提供短期或长期的指导方案。

自从1958美国国家航空航天局成立以来，美国国家空间委员会已经有两个前身。第一个是国家航空航天委员会，1958年成立，1973年解散，几乎与阿波罗项目同时退出历史舞台。该机构由美国国家航空航天局局长、国防机构成员、原子能机构成员，以及来自其

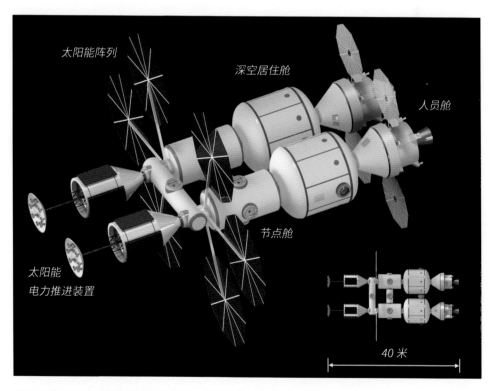

太阳能阵列

深空居住舱

人员舱

太阳能
电力推进装置

节点舱

40米

奥尔德林火星环线号将穿梭于地球和火星之间的永久轨道。类似设计也会用于去往月球的航线。
图片来源：美国国家航空航天局／巴兹·奥尔德林

他机构的成员组成。在推动阿波罗登月任务成为国家优先任务的问题上，该机构发挥了很大作用。[121]

第二届美国国家空间委员会成立于乔治·H. W. 布什政府期间，从 1989 年持续到 1993 年。机构负责人是当时的副总统丹·奎尔，成员包括：国务卿、财政部长、国防部长、商业部长、交通部长、行政管理和预算局局长、中央情报局局长、总统办公厅主任、国家安全事务助理、科学和技术助理，以及美国国家航空航天局局长。委员会建议，对岌岌可危的"陆地卫星"地球资源卫星计划（Landsat Earth satellite program）加大资金扶持力度，并重新启动 20 世纪 80 年代制订的"太空探索计划"（Space Exploration Initiative），该计划以重返月球并建造月球基地为目标。克林顿执政之后，否决了这项计划。[122]

目前的国家空间委员会由副总统迈克·彭斯（Mike Pence）领导，斯科特·佩斯担任秘书长，委员会成员包括：国务卿、国防部长、商务部长、交通部长、国土安全部部长、国家情报局局长、形状管理和预算局局长、国家安全顾问、参谋长联席会议主席，以及美国国家航空航天局局长。

新成立的美国国家空间委员会直接向总统汇报工作，委员会必须理解与私营部门打交道的复杂性，还要有能力制订出一套长期规划，将美国国家航空航天局的革新、探索能力与大力支持基础建设结合起来，以此为基础鼓励私人资本投资太空业。以太空业为核心的国内安全、经济增长以及对太空的军事关注，也是美国国家空间委员会关心的重要议题。

"向继任政府提出的关于商业太空建议"的核心就是开展太空基础建设。建议中提到：

> 为了探索、开发太空，并最终实现在太空定居，让太空发展变得真正可持续，必须有健康的太空经济作为支撑。我们向美国政府提出建议，促进太空经济繁荣发展应该成为美国国家航空航天局的目标之一。

建议中继续针对卫星和其相关的全球市场进行了讨论，然后他们将话题转到了太空市场巨大的金融潜力上。

2015 年，联合发射联盟的"地月空间－1000"计划认为，太空发展至少能持续增长 30 年。据他们估算，太空经济规模目前约为 3300 亿美元，到 2045 年将扩展至 27000 亿美元。美国政府要扮演更重要的角色，还要与之前有所不同，才能将这个预测转化为现实。美国国家航空航天局商业轨道运输服务项目这类的公私合作，以及太空行动协议（Space Act Agreements，简称 SAA）的资金支持，必须成为常态。协调公共私人战略目标，会大幅提升太空行业的融资水平。2011 年，美国国家航空航天局负责政策事务的副局长助理，用美国国家航空航天局／美国空军使用的成本计算方法，对 SpaceX 为美国国家航空航天局商业轨道运输服务项目开发猎鹰 9 号火箭的成本，做了分析。分析显示，跟美国国家航空航天局常用的"成本加成"合同相比，通过商业轨道运输服务项目使用太空行动协议资金，成本降到了原来的十分之一（让 SpaceX 开发猎鹰 9 号火箭只需投入 4 亿美金，如果按"成本加成"合同，用美国国家航空航天局／美国空军使用的成本计算方法推算，成本将高达 39.77 亿美元）。

建议在下面又陈述了美国国家航空航天局对私营太空公司做的投资承诺。

商业再补给服务（Commercial Resupply Services，简称 CRS）是政府支持太空商业化的另一个关键项目。向国际空间站运送货物可以通过商业轨道运输服务项目和太空行动协议来实现，商业再补给服务是国际空间站载荷实际运输服务中，多年来一直在使用的固价采购协议。参与商业轨道运输服务项目公开竞争的两个获胜者（SpaceX 和轨道 ATK）都获得了商业再补给服务合同，合同支付的费用能在很大程度上分担商业轨道运输服务的开发成本。

SpaceX 建造的几枚猎鹰 9 号一级火箭。SpaceX 已能凭借美国国家航空航天局合同带来的利润，抵消部分技术开发成本。跟传统太空合同相比，与 SpaceX 的合作能为纳税人节约 90% 的资金投入。
图片来源：SpaceX

这一小节在总结部分，针对私营化可行性方案，给出了十分具体的建议："美国国家航空航天局应该制订一项计划，将国际空间站的国家实验室，从国际空间站，转移到一些租用的商用近地轨道空间站上，同时还要为国际空间站上的这类商业转移项目提供协助。"

将目前在国际空间站进行的研究项目，转移到一个或多个私营空间站，为美国国家航空航天局封闭或关停现在的国际空间站提供了一条后路。这项举措必定会刺激资本投入私营空间站，而且国际空间站日渐老化，维护需求越来越高，此举还能降低或完全省去国际空间站日益增长的维护成本。

计划继续指出："在太空中的任何地方（近地轨道、地球同步轨道、地球轨道之外）出没，都需要火箭燃料和氧气／水，如果这类资源能商业化，美国国家航空航天局应该出钱从商业市场购买。这项政策将刺激小行星和月球采矿企业的发展，将来也能降低终极火星之旅的成本。"

如果美国国家航空航天局承诺，会为那些目前正为资金问题苦苦挣扎的小行星采矿公司、轨道仓库建设公司，以及为上述两类企业提供运输服务的太空拖车公司提供采购合同，就能帮他们获得所需的投资。

文中补充道："美国国家航空航天局在太空中任何地方，无论是在月球表面、月球轨道，还是其他地方设立的基地／关口／空间站，都应该通过商业合同满足人员和货物运输需求。地月空间运输业的商业化程度和可重复使用技术的应用将因此得到发展，而且会对未来的……终极火星之旅有帮助。"

付钱给商业市场的供应商，美国国家航空航天局在建设、运行空间站或星球地表基地时，就不用再考虑人员和补给运输的问题，这样还能刺激发射和运输服务供应商的发展、创新和竞争，加速基础设施建设的步伐，同时提高成本效益。

最后，这份建议对美国国家航空航天局支持的项目做了总结，鼓励外部实体——公司、大学和个人——勇于突破，积极研究，朝太空中的目标前进。

设立一个重要的突破性太空研发项目。各项重大技术突破几乎贯穿整个美国国家航空航天局发展史，从土星5号将美国宇航员送上月球，到多功能、可重复使用但过于复杂的航天飞机，再到入驻国际空间站，已经有 16 年。这段时间似乎没有遇到太大的技术挑战。但是现在，美国国家航空航天局的技术成就严重缩水，由于政策过于保守、资金受限，美国国家航空航天局近年来的技术、能力突破都少得可怜。

技术是美国国家航空航天局的发展根基，我们建议美国政府设立一个重大的突破性技术研发项目，让美国国家航空航天局重回技术巅峰。该项目应该着眼于发展几项与太空产业相关的新技术能力，以及大幅削减成本，其他产业在这两方面几乎都取得了不少突破。商业公司的发展，通常建立在大规模风险资本投入的基础之上，在开发满足 21 世纪太空项目需求的尖端技术方面，商业公司的地位日益领先。美国国家航空航天局要与这些公司合作，促进技术发展，甄选有用技术，以满足未来美国国家航空航天局的任务需求，实现伟大目标。设立一个创新的、长期的突破性技术研发项目，聚焦高风险、高回报的技术开发和应用，不仅对美国国家航空航天局有帮助，商业太空的供应商和用户也能从中获益。

文件还总结了可以实施这项研究项目的具体领域，比如居住舱制造、飞船制造、太空零件制造；建造太空太阳能能源厂，为地球提供清洁能源；以及其他领域。

杰夫·格里森（Jeff Greason）是一位工程师，也是太空 2.0 时代一位经验丰富的践行者，现在担任相关领域的顾问。他认为这些建议都很有价值，特别是太空市场的客户为这个提议增加了保障："只要能起到降低太空运输成本的作用，任何举措都是有益的。只要能建立起商品和服务市场，促进产业形成，就是正确的。如果轨道推进服务有价格，你就会像个私营业者一样思考'在月球上采矿有利可图吗？'，或者'在近地天体上采矿能赚到钱吗？'"[123]

很多组织都在开发对太空基础建设至关重要的技术，尤其是应用在近地轨道和月球上的技术。既有大学里的科研小组，也有经验丰富的企业家开办的公司。例如致力于缩减深空产业和行星资源这类公司，正聚焦小行星采矿业务和资源贩卖的业务，他们贩卖的资源既包括太空中的有用资源（水和金属），也包括地球资源（用于半导体制造的珍贵金属和稀土资源）。其他公司，比如月球快车，正在开发月球登陆器，以及用以勘探水冰和其他可以转运到轨道仓库或月球表面的有价值产品的登陆设备。

还有一个难题需要解决：政府监管。

无论你到什么地方开展业务，政府监管都会如影随形。建立和维持一个公平的竞争环境是有必要的，但是要接受多大程度的监管，以及用什么样的形式监管，是值得讨论的。某些问题可能正是太空自由企业成功的关键——确认适当条款的数量，这可能是一个棘手的问题。过去十年，与航天相关的政府条款越来越落后于美国私营部门的发展。新成立的国家空间委员会的首要任务之一，就是应 SpaceX、蓝色起源和其他企业的要求，更新这些法规。

几十年来，政府批准的主要"太空操作系统"，就是前面提到过的 1967 年确立的《外层空间条约》。我们可以回顾一下这个条约，《外层空间条约》和 1959 年的《南极条约》十分类似。《外层空间条约》的主要目标居然是阻止"新型殖民竞争"。总结如下：

- 禁止在轨道、太空和其他天体上放置大规模杀伤性武器。
- 禁止在太空中开展军事演习和军事实验。
- 禁止在各行星、卫星和其他天体上主张领土主权。

如果继续遵循这些条款，发生摩擦几乎是在所难免的。在进入太空 2.0 时代以后，公司要到月球、火星或小行星上采矿，获取资源，掌控工作空间是他们的必然需求——如果不能获得所有权，或者某种形式的矿，最差也要有个免打扰承诺。正如经验丰富的太空企业家、深空工业公司联合创始人瑞克·特姆林森（Rick Tumlinson）所言："太空市场需要监管。你必须让投资人知道，如果他们在太空中收获了资源，那么他们极有可能拥有并贩卖这些资源，诸如此类。"他补充道，监管环境要符合常识，其中要有与产权相对应的资源所有权概念。特姆林森解释说："我们可以拿捕鱼举例。我的船从鱼旁边经过，那鱼不是我的。鱼到我船上的甲板上，那鱼就是我的了。我不能在海上主张财产权，但是可以主张捕鱼权。"[124]

2015 年，奥巴马总统签署了《商业太空发射竞争法案》（Commercial Space Launch Competitiveness Act）。这项法案大体上与《外层空间条约》保持一致，

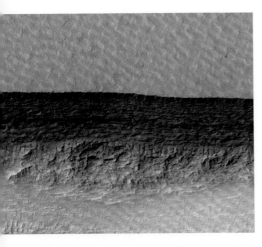

这张从轨道拍摄的照片，经过增强处理，能清楚地看到火星上的水冰层。各国政府必须商议决定，如何利用这些太空中的资源盈利。
图片来源：美国国家航空航天局／加州理工学院／美国地质调查局

签署的目的是确认美国公民拥有开采太空资源的权利。法案还明确了如何在不违背法律约束的前提下在太空开展活动的问题。

杰夫·格里森对此表示："我觉得人们将来回顾历史，会认为这是一项非常重要的行动法案，其他国家也在对美国制定的这项法案做出回应。"卢森堡已经采取行动，筹备与之类似的法律框架。格里森指出，阿波罗项目和苏联探测器从月球上取回岩石样本，从来没有因为所有权发生过任何纠纷。

但是，阿波罗项目带回的月球岩石是科学样本，而且是上一个时代采集的。将来，太空资源逐步商业化，会具备金钱价值，大家的态度也会因此发生变化。将来如何管理用于维持太空基础设施运转的燃料资源，国际社会必须达成协议。

能否完全拥有太空能源的所有权，包括采集权、处理权和储存权在内的管理权，可能会成为相关企业最关心的问题。格里森推测说："如果你能获得其他行星的部分所有权……就可以分割出售，以某种方式放到市场上进行交易，投资会因此流动起来。"他补充说，"人们乐意购入更多份额，因为他们投资的东西能创造出更多有价值的基础商品，这些东西也会成为钱生钱的利器。"

这套法案的概念，会超越开采出的非地球资源的所有权问题，延伸到财产所有权——这个问题更复杂。但是格里森认为，确认资源相关权利是整个过程的第一步："你有权从天体中获取资源，无论获取了什么资源都有权保有，这个观念会为我们指明方向，让我们找到诸多问题的答案。"

太空天使投资公司的查德·安德森说，监管通常落后于创新，要花点时间才能赶上。"现在的一个关键问题是，事情发展得太快，相关章程之前根本不存在。原因很简单，如果那个领域没什么可监管的，自然没人制定章程。"

安德森继续说："纳入监管是最佳应对方法，前提是如果有必要、有需求……航空公司开始壮大时，他们做的第一件事就是把联邦航空局拉进来，在初期就与它们合作，共同开发出一套允许航空公司飞行的监管框架。因此，美国现有法律允许航空公司运营。现在致力于登陆月球的公司也在和监管方合作。对于公司而言，前瞻性思考是很重要的。"

安德森指的是月球快车公司，他们向月球发射矿藏勘探设备的计划，在2016年6月得到了联邦航空局批准。美国国家航空航天局和美国国务院还参与了系列任务计划的大量审计工作。联邦航空局审查了通过美国领空和大气层进入轨道的发射路径，国务院和美国国家航空航天局审议了私人航天器在月球上登陆的相关问题，以及涉及《外层空间条约》的问题。这是至关重要的一步——不只对月球快车公司的登月雄心至关重要，对私人航天业整体而言都是如此。联邦审议结果表明，交换其他星球潜在资源的程序，可以通过美国政府协调。[125]

值得注意的是，新成立的国家空间委员会在2017年末第一次会议上，讨论了太空监管问题。副总统迈克·彭斯表示："委员会的观点是消除障碍。"他还提到要精简和修订现有法律，加快商业太空的发展速度，加大竞争力度。彭斯指示商业部长、交通部长以及行政管理和预算局局长，要以简化监管为目标，"全面检讨我们的商业太空监管框架"。接下来，要积极制定和实施新的监管条例，明确和保护太空商业行为。[126]

太空商业活动增加，渐渐在由政府统治的领域占据了一席之地，很多规划者认为，强化保护手段，让企业免受来自国外的威胁是有必要的。包括中国和俄罗斯在内的很多国家，已经开始着手开发太空武器系统，美国也是如此。

2018年6月，特朗普总统宣布，美国要在陆军、海军、海军陆战队、海岸巡卫队、空军之后，创建第六个军种——太空军。太空竞赛刚开始，美国军方就已经卷入太空事务，随着太空事业的发展日益增速，军方一直在密切关注太空领域的动向。美国军方的太空预算目前已经超过美国国家航空航天局，"公开"项目支出就高达约220亿美元，而机密行动耗资多少无人知晓。截止到2018年，大部分钱都是美国空军太空司令部花的（太空司令部隶属于美国空军，成立于 1982 年里根政府期间），但是这一现状很可能会迅速发生变化。

国家用于发展太空力量的大部分投资，都将用到应对地球轨道上的国际威胁方面。来自俄罗斯和中国的发射物会受到特别关注，因为这两个国家和美国一样，都是太空中实力最强大的国家。有人认为，美国军方也应该在保护美国私人太空产业资源方面，发挥一定的作用。采取什么样的保护方式，什么时候实现，目前还不确定。可以确定的是，采取保护太空资产的安全措施是有必要的，而且航天界各方很可能都以同样的角度来看待这个问题。我们到太空中发展，要做好必要的基础建设，安全保障只是一个方面。

基础建设可能不是一个让人兴奋的词，但是这方面的发展前景一定是振奋人心的：在地球、月球，甚至火星周围，建设太空资源采集、运输、存储设备，太阳系将通过以前只能在科幻小说中看到的方式，向人类开放。太空基础建设不仅能扩大太空探索和太空开发的机会，也能给地球上的人带来看得见的实惠。为了满足太空活动的需求，全世界会增加成千上万个工作岗位，一旦真正的基础建设成本降低，机会开始增加，太空投资的回报将大幅增长。是时候真正开始太空基础建设了。

围绕地球运行的轨道仓库，月球将为继续前往太阳系内的其他目的地，提供所需的燃料和补给。
图片来源：詹姆斯·沃恩

图片来源：美国国家航空航天局

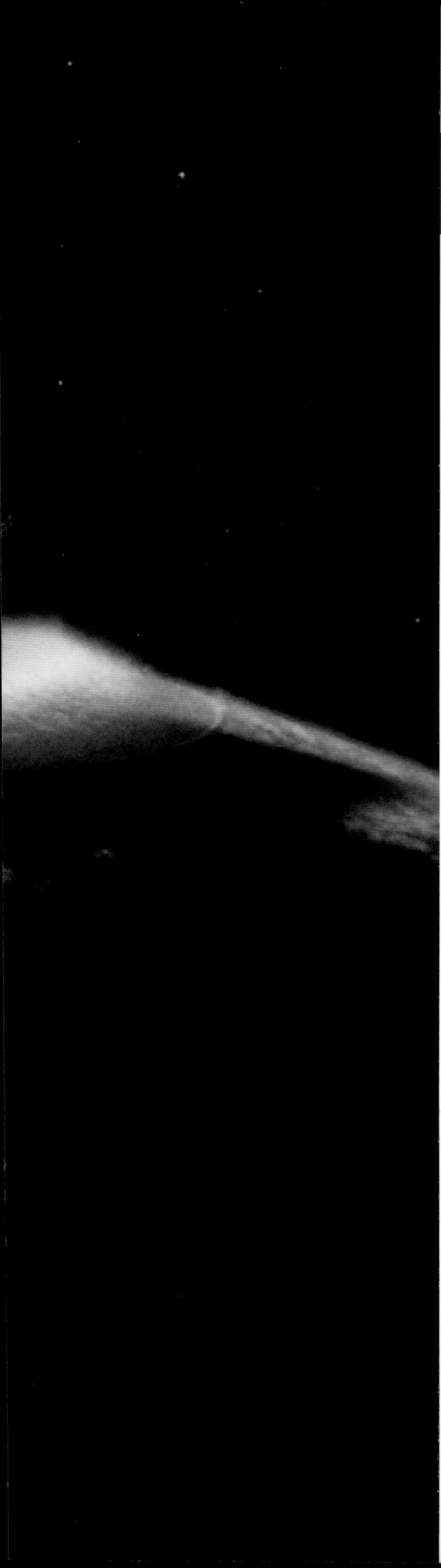

CHAPTER 15

保卫地球

我们想要进入太空，还有一个重要的原因，那就是为了生存。不只是你和我，而是全人类，包括你认识的、你爱的人，以及从北极圈到火地岛*的所有人。因为，一颗足以毁灭地球的小行星或者横冲直撞的彗星，无论是白天还是黑夜，随时都有可能出现在雷达上，一旦冲撞地球，就会灭绝地球上所有相对高等的生物。

这听起来像是好莱坞大片中的情节，也确实拍过这种电影，而且不止一次。其中有些内容平平，有些故事讲得很精彩，但是所有影片的核心都围绕一个难以否认的事实展开：地球与小行星或彗星发生碰撞后，会发生巨变。这种情况之前就发生过。我们所知的，最严重的一次是小行星撞击地球，因为那次巨变，恐龙从地球上彻底消失（如果从

---

* 火地岛位于南美洲的最南端，面积约48700
  km², 1881年智利和阿根廷划定边界，东部
  属阿根廷，西部属智利。——编者注

积极的角度看，让树鼩——灵长类的祖先——演化出了人类）。在白垩纪末期，一颗名为希克苏鲁伯（Chicxulub）的小行星撞击地球，把地球带入了古近纪。[127] 这颗小行星（也可能是彗星）直径大约 10～15 千米，在 6600 万年前，落到了拉丁美洲附近，今天墨西哥东海岸的海面上。地球上将近 75% 的动植物因此灭绝。云层和尘埃覆盖了整个地球，连续 18 个月不见天日。气温骤降，连续几个星期，不断有火山灰和碎石从天上落下。动物和植物都受到了严重影响。这是一场真正的灾难。

按个快进键，来到现在。我们还能看到那个撞击坑的残迹——整个撞击坑直径有 160 千米——就在尤卡坦半岛（Yucatan Peninsula）附近。那颗小行星撞向地球的时候，只有动物和植物稀疏散布在地球上，没有用于食物供给的农业或畜牧业之类的人类活动。如今，地球上有 75 亿人口，种植食物、养殖动物是所有人的食物来源，再来一次相似规模的冲撞，会让大部分人丢掉性命。少数做了充分准备的人，可能会在这样的大灾难中幸存下来，但是大部分人类会因此死亡。在连续的黑夜中，人们不能种植食物，没有农作物，也就无法养

美国国家航空航天局正在开发能提前侦测到危险小行星的系统，但是还需要付出更多努力才能让地球免遭危险天体冲撞。
图片来源：美国国家航空航天局

殖动物。鱼会在冰冷的海水中死亡，人类又少了一种食物来源。这样的假设似乎有些悲观——但是有很大可能会成为现实。

美国国家航空航天局已经标记了 1400 多颗直径等于或超过 150 米的小行星，因为这种规模的小行星会对地球生态构成威胁。这些小行星不是直径为几千米的怪物，但是它们依然能消灭城市，扰乱气候长达数月。如果估算可能出现在轨道并对地球造成威胁的小行星，数量要翻倍，这还不包括来自更遥远太空的、看不见的流浪岩石。彗星是由冰和尘埃组成的球体，并非一块固态大岩石，但是彗星造成的冲击也很大。

美国国家航空航天局认为，他们已

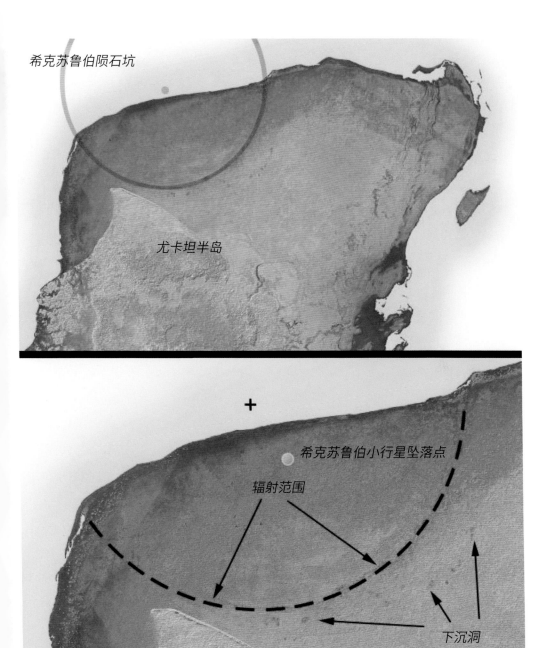

希克苏鲁伯陨石坑

尤卡坦半岛

希克苏鲁伯小行星坠落点

辐射范围

下沉洞
（天坑）

希克苏鲁伯小行星大约于 6600 万年前撞击地球，人们认为正是这次撞击导致恐龙和大量其他物种灭绝。
图片来源：美国国家航空航天局

经识别出了半英里范围内约95%的可能会对地球构成威胁的小行星，了解到这一点，我们才松一口气。但是只要出现未知物体，或是在太空中发生某一次碰撞，就能改变一颗已知小行星的轨道，造成迫在眉睫的威胁。比如，2028年，2001 WN 5小行星会从月球轨道内穿过，距地球只有25万千米。这个距离看起来还在安全范围内，但是出现在月球轨道和地球之间的所有东西都会引起小行星观测者的注意。根据小行星的速度和距离，无需偏离太多，就能把它置于地球碰撞轨道上。据估计，小行星2001 WN5有760～1200米宽，不会破坏地球，但是冲撞会严重毁坏坠落点，对全球天气系统的影响长达数十年。[128]

奥巴马执政期间，为识别和追踪小行星威胁性，以及预测小行星的运行轨道，相关预算增加了十倍。但是还有很多未经确认的潜在危险。即便我们能定位到那些危险天体，知道它们的运行轨道，也不能表示我们一定能消除它们带来的威胁。现在的知识水平只能让我们知道危险的存在——还要掌握更多知识，才能阻止它们撞击地球。[129]

在保护人类免受这种毁灭性打击方面，我们几乎无所作为，我们必须继续努力，找到更好的方法，去确认、追踪这些危险天体，并改变其运行轨迹。即便我们的认识提高了，也不能用现有的设备去确认危险天体的具体位置。2013年2月，一颗直径为18米的陨石，在俄罗斯城市车里雅宾斯克上空爆炸。在高空大气层发生的爆炸，相当于引爆了500万吨TNT，1500人因此受伤，爆炸规模相当于广岛原子弹爆炸的三倍。这块巨大的陨石进入大气层前，根本没被监测到，因此没有任何预警。如果提前通知，就能让大部分受害者免受伤害。

用于监测小行星的预算大幅提升时，罗莉·加弗正在担任美国国家航空航天局的副局长，即便预算大幅提升，她还是觉得不够。"我认为，我们在地球防卫方面的支出太少了，我们应该开展更多科学研究。我们用来侦测小行星的钱太少了，在这方面从来没花过钱，这种状况应该得到改善。对于那些会重创地球及人类的天体，发现概率应该尽可能地接近100%。只有到那时候，考虑投资技术做点什么才有意义。"[130]

做点什么，指的是偏转危险天体运行轨迹或将之彻底摧毁。这是一个巨大的工程问题，而且是一项昂贵的工程。关于拦截问题，设想和理论都是现成的，但是所有操作都需要提前预警，大部分可行性办法都需要数年，甚至数十年的准备过程。[131]

假设美国国家航空航天局今天发现，有一颗直径为 800 米的小行星正朝地球冲过来。我们没有能力马上做出反应，只能眼睁睁地看着它离地球轨道越来越近。它靠近之后，我们发现实际上那是一个大型天体，旁边还有两个较小的岩石围绕它运行——在太阳系中，这类天体比我们想象的要常见得多。小行星主星质量大约 13 亿吨，两个相对较小的卫星质量较轻。倒计时开始，我们十指交叉开始祈祷，希望它们飞掠而过，不会撞击地球。

但是，那一天不是我们的幸运日，小行星撞向了地球。小行星主星与地球相撞，爆炸当量 6 千亿吨，是有史以来经过测试的最大规模的核武器——苏联沙皇炸弹的 12000 倍。小行星落入太平洋，减轻了地球陆地的压力，但是仍然不足以消除危险。小行星主星进入大气层时速度极快，在身后留下了一条真空带——空气坍缩的速度不够，不能迅速填补真空。撞击导致物质升温，海水蒸腾，海底岩石汽化，沿着那条真空带挥散到空气中。蒸腾的物质沿着弧形

这是一幅概念图，描绘的是一颗巨大的小行星坠入海洋。
图片来源: Solarseven/ Dreamstime.com

路径几乎冲入太空，又落回地球，此时那些物质依然无比炙热。与此同时，海底的撞击坑直径扩大到了 19 千米。大量海水涌入撞击坑，汽化的海水曾经占据的位置很快被填满。这次撞击的力度超过里氏 9.0 级地震，可能会引发震后位移。

撞击点周围升起了 43 米高的水墙，海浪向环太平洋沿岸蔓延。小行星主星撞击地球之后，大量蒸汽引发的小规模海啸紧随其后。太平洋上的所有岛屿，以及太平洋沿岸几千米之内的海岸全部被海水冲刷得一干二净。

这时，一颗小卫星落入海洋，另一颗朝陆地而去。先是小行星主星撞击陆

双小行星重定向测试项目，计划在 21 世纪 20 年代初，向 65803 号小行星"迪蒂莫斯"的卫星发送一个撞击器。

图片来源：美国国家航空航天局

地，然后小卫星撞击，撞击产生的尘埃和碎屑被吹到大气中，在此之前穿越大气层的碎屑就已经被点燃化为风中灰烬。连续一个月的长夜紧随其后，温度急剧下降。地球上幸存的大部分生命，包括海洋中的浮游生物，挺过了灾难性的撞击，却没能挺过气温骤变和漫漫长夜。温室效应开始发挥作用，气温恢复到之前的水平……致死范围逐渐扩大到农作物和人类（假如当时还没全部灭绝）。

有些植物经受住了灾难初期的考验，但是连续数月的酸雨就像死神的镰刀。酸雨导致地球臭氧层大面积缺失，全球海洋中幸存的浅海生物随之灭绝。如果没有防护，腐蚀性的酸会损害大部分动物和人类的呼吸系统。所有这一切，全都是一颗直径为 800 米的小行星造成的。在太空中，还有比这更大的威胁。

前面这段描述，是以一项 1989 年开展的研究为基础展开的，这项研究在 2013 年还更新过数据。[132] 不同研究得出的结果不尽相同，造成破坏的形式和程度存在一定差异，但是总的来说——小行星撞击会造成灾难性后果。计算发生这种灾难的概率，有好几种算法。有人认为平均每 30 万年，就会出现一次这种规模的撞击。在未来的某一天，这样的灾难一定会发生，赌过马的人都知道依靠概率而心存侥幸很容易失误。风险太大，不容忽视，因为这一天终将到来。有些研究表明，我们现在才觉悟已经晚了。

我们要怎么做，才能阻止这种全球性的大灾难呢？人们已经研究出了很多化解风险的技术，但是所有技术都需要目前还没有就位的空间基础建设作为支撑。我们需要大型火箭，以及小行星偏转技术。我们需要完善之前的探测设备——地基设备和太空设备，也需要用于覆盖操作成本的资金。要先以无害小行星为目标，进行试飞，还要监测干预效果。

虽然经费不足，但是对这类计划已经做了大量研究，一个测试项目在推进当中。目前美国国家航空航天局正在开展双小行星重定向测试项目（Double Asteroid Redirection Test，简称DART）。DART 项目选定的目标，是65803 号小行星迪蒂莫斯（Didymos）的一颗卫星。这颗小卫星名为迪蒂莫恩（Didymoon），直径大约 160 米。这颗小天体很适合当实验对象。

实施 DART 项目的航天器是一台动能撞击器，这台撞击器会以每小时21700 千米的速度撞向小卫星。撞击产生的能量会使这颗小天体偏离轨道 1%

左右，在地球上用望远镜可以观测到。DRAT 计划于 2020 年或 2021 年发射航天器，2022 年进行撞击测试。[133]

DART 项目会是一个伟大的开始，但是很明显也只是开始而已。DART 测试项目是用一台小型撞击器，微微改变一颗非常小的天体的运行轨道。如果成功了，相当于 DRAT 项目向我们证明了这个设想没有问题，我们应该建造更大的撞击系统，让更大的威胁转向。但是必须在这些危险天体接近地球之前，早早发现它们的身影，才能让它们调整方向，偏离地球。你可以把它们想象成台球——当你以一个偏角撞击台球时，球的初始位置离球袋越远，球抵达后偏离球袋的距离就越大。

早晚有一天，我们要开始着手防卫地球，这依然不是一项省钱的事业，和

这是一幅展示用核武器摧毁小行星的概念图。
图片来源：美国国家航空航天局

太空 2.0 时代的很多问题一样，通过由相关国家组成的国际联盟开展这项计划，可能是最好的选择。

显然，基础建设是未来地球防卫的一个关键。大型动能撞击器可以由任何东西组成，只要质量大，能瞄准，能产生推力。可以从月球上炸一大块碎石，也可以是一颗合适的小行星。可以先让这些东西待在一个安全的地方——比如其中一个轨道上的拉格朗日点——然后装上推进装置，随时待命。到那时候，我们就做好准备，可以让那些威胁地球的常见天体进行偏转了。在太空中建造这种装置，一定能带来极大的回报。但是这种防御飞行器会比之前用一枚火箭发射的任何东西都要大得多，筹建这样的防御设施，要有远见，有责任感，还要有足够的钱。

1998 年的电影《绝世天劫》（Armageddon）讲述的是小行星撞击地球，导致地球毁灭的故事，看过这部电影并对这类题材着迷的人，还研究过如何用核武器抗击规模较小的小行星。用核弹头偏转小行星，或者彻底将其摧毁，这个想法听起来很吸引人，但是科学界并不认为这是个可行的办法。有人认为核武器会成功偏转规模较小的小行星，但是反对者担心核武器会炸碎目标，留下一团同等质量的云，那团云依然会朝着太空呼啸而来，只不过比之前更碎而已。如果爆炸产生这样的结果，由此造成的环境问题依然是灾难性的。还有人认为这个方法根本行不通。

俄罗斯目前正在考虑开展这样的项目，他们计划使用带核弹头的洲际弹道导弹拦截并摧毁小行星。候选的测试目标名为"毁神星（Apophis）"*，大小和迪蒂莫恩卫星相当，大约 2036 年会在地球附近经过。我们现在正追踪的潜在危险相对较大的小行星有上万颗，如果把再小一些的也纳入追踪目标，数量会增加 100 倍，毁神星和迪蒂莫恩卫星这类体积相对较小的天体，也会给地球带来危险。洲际弹道导弹的反应速度很有优势，并且作为武器，所需的准备时间比常用的火箭要短得多。那些在研究行星防卫问题的人，会认真研究俄罗斯的测试结果。

还有一种名为"激光束"（Laser Bees）的偏转技术，这项技术是行星协会和苏格兰思克莱德大学共同研发的。

---

* Apophis（又称小行星99942，译作毁神星或阿波菲斯，临时编号为2004 MN4）是一颗近地小行星。——编者注

如果一颗小行星正朝地球而来，在它抵达之前，可派出一支装备了小型激光设备的飞行器舰队，去消灭那颗危险的小行星。激光同时射出，全都聚焦在这颗太空岩石上一个精心挑选的指定位置，加热到能让小部分岩石表面汽化。过一段时间，大量的气体就会像小型火箭发动机一样，产生足够的推力，使小行星偏离地球。目前还没有明确的实验任务，但是这个概念值得进一步推敲。[134]

所有地球防卫技术都不应该只有这一个目的，如果我们在面对这项挑战时表现得足够聪明，就能做到一举多得。用于定位和勘探小行星的工具和基础建设，可随时转变用途，用来识别和消除太空威胁。通过政府与公司合作，从小行星获得资源的采矿技术发展得越来越快，这也在某个层面上完善了地球防卫网——在地球表面和表面之上，有一张不断强化的防护网——这可以说是相互合作带来的一个受欢迎的副产品。如果我们必须投入资源去建造专门的防护设备和防护体系，保护地球的安全，我们就要找到一个方法完成这件事。还有别的选择吗？说到底，我们要先保证地球的安全，在仰望天空时，才能畅想光明的未来，而不是心怀恐惧。在太空 2.0时代大规模的基础建设当中，地球防卫是最合乎逻辑、最有必要、最容易见成果的部分。

向小行星发射一道强力激光，让部分岩石汽化，进而生成一股推力，让小行星转向，偏离地球。
图片来源：美国国家航空航天局

图片来源：詹姆斯·沃恩

开辟最后的边疆

> "除非能收获成果，否则超常的努力照样
> 一文不值。"
>
> ——欧内斯特·沙克尔顿（Ernest
> Shackleton），极地探险家

"**最**后的边疆"，这个用来描述太空的词，随着 1966 年《星际迷航》（*Star Trek*）的推出，成了科幻作品的重要主题。用这个词描述太空中的定居点，再恰当不过。作为最后一块未经开辟的边疆，太空用它无尽的潜力，吸引我们前往。在这片蛮荒中定居，绝非易事。正如已故的休斯敦月球与行星研究所（Lunar and Planetary Institute）的科学家保罗·斯普迪斯（Paul Spudis），在 2017 年发表的一篇讲述月球定居的文章中所说，我们应该"先到达，再谋生存、求发展"。[135] 没有一个步骤是简单的，但是太空在向我们发起挑战，我们当然要接受挑战，努力向外扩张。

我说"太空向我们发起挑战"，并

非有意卖弄。挑战这个词，是我经过深思熟虑选定的。整本书都在讨论一个问题，用现有技术追求太空中的目标，不仅艰难，而且昂贵，甚至有时会面临危险。但是我们越全身心地投入挑战，眼前的障碍才会越来越少。

发射费用日趋合理，基础建设逐步完成之后，从逻辑上来讲，下一步就应该是人类定居太空，得出这个结论的原因有好几个。我们来概括一下：

- 探索：虽然地球上还有一些未开发的疆土，但是也算不上冒进，毕竟我们对太阳系的探索才刚刚开始。

- 商业：目前私人航天和商业航天尚处于起步阶段，但是金融分析师认为太空商业前景光明，肯定利润丰厚。地球外采矿、太空旅游，以及商业卫星提供的大量服务，只是其中的几个盈利点，除此之外还有很多。

- 无限的清洁能源：太空太阳能电站——电站收集太阳能发电，再传送回地球——有潜力满足地球上所有人的能源需求。

- 资源：无论是小行星、月球，还是其他星球，从太空中获得的大部分资源，注定要在太空中使用，

但是稀有金属和稀土元素这类地球上的稀缺资源，值得运回地球。

让我们从更广泛的角度，分析一下太空资源这个问题。虽然地球资源供养了 75 亿人口，但是人口数量继续无限扩张肯定是不行的。地球的自然资源供应正承受着巨大的压力，环境污染问题日益严重，虽然我们一直在努力减轻人类对自然环境的影响，但是几乎于事无补。

这个问题引起了很多争论。有人会说，我们离资源极限还差得远，或者说我们正在努力减轻污染，问题已经"解决"了。气候变化这个议题的资料汗牛充栋，我不想在这里罗列出具体的数字，但是要指出一个大致的趋势：如果技术方面没有特别明显的进步，在并不遥远的将来，我们就会突破地球现在的承载能力，无以为继。获得无限的清洁能源、食物生产革命，以及生产清洁的淡水，可能要靠技术飞跃才行，总有一天你会发现，向地球之外扩张，才是更实际、更可取的答案。

即便我们能解决所有资源问题，灾难的威胁——人为灾难或自然灾难——依然存在。通过在太空定居，确保人类能够幸存，是很多优秀的思考者数十年

来一直在讨论的问题。定居太空是马斯克、贝佐斯这类企业家最主要的动力——他们认为，为了保护人类，必须展开太空探索。

物理学家史蒂芬·霍金于 2016 年在牛津大学的一次演讲中，谈到了这个话题："虽然在可预见的未来，地球发生大灾难的概率非常低，但是随着时间的推移，发生大灾难的概率会逐渐累积，几乎可以肯定在一千年或一万年之后，一定会发生这样的事……那时候我们应该已经将领地扩展到太空，进入到其他星球，人类不会因为地球上发生大灾难而走向终结。" [136]

还有一件事也很重要，我们要明白，进入太空不只是移居太空这么简单。斯坦利·罗森是美国国家空间协会领导人、职业军人、政府和航天工业顾问，他表示："进入太空的定义要比在太空中建设安置点或前哨站广泛得多。无论是为了改善地球生活环境，在轨道上运行的机器；还是为了改善地球上的人类生活，以及帮助人类向太空扩张的日益强化的机器人技术，都属于进入太空的范畴。进入太空包括利用太空资源、建造太空燃料库、运转科研哨所，以及其他各种活动。依靠人类最先

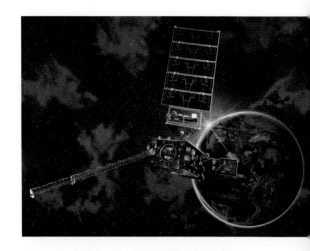

进入太空的早期活动，包括借助卫星改变我们在地球上工作和生活的方式。地球静止环境业务气象卫星，是美国众多一直连续不断地从静止轨道向地球传送信息的卫星之一。
图片来源：美国国家航空航天局

进的文明，应用最新的技术，在太空中完成任务，将彻底改变人类文明的发展进程。人类移居可能是进入太空之后最重要的一项活动。如果从更广泛的角度看，在我们谈论这个话题时，人类移居太空的步伐也在迈进。" [137]

但是，对于未来，罗森也发出了一个警告："当你在谈论数万亿美元的太空经济时，你要意识到，我们需要更多新型经济模式，现在的一切才刚刚开始。政府不会给美国国家航空航天局、国家安全局，以及国家海洋和大气管理局这类机构太多预算。几乎所有政府机

构都从太空中受益，但是他们不会在现在的基础上增加开支。这方面的资源未来会来自私营部门，而且这种状况已经持续了一段时间，未来还会继续朝这个方向发展。"

目前，太空相关产业的经济增长刚刚起步。罗森和其他人预测的价值以万亿计的太空经济，会变成现实，这么大的经济规模将成为我们逐步深入太阳系的动力（另一方面，我们的行动也是驱动经济发展的动力）。我们对太阳系的探索和开发，也会提升人类长期幸存的机会。2016 年，在墨西哥瓜纳华托举办了第 67 届国际宇航大会（International Astronautical Congress，简称 IAC），埃隆·马斯克在那次会议上表示："我真的认为，人类眼前有两条路：一是永远待在地球上，最后遭遇一次灭绝事件，把人类彻底消灭；另一个选择就是人类社会进阶成太空文明，人类变成多行星物种，我希望你们也认为这才是正确的方向。"[138]

这就是马斯克为航天事业付出努力的主要动机——他表示，他追求的商业模式确实有利可图，但是主要目的是支持他上面提到的那个目标。[139] 在 21 世纪，跟造火箭相比，有很多相对来说更容易的挣钱方法。我们可以把杰夫·贝佐斯通过亚马逊取得的成功，和他对蓝色起源的投入，进行一下对比。但是贝佐斯本人因为类似的原因，十分看好太空移民这项事业。他曾公开表示，让数以百万计的人到太空中工作、生活，是他的愿望。2016 年，他在史密森学会（Smithsonian Institution）发表演讲时表示："我希望将来能有上万亿人类散布在太阳系。想象这个情形有多酷！任何时候都有一千甚至更多个爱因斯坦存活于世，人类的全部智慧都会被释放出来。但是如果只依靠地球上的资源或能源，是不可能做到的。如果你真想看到

美国国家航空航天局最早从 20 世纪 70 年代就开始针对太空殖民问题，展开综合立体的研究。这幅复古的插图，展示了一个车轮形状的定居点，定居点通过旋转生成人造重力。
图片来源：美国国家航空航天局／艾姆斯研究中心

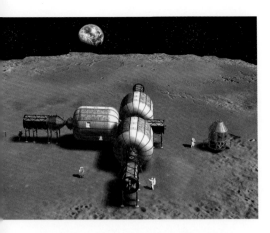

用毕格罗居住模块舱组建的小型月球基地。
图片来源：美国国家航空航天局

我们穿越太阳系，释放出如此程度的文明活力，你要知道我们怎样才能安全地四处移动，以及怎样才能安全地使用你在太空中获得的资源。"[140]

这些企业家都在为改善全人类的生活付出努力。但是移居太空是个好主意，不代表一定能实现。我们必须掌握大规模移民的能力，还要大搞太空基础建设，让移居过去的人能在那里生活。

不同的人、各个团体和各个国家，对移居的构想都各不相同。对于某些人来说，移居太空意味着在地球轨道运行能容纳成百上千人的庞大空间站。对于另外一些人来说，移居太空意味着要在月球或火星建造城市。除此之外，还有一些人认为，移居太空就是要在位于地月引力达到平衡状态的拉格朗日点，建造能容纳数百万人的巨型太空综合社区。在围绕其他恒星运行的行星上，开疆拓土，也属于移居太空的范畴。

美国国家空间协会的斯科特·佩斯认为，自供给能力要达到很高水平，人类才能在太空中永居。

佩斯说："热爱太空的人常以为，定居太空是已经注定的发展方向。但是未来究竟如何发展将取决于，我们能不能不依靠来自地球的再补给，真正地在地球之外生存下去，或者说人类在太空中的活动，是否足以维持人类在太空中的生存发展，还是说一切活动都要靠来自地球的税收支持。如果我们只能在地球之外的领地居住，维持运转还要靠地球上的税收，那太空就是南极洲——我们建一个基地，甚至可以接待游客，但那不是一个能自给自足的地方。如果我们可以从那里获得经济收益，但是因为某些原因，必须返回地球，那所谓的太空基地实际上与油田钻井平台性质类似。我们出去，在平台工作，做一些有用的工作，再回来。人类在太空中的这两种发展方向有本质的不同，实际上，在我们走出去展开探索之前，并不知道哪个方向是正确的。"[141]

未来的火星基地会建在地下，或者用火星土壤覆盖表面（如图所示），以保护居民免受辐射伤害。

图片来源：美国国家航空航天局

早期的太空据点，很可能以当地资源为原料，用 3D 打印机打印建设。然后人类就可以住进去，从而加速安居过程。

图片来源：美国国家航空航天局

简单来说，这两个发展方向可以定义为探险模式和定居模式。选择探险模式，就是说我们要到月球、火星之类的地方展开探索，建一些小规模据点，利用一些当地的资源，最终还是要回到地球。定居模式意味着，我们要在太空或其他星球建造基地，对当地资源的利用程度要达到工业规模，还要找到方法从中获益，在"最后的边疆"长期定居。

美国国家航空航天局同样支持向太空扩张，永久移居太空，虽然他们不常把这件事挂在嘴边。2005 年，当时的美国国家航空航天局局长迈克·格里芬在《华盛顿邮报》（*Washington Post*）的一篇文章中谈到过这个话题。"科学探索不是美国国家航空航天局的唯一目标。我们也希望，随着时间的推移，能将人类的居住范围从地球扩张到太阳系。"他做了一番非常直白的总结："长久看来，单一星球物种无法长存。"

格里芬指出，每隔 3000 万年，就会发生一次大灭绝事件，将所有的物种一扫而尽。"如果人类想延续数十万、上百万年而不衰，我们必须获得在其他行星定居的能力。仅仅依靠今天的技术，是不能实现的。作为多行星物种，我们顶多处于婴儿时期。"他最后得出的结论是，"总有一天，在地球之外生活的人，要比在地球上生活的人多。"[142]

2016 年，美国加州国会议员达

娜·罗拉巴克（Dana Rohrabacher），在众议院提出了一项法案。如果通过，这项法案将使太空定居成为美国国家航空航天局的一个官方优先项目。法案全称为《2016年太空探索开发定居法案》（Space Exploration, Development, and Settlement（SEDS）Act of 2016）。国会摘要中指出，这项法案"要求美国国家航空航天局鼓励和支持开展太空永居项目。将人类的永久居住地，扩展到地球轨道之外，让人类定居太空，繁荣太空经济，将成为美国开展航天和太空活动的目标。美国国家航空航天局应该搜集所有与繁荣太空经济、建造太空中的人类定居点相关

的重要信息，制作并提供相关信息，也应该是他们的分内之事"。[143]这项法案被提交到国会，但未获通过。可是这个话题不会就此消失，一小撮政治家，以及国家空间协会这类的组织在持续推动这项法案获得议会通过。

　　虽然美国国家航空航天局一直对太空永久定居这个概念表示支持，但是从来没把在太空中建设永久居住地作为一个明确的目标。你可能会觉得惊讶，但是仔细想想就会发现，没什么可惊讶的。美国国家航空航天局创建于1958年，当初设立这个机构是为了领导民间太空工作，那时候正处于冷战期间，而

火星2020号漫游车会携带一套"火星氧气原位资源利用实验"设备，这套设备将首次将火星大气转化成氧。这项技术一旦得到验证，将标志着人类朝扩大生存空间的方向迈出了第一步。
图片来源：美国国家航空航天局

且不久苏联就成功发射了斯普特尼克号人造卫星。那时候，而移居太空根本不在美国国家航空航天局的考虑范围——不要被苏联超越，以及超越苏联，才是他们当时最关注的问题。科研和探索才是重中之重，移居太空不是。

如今，美国国家航空航天局更加认真地看待长远的太空计划。用以维持人类在地球之外生存发展的必要技术，目前正在持续研究和计划中。这里的地球之外，既包括轨道空间站，也包括其他星球。旨在延长在无重力条件下生存时间的研究，目前正在国际空间站进行。喷气推进实验室正在研究至少两项与从火星大气中提取氧气及水资源相关的技术。一项是火星氧气原位资源利用实验（简称 MOXIE），该项目计划发送火星2020 号漫游车到火星，着陆后马上开展技术测试。另一项实验在美国国家航空航天局试验场进行，内容是用机器人收集火星或月球上的土壤，压制成砖和其他建筑组件。美国国家航空航天局的机器人探测器，正在按"大规模水冰"和"地下水"两个类目，对月球和火星上的水资源进行归类。美国国家航空航天局也在开发漫游车、生命支持系统，以及能在极端环境下长期求生的其他技术。

维持地球之外人类定居点所需的技术，一旦被科学家和工程师们开发出来，太空中以及其他星球上的据点和殖民地会是什么样子呢？与太空殖民地相关的第一部严肃著作，出自普林斯顿大学的杰拉德·奥尼尔（Gerard O'Neill）之手。他在 1977 年出版了一本名为《高边疆：太空中的人类殖民地》（*The High Frontier: Human Colonies in Spac*）[144] 的书，他在书中为人类定居太空绘制了一幅超宏伟的蓝图，按他的构想，我们可以在地月间拉格朗日点放置一个用于居住的巨大圆柱体。这个圆柱形定居点的建筑材料将由月球上的矿石加工而成，然后通过一个巨型大质量发射枪从月球表面发射到地月间拉格朗日点。他的计划被总结成一篇论文，在 1974 年的《今日物理学》（*Physics Today*）上发表过：

"认识到太空移民技术的强大之处很重要。如果我们能尽快应用这项技术，并且智慧地加以实施，至少能轻松解决五个世界正面临的严重问题：将所有人的生活标准提升到现在只有最幸运的人才能享受到的水平；保护生态圈不受交通和工业污染的破坏；为每 35 年就要翻一倍的人口找到高品质的生活空间；找到清洁实用的能源；防止地球热

奥尼尔构想的圆柱形太空定居点，20 世纪 70 年代的插图。结构长约数十千米，靠太阳能维持运转。

图片来源：美国国家航空航天局

量平衡被打破。"[145]

为了发展自己的构想，奥尼尔创立了太空研究所，由此开始的一系列研究，代表了早期对大规模太空永久居住地的严肃思考所做的贡献。在他的计划中，规模宏大是结构设计的核心特点：每个"殖民地"（一开始称之为"岛屿"）由两个长 32 千米、直径 8 千米的圆柱体组成。两个圆柱体通过以其长轴为中心进行的自转来提供人工重力，它们的自转方向相反，以抵消回旋力，避免其中一个圆柱体偏离其指向太阳的方向。圆柱体外壳由六条水平条板组成，里面是居住层，金属与金属之间镶嵌透

明材料让阳光射进来。还有一个单独的环形结构用于农业种植，建筑内部的表面可以分为居住区和开放公园区。工业制造区位于圆柱体中心位置，那里的失重环境能促进工业生产。

建筑里面的大气将达到地球海平面高度空气密度的 1/3，与大部分载人航天器内的空气密度相当。建筑内的大气含氮气，成分构成更接近我们习惯呼吸的空气。计划公布时，人们认为，建筑外壳和圆柱体内的大气能提供足够的防护，太空辐射不会成为问题。但是最近的研究表明，在这方面还要付出更多努力，才能保证太空居民的安全。

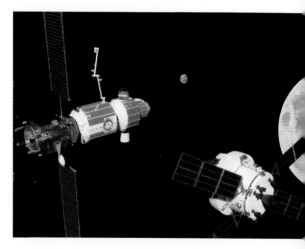

美国国家航空航天局月球轨道平台-门户项目的其中一个设计，计划于 21 世纪 20 年代实施该项目。

图片来源：美国国家航空航天局

太空研究所在持续推动这些研究，以及其他建设永久殖民地的构想。自奥尼尔出版《高边疆》一书以来，他又提出过很多设计建议。规模相对较小的斯坦福圆环（Stanford Torus），直径约 1.6 千米，轮行结构，相当于奥尼尔设计的廉价版。[146] 另一个极端案例是巨型戴森球（Dyson Sphere），这个理论是物理学家弗里曼·戴森提出的——建造一个能够包裹一颗恒星的巨型金属球，然后让人类居住在距离这颗被金属球包裹的恒星足够远的位置，用从恒星获取的充裕资源，维持人类生活。[147] 这是一个高度理论化的构想，更像是一个思想实验，而不是一个可操作的设计，至少以目前可预见的技术是不可能实现的。

人们已经开始思考，太空定居点需要什么样的政府；地球上的经济建设和军事建设越来越强大，可能会给太空定居点带来什么样的风险。这些问题已经超出了本书要讨论的范畴，但是读起来肯定很有趣。[148]

在"最后的边疆"建造早期据点，这样的前景真的很鼓舞人心，如今我们已经站在起点，在 20 年之内，太空据点就会成为现实。

最及时的当属美国国家航空航天局的太空门户项目（Space Gateway，原为深空门户项目，后更名为月球轨道平台 - 门户项目）。美国国家航空航天局和一众承包商多年来一直在开展相关工作，美国国家航空航天局于 2017 年将该项目公之于众。[149] 美国国家航空航天局和俄罗斯联邦航天局已经达成初步协议，将共同开展项目研究作为双方的一致目标，很多经验丰富的航空航天承包商，正在开发地基原型。

门户需要 4 ～ 6 名航天员，每年执行数次任务，每次任务 30 天，类似于小型国际空间站。不同之处在于，门户会在绕月轨道上完成装配。门户和国际空间站一样，也是模块结构，可能等空间发射系统的火箭能提供发射服务的时候，由空间发射系统发射升空。

制订门户项目，是为了给美国国家航空航天局以及其国际合作伙伴，提供一个位于地球轨道之外的科研平台。将相关设施安置在月球附近，目的是为火星任务这类的长期远航，提供深空经验。从这个位置去月球表面也比较方便，也可为在月球和火星上使用的设备提供一个实验平台。

但是门户并不是目的单一的空间站。它会配备太阳能推进装置，将太阳能转化成低速火箭推力，如果进入绕月轨道，能让它维持在绕月轨道运行，如有需要也可以推动它进入其他轨道。正如美国国家航空航天局载人航天部主管比尔·格斯登美尔所言："令人兴奋的是，有了电力推动装置，它不必一直待在绕月轨道。它可以出现在赤道上空、极地上空，或者在一个更大、更远的轨道上运行，让远程机器人开展活动。"他继续补充说："它不是一个科学空间站，而是一个研究中心，可以借助动力推进运输工具移动位置，在轨道上能待 20～30 年。它也是一个去往火星的潜在运输节点。"[150]

门户项目落成，是我们在太空和月球表面建造基地开展的第一步。它也可能成为欧洲航天局月球村项目的一个关键组成部分。月球村计划于 21 世纪 20 年代末开始，由多国政府 / 财团共同运营。值得注意的是，中国已经表示有兴趣参与其中。还有部分国家也表示有兴趣参与，在包括以月球资源为原料用 3D 打印技术打印建筑在内的前期计划中，建筑原型可能由门户基地提供的机器人完成。

据欧洲航天局总干事约翰 - 迪特里希·韦尔纳说，建设月球村的目的是为科学研究、月球开采和包括月球旅行在

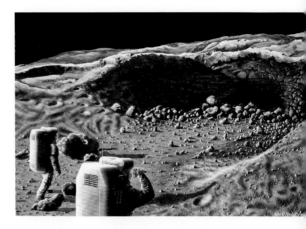

月球村可以像图中描绘的那样，部分或全部建在熔岩隧道中。顶部覆盖的岩石能彻底隔绝辐射伤害。
图片来源：美国国家航空航天局

内的其他商业活动，提供一个永久基地。按照计划，"设施本质与村庄概念的核心相同：人们在同一个地方一起工作、生活——只不过这个地方在月球……我们希望在机器人和宇航员的帮助下，将不同国家的航天能力结合起来。"[151]

月球村的具体位置和具体功能有待讨论。韦尔纳说："没有一个人去过月球背面，宇航员想在那里安放射电望远镜，因为那里没有来自地球的射电污染。以月球土壤为原料，用 3D 打印这类的创新技术建一台望远镜，能让我们看到更深处的宇宙。"虽然无人任务已经探明月球两极有水冰存在，但是那里仍然属于未被人类探索过的区域。[152]

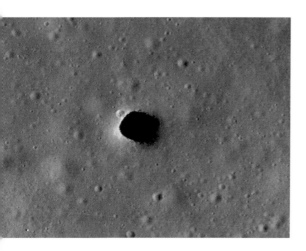

月球上的马吕斯山熔岩隧道 —— 内部足够宽敞，能容纳整个基地。

图片来源：美国国家航空航天局

月球村的规划者们目前正在研究一种可扩展的模块式设计，预计到 2030 年，有 6～10 名"拓荒者"在那里工作，到 2040 年增加到 100 人。他们认为，只要有证据表明可以通过月球资源获利，月球村的人数就一定会增加。

2017 年，科学家确认月球上有一条大型熔岩隧道，这一发现将加速计划的推进速度。[153] 将日本月球轨道探测器收集到的数据，与美国国家航空航天局轨道飞行器的测量结果相结合，可以确认在马吕斯山地区有一个巨大的洞穴，洞穴向下延伸的范围足以容纳一座费城。在这样的洞穴中，设立一个基地，能充分保证基地不会受微陨石、极端温度影

响，最重要的是不会受到辐射伤害。[154]

埃隆·马斯克最近也表示，他支持建设月球基地。2017 年年中，马斯克说，他认为建设月球基地是阿波罗任务的合理延伸，而且能在很大程度上鼓舞民众的信心。

在 2017 年的国际宇航大会上，马斯克提到，他最新的火箭设计，将具备登月能力，还用图片展示了将来可能建成的月球基地。他传达的信息很明确：登陆月球已经写入 SpaceX 的行程，可能开发月球也已经列入其中。他的大质量超重型火箭 / 星舟飞船将成为月球计划的关键核心。

按照计划，美国国家航空航天局月球门户的第一批模块舱升空时间，与马斯克新火箭的发射时间，应该是前后脚。考虑到两个项目出现时间延误的可能性，它们很可能同时出现在地月空间。如果 SpaceX 坚持超重型火箭 / 星舟飞船项目的总体计划，我们就可以对此抱有期待。不要忘了，蓝色起源的新格伦号火箭和蓝色月球登陆器也计划于 21 世纪 20 年代初投入运营。SpaceX 和蓝色起源之间的竞争，能促进空间发射系统的发展，降低去往月球所需的费用。总的来说，从 1972 年最后一次登陆

月球至今，这次的努力最有可能让我们重返月球。

在火星建设人类定居点，会从小规模开始，慢慢扩张，一直到能容纳成百上千人。火星定居点是继月球之后，人类定居太空的又一个大项目。美国国家航空航天局正在研究小型基地，与此同时，马斯克也在设想，可以用他的新火箭，建设一个纵横交错的火星城市。[155]

最初的火星定居点，可能和月球上的定居点没什么差别。无论在哪个星球，都需要足够大的空间，让人们在那里能相对舒适地工作、睡觉、娱乐。定居点的需求从两个项目中吸取了宝贵经验，一是长期部署国际空间站，二是小规模团体在南极基地这类综合设施开展研究工作。居住点的建筑必须是密封的，而且必须能保证里面的居民免受辐射伤害。解决辐射问题有很多方法，最简单的就是把定居点全部建在月球或火星地表之下，月球和火星表面都有熔岩隧道，在熔岩隧道里面建基地也可以。

无论选择什么方式，无论谁先迈出第一步，人类向太阳系扩张的首选目标都是月球和火星。这两个天体都有对人体健康有益的引力场，而且都有生产火箭燃料、建造定居点所需的原材料，以及维持人们生存所需的资源。地月空间也有一定的优势，有人倾向在那里建造定居点。

我们不妨根据目前所知，规划一下人类航天近期的发展走向。

太空 2.0 规划方案

注意，我说的是"规划"。航天事业离不开时间线，但是根据定义，时间线要有日期，以及航天成果的交付日期。不过，对于充满风险的私营部门，大部分情况无法确定起始和交付日期。一项技术，经过测试和验证，下一步就是付诸应用。进入太空 2.0 时代，太阳系将对人类敞开怀抱，这样的过程将反复出现。我们不妨放弃强调精准的日期，来看看在接下来的二十年，会出现哪些可能的进展。[156]

别忘了，这是一个理想的时间表，可以说是所有尝试都做出最佳选择的结果。这个时间表要以公司和国营实体的计划相互融合为基础，资金、技术、机遇和政治调配得当才能实现。

亚轨道飞行：2018 — 2022

- 太空旅行：蓝色起源和维珍银河都在运营亚轨道飞行项目，计划于 2020 年开始运送游客和科研载荷。另外还有很多小公司，为短期机器人实验项目提供亚轨道发射服务。

地球轨道：2018 — 2030

- 商业轨道航天项目：SpaceX 和波音公司将于 2020 年运送宇航员到国际空间站；SpaceX 和蓝色起源也会在 2019 年或 2020 年，执行私人任务；SpaceX 于 2023 年会把付费乘客送往月球；2020 年，SpaceX 的猎鹰重型火箭和蓝色起源的新格伦号火箭，将在成本和效率两方面展开竞争；2022 年，SpaceX 的超重型火箭／星舟飞船将完成测试，开始选择性地执行一些飞行任务。

  成果：载人和无人航天成本大幅下降。之前，美国付费让俄罗斯为他们提供国际空间站的载人航天服务，为了抵消这笔损失，俄罗斯将加快新飞船和新火箭的设计速度。维珍轨道、平流层发射，以及大批其他供应商，运送小卫星进入轨道，压低无人航天货运成本。大量国际供应商——大部分在中国——进入低成本发射服务市场，与美国公司展开竞争。中国公司开始使用可重复使用的运载火箭。印度公司凭借人力成本低、效率高的优势，继续发射消耗型火箭。

- 政府开展的轨道航天项目：21 世纪20 年代初，美国国家航空航天局的猎户座号飞船，搭乘空间发射系统公司的火箭，执行近地轨道试飞任务，紧接着搭载门户项目组件，飞往月球。中国在 2023 ～ 2025年，组装新的模块式近地轨道空间站。航天员轮流值守，而后一些非中国成员将加入他们。俄罗斯宇航员继续乘坐联盟号，随后开发出飞往国际空间站的新一代飞船。中国、印度、欧洲和俄罗斯方面努力降低发射成本，与美国的私营发射提供商展开竞争。

- 国际空间站退役或私有化：2025年，部分国际空间站被重复利用，部分坠入轨道。俄罗斯将他们的模块舱分离出来，重新加以利用，其他部分在美国国家航空航天局的支持下，被私营公司组成的财团买下，暂时封存在轨道上，以备日后重新投入使用。

- 私人国际空间站：毕格罗航天这类公司，私人运营或与美国国家航空航天局合作运营位于近地轨道的定居点。在这些定居点工作、生活的，既有公司职员、政府雇员，也有富裕的游客。2030 年，人类在近地轨道的活动时间正好 30 周年。

地月空间：2018 — 2030

- 地月空间基础建设：2022 年，联合发射联盟的宇宙神火箭开展日常轨道运输服务，可重复使用的上面级——先进低温渐进级抓住每一次机会，提供飞行运输服务。联合发射联盟与蓝色起源携手搭建轨道燃料补充系统，留在轨道空间的先进低温上面级因此可以重复使用，在地球轨道上运输货物，还能运输蓝色月球号登陆器。
- 月球空间站：21 世纪 20 年代初，安置绕月轨道开展的门户初具雏形。2021 ～ 2025 年，联合发射联盟和私人火箭供应商，履行美国国

家航空航天局的合同，为其提供飞行服务。模块组装式门户开始运转，采用的组件与国际空间站类似，并随着时间的推移，通过使用毕格罗的可扩展模块舱，不断扩张。

- 登陆月球——无人项目：2020 年，私营企业自费发送机器飞行器到月球。第一批登陆的是实验机器人；两年之内用第二代登陆器取而代之，对月球采矿和提取奇特资源，展开首次尝试。2022 年，私营公司开始有序开展商业矿石加工业务、组件 3D 打印业务，以及水的提取和储存业务。2023 年，上述大部分工作都是自动化完成，复杂任务可以从月球轨道平台 - 门户遥控机器人系统执行。中国和印度独立运营机器人加工工厂。
- 登陆月球——载人项目：2024 年，美国国家航空航天局、欧洲航天局和私人企业合作发送载人登陆器登陆月球。同年，SpaceX 成功发送宇航员登陆月球。小型研究站的第一个组件也被送了上去。2025 ～ 2030 年，中国首次发送宇航员登陆月球表面，也可能稍晚于 2030 年。
- 月球基地——驻人：21 世纪 20 年

代末，一个月球据点——由美国国家航空航天局、欧洲航天局、俄罗斯、蓝色起源、SpaceX 和其他私营部门合作建造——初具雏形。据点的工作目标包括生命 - 科学研究、月球探索、进一步提取和利用月球资源。中国的居住舱登陆月球。2030 年，月球基础建设已经开始，这就意味着，月球永久定居点投入运营指日可待。

- 月球采矿和基础建设——无人：21 世纪 20 年代中期，私营企业完成月球资源提取测试，逐步发展至工业规模。蓝色起源的蓝色月球号着陆器已经运行数年。月球两极水资源提取工作有序进行，在赤道附近处理加工月球土壤。这里的工作全靠自动化完成，但是会有少数工作人员定期造访。美国和国际范围内，与太空发现物的控制权和所有权相关的法律条款已经确立。太空商业最终大获成功，立法工作居功至伟。

- 飞行员定居太空：2028 年，蓝色起源或 SpaceX 将私人出资建造的太空殖民地组件发送到地球轨道，然后推进到拉格朗日点进一步组

装，并进行测试。21 世纪 20 年代中期，有 12 人在定居点生活，两年之后扩展到 24 人。公司每年在轨道上施工，逐年增加模块舱，驻扎人数以每年 3 倍的速度增长。无论发射方和出资方是谁，这个项目的最终目标都是让人类永久驻扎在地月空间。为了满足健康需求，殖民地有人工重力场。人工重力可能由旋转设施生成。最终实现自给自足，也是这类设施追求的一个关键目标。对地外繁殖展开研究，保证人类持续繁衍，作为真正的太空物种繁荣壮大。

- 地球防卫系统：世界政府和私营太空企业研究出了提前探测和偏转小行星、彗星以及其他有可能危害地

汽车制造商奥迪（Audi）赞助的月球漫游车设计概念图。
图片来源：欧洲航天局

球的大型天体的方法。通过针对性的研究，以及改造既有商用技术，找到了许多解决方案，但是大部分地球防卫系统还在实验中。

- 太空太阳能和其他资源开发：在太空中利用太阳能，以及传送回地球供使用，两方面的初期研究工作正式开展。其他资源开发，可能是小行星资源和月球资源，紧随其后。

火星：2018－2040

- 绕火星轨道：公私合作，在太空中的门户组装好驻人平台，用猎户座和空间发射系统将其送入火星轨道。21世纪30年代初，组件抵达预定位置。中国和印度与国际伙伴合作，开展各种机器轨道任务。

- 登陆火星——机器人：21世纪20年代中期，大批来自各个国家的登陆器和漫游车，加入美国国家航空航天局火星探测器的行列，与轨道航天器国际舰队一起开展工作。2022年，为了开展测试飞行能力、着陆技术，以及就地资源开采技术，SpaceX的一艘无人星际飞船

登陆火星。2026年，SpaceX发送另一艘无人星际飞船到火星，这次搭载了大量用于据点基础建设的载荷。就地资源开采技术可以借此机会提前就位，开采设备的提供方包括：美国国家航空航天局、欧洲航天局、俄罗斯，可能还有私营部门。中国和印度的机器设备在火星上执行任务。

- 登陆火星——载人：21世纪20年代中后期，SpaceX与美国国家航空航天局联手，运送第一批乘客到火星。或者，美国国家航空航天局用空间发射系统和猎户座发射系统，送第一批宇航员登陆火

图中是艺术家想象的画面，一枚全自动火星样本回运火箭发射升空，火箭携带了火星岩石和土壤样本，于21世纪20年代末运回地球进行检测。

图片来源：美国国家航空航天局/喷气推进实验室

星，并增加了居住 / 中转模块舱。又或者，SpaceX 和美国国家航空航天局在火星登陆方面展开竞争。再或者 SpaceX 推迟了野心勃勃的超重型火箭 / 星舟飞船计划，美国国家航空航天局于 21 世纪 30 年代将人类送入火星。火星相关目标存在很大不确定性，但是不管怎么说，见证人类登陆这颗红土星球都会让人无比兴奋。

- 火星基地和定居点：2030 ~ 2040 年之间，火星驻人研究中心取得进展，之后是人类定居点。自给自足方面取得很大进展，火星定居点繁荣发展。

在人类将居住范围扩展到太阳系这个问题上，未来能否实现更大的目标，取决于上面罗列的这些开拓项目能否取得成功。建设长期基地的过程，可能还要由政府携手传统航天供应商完成，也可能由私营业者单独完成，但是两方面合作最有可能实现目标。各国政府会继续推动太空定居项目，因为他们认为从长远来看这是一个重要目标。无论从情感角度，还是从理性角度出发，都是如此。企业间最终会展开合作，因为他们

知道，这样做对他们有利。超级富翁可能会出于慈善目的，开展这类项目，但是一个人再怎么富有，他的钱也不够支持一个需要持续投入的太空定居点——至少目前没有一个富豪富到这种程度。不管太空定居项目的幕后支持者是谁，他们有什么动机，他们所做的，都是出于个人意愿探索未知，让计划变成现实。

吉姆·卡拉瓦拉（Jim Keravala）是外星贸易公司（Offworld Trading Company）的 CEO，他们公司正在研发用于提取

率先登陆火星的队员来到海盗 1 号的着陆地点——克里斯平原（Chryse Planitia）*，插上美国国旗，向首个成功登陆这颗星球的探测器致敬。
图片来源：美国国家航空航天局

---

* Chryse Planitia：克里斯平原（希腊语，意为"黄金平原"），是位于火星北半球，塔尔西斯高原西侧靠近赤道的圆形平原，一般认为该平原是一个撞击坑，且有类似月海的地质特征，例如皱脊。——编者注

和加工太空资源的机器人。卡拉瓦拉进入太空商业领域已经很长时间了。在他看来，地球上的人们选择移民、移居的传统动机——追求机遇和资源——与移居月球或火星的动机不符，至少一开始不一样。卡拉瓦拉坚信，在这些地方的日常生活将非常艰苦，不可能像奥尼尔等人想的那样，每天过得很奢侈，更像在石油钻井平台工作。[157]

但是，在卡拉瓦拉看来，如果想改善我们在太空中的处境，机遇就在眼前。他认为定居点的大部分繁重工作都会由机器完成，只需要少数人员进行监督，这最终会建成我们在地球上难以想象的豪华建筑。"要想在太空中过上更好的生活，就要创造一片乐土……进入后商业驱动时代，人们选择定居太空的唯一原因，就是要过上更好的生活。"

注意，他用了"后商业驱动"这个词，这一点很重要。采矿、资源提取，以及通信之类的商业服务，是太空探索第一阶段的主要推动力，只有在这个阶段开展太空基础建设，之后，"最后的边疆"才能吸引那些渴望过上"更好生活"的人前来定居。卡拉瓦拉指出："到目前为止，没有一个地方的居住环境比得上地球。拥有这样的生存环境，是满

足乐土定义的第一条标准。我们要在那里居住，创造安逸的生活；要享受新式的自由，丰富的美食；还要实现长寿，乃至最终永生；那里的人要有探索能力；那里还要有良好的监管制度。实现这些目标，我们就建成了真正的乐土。"

美国国家航空航天局前任副局长罗莉·加弗进一步挖掘了人类的天性。"当你正从事的太空相关活动造福了文明时，从长远来看，为了生存，为了文明的延续，我们最终不得不进入太空……定居新大陆，是人类一直在做的事，我认为我们应该继续这么做，不只

在美国国家航空航天局举办的一次活动中，罗伯·穆勒（Rob Mueller）（左）和巴兹·奥尔德林（右）正在研究一台月球探测器原型机。
图片来源：美国国家航空航天局

是为了获取资源，而是为了自由和人类的精神。坦率地说，不断扩张，是恐惧、贪婪和荣耀的综合表现。生存的意志是所有生物与生俱来的。一般来讲，人类行事，会有源自个人的动因。行事过程通常不是由政府驱动的。我再补充一句，那些按照自己意愿行事的人，通常是能幸存下来的人。"[158]

杰夫·格里森强调了财产权——也就是加弗观点里"贪婪"的部分。"如果一个人能获得其他行星的部分所有权，他就会采用过去地球上的拓荒者们尝试并验证过的方法，付出努力。定居者们分享定居点权益时，尝试过这类方案。首先，哈德逊湾（Hudson Bay Company）这类的实体公司，可能会投资，给人们提供去那里工作的机会——用金钱补贴鼓励人们前往——为了抵扣交通成本和生活成本，这些定居者必须在那里多工作几年。"[159]

前美国国家航空航天局宇航员富兰克林·张-迪亚兹认为，移居太空是命中注定的，最古老的本能会驱动我们定居太空："我认为到太空中生活是注定的。人类种族能够生存下去的关键就在太空。我们应该让人类，在地球日益增长的环境问题和社会压力使我们失去进入太空的能力之前，做好踏上旅程的准备。"[160]

去太空寻找未来，无论选择什么样的理论，这些理由对于那些最重要的利益相关人：私营企业、政府，可能最重要的是对你来说，这个理由必须是合理的。对移居太空做出的任何努力，必须得到大众的支持——政府要借此获得选民支持，私营企业要借此做出投资判断。SpaceX 和蓝色起源这类公司，不断在突破能力的界限，民众对于这些冒险的支持也在不断提升。关于公众对发展航天事业的态度，最近一次是皮尤研究中心（Pew Research Center）在 2015年所做的调查。[161] 结果显示，58% 的美国人认为，让美国继续在太空探索领域保持领先是必要的；64% 的人认为，对于美国来说，航天业是非常好的投资方向；70% 的人对美国国家航空航天局持赞同意见。在猎鹰重型火箭发射升空之后，还没有进行过大规模的民意调查，据媒体报道，这项成就振奋了全世界。[162] 太空事业似乎获得了公众的坚定支持，当人们看到太空 2.0 的构想正一步步实现，支持度还会不断提升。随着私人投资大量涌入航天业，可以预见，未来会有大事发生。

沙尘暴即将来袭，早期火星移民准备乘车返回基地。行星际探索和行星际移民，会成为人类最伟大的冒险。
图片来源：美国国家航空航天局

图片来源：詹姆斯·沃恩

CHAPTER 17

新时代来临

2018年 2 月 6 日清晨，肯尼迪航天中心天气晴朗，和 2011 年最后一艘航天飞机升空时一样。冬日的温暖让我注意到一件事——这里怎么来了这么多人？宇航局发射场周围全是人，就好像中西部地区至少有一半人都过来了。当然，大部分人千里迢迢过来不是为了在此落户，而是为了亲眼见证航天史上的一个重要事件：新面世的猎鹰重型火箭首次发射。

人们可能已经等了很长时间。开始倒计时——自 1973 年最后一枚土星 5 号火箭发射升空以来，美国最大的火箭即将升空，只是升空具体时间还不确定。SpaceX 默默筹备猎鹰重型火箭已有多年，本来计划于 2013 年首飞。把三枚猎鹰 9 号火箭捆绑在一起，以及打造火箭束主要支柱的技术难度，比盛气凌人的公司创始人埃隆·马斯克当初预想的要大得多。几个月前，他说过："建造猎鹰重型火箭，实际上比我们想象的艰难……真的，比我们一开始预想的难得多。我们当时太幼稚了。"[163] 旁边多了两枚猎鹰9号火箭，火箭的大部分核心装置必须重新设计，经过强化才能经受住发射时的严酷考验。

重新设计猎鹰重型火箭耗费的时间，比之前预想的长了五年之久，但他们还是完成了。他们测试、调整，然后再测试，直到马斯克认为可以发射了。即便已经完成了所有地面测试，马斯克还是公开表示，成功概率只有50%。能确认猎鹰重型火箭是否成功的方法只有一个，那就是进行发射试飞，试飞的日子终于要来了。

2018年2月6日，他的劳动成果立在佛罗里达的39A发射台上。39A发射台是1973年土星5号火箭最后一次

发射前夜，猎鹰重型火箭静候首次试飞。
图片来源: SpaceX

发射，搭载天空实验室进入轨道时，起飞的地方。猎鹰重型火箭向半空中喷射出大量白色液氧羽流。当时的场景，令人震惊，数百万人通过广播电视和网络视频观看发射。SpaceX开通了自己的线上频道直播这次发射，还配备了他们自己的解说员。

顺利进入倒计时，航天飞机时代的观测人员都觉得不习惯，航天飞机时代，发射推迟几小时或者几天是很平常的事。机械故障、电脑出错、天气恶劣（卡纳维拉尔角的天气无常是出了名的），甚至是误闯入安全范围的游船，都可能导致发射推迟。但是今天，什么意外也没出现，像计划的那样，发射进入倒计时阶段。

作为一位太空作家和记者，我被邀

Space X佛罗里达州机库内的猎鹰重型火箭。
图片来源: Space X

请到媒体区观看发射，还可以参加发射聚会。那天航天界的人全都无比兴奋，开了很多场聚会。关注太空活动的数百万普通人也是如此。但是，那一天，我选择在家中观看发射，因为体验这一刻时，我不想受到任何干扰。如果马斯克取得成功，我想很多人会像我一样双眼含泪——那些从美国国家航空航天局成功登月的年代成长起来的人，和我有相同的感受——但是，新太空时代的黎明来临之时，我想独自感受这个伟大的时刻。马斯克没有让我失望。

在美国国家航空航天局的新倒计时钟周围，聚集的人群盯着电子屏幕上的数字，压低了声音——所有人似乎都屏住了呼吸。很多人都很惊讶，一路发展至今，没遇到太大的阻碍。大家都等着看，会不会到最后一刻，因为突发事件停止倒数。

随着"倒计时30秒……"的公告音传入人们的耳朵，观看区传来一阵欢呼。倒计时到18秒的时候，传来发射总指挥的声音，"发射总指挥准备就绪，猎鹰重型火箭，准备发射！"又是一阵欢呼。屏幕上能看到喷出的水流，向发射台喷水，能吸收噪音。27台火箭发动机的能量冲击发射台，会产生巨大的轰鸣声。

此时又传来一个消息："倒计时15秒，倒计时即将进入最后阶段。"紧接着，一个女性的声音从"10"开始倒数，这个声音的来源可以追溯至人类刚开始从事航天活动的日子。倒计时还剩5秒的时候，39A发射台的导焰槽开始喷出水蒸气。倒计时归零，火箭底部喷射出橙黄色的火焰。马斯克的工程杰作开始正式接受考验。

虽然猎鹰重型火箭的推力只有航天飞机总体推力的一半，但是猎鹰重型火箭自重远低于航天飞机，因此离开地球的速度比航天飞机快。那个早晨，火箭直冲云霄，朝着轨道的方向，向东弧形爬升。又过了一会儿，火箭发动机巨大的轰鸣声才传到人们的耳朵里，给卡纳维拉尔角10万人的脸上带来了笑容。

2分30秒之后，位于两侧的助推火箭脱离主火箭。这个过程存在很多不确定因素。马斯克没有采用爆炸分离机制——美国国家航空航天局和其他航天国家通常采用的方法——而是用加压氮气帮助助推火箭脱离主火箭。助推火箭顺利分离，固定在主火箭上的摄像机记录下了这震撼的一幕。

精彩尚未结束。猎鹰重型火箭作为史上最大的火箭之一，是由一个普通公

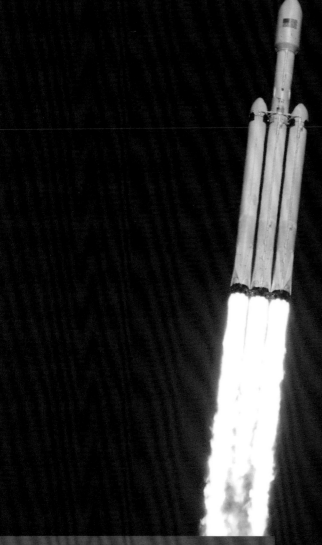

倒计时结束后，猎鹰重型火箭从 39A 发射台呼啸升空，这是标志着太空 2.0 时代已经到来的又一个惊人奇迹。

图片来源: *SpaceX*

民主持建造、发射的，这已经够惊人的了，马斯克竟然还有惊喜带给大家。马斯克计划的核心，一直是火箭可重复使用，借此节约资金，降低发射成本。他已经发射了一系列猎鹰9号火箭，其中部分实现了可重复使用，证明他在工程学方面确实有两把刷子，也证明他关于可重复利用的观点是有价值的——通过重复使用回收的火箭，为客户节约发射费用，现在已经实现。猎鹰重型火箭的设计方向也是如此，但是猎鹰重型火箭需要三枚助推器，三枚助推器全都要升入上层大气，然后通过自主导航回到地球，自行着陆。这次能成功吗？

火箭升空八分钟后，两侧助推火箭垂直向卡纳维拉尔角的着陆区降落，最后一刻，火箭点火，然后和预期的一样，稳稳地降落在混凝土着陆台上。它们以超音速再入大气层时，每枚火箭引发了三次音爆，声音传到地面，人群再次沸腾。

一分钟之后，画面转到海岸及营地之外，等候中心助推器降落的驳船上。结果火箭的中心助推器燃料耗尽，以大约每小时480千米的速度砸向海面，助推器报废，在此等候的驳船受损严重。但这毕竟是一次实验性质的飞行，这样

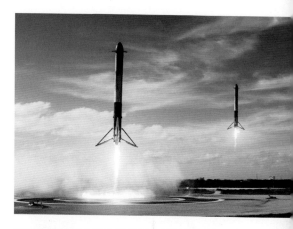

随着猎鹰重型火箭的载荷进入地球轨道，两侧助推火箭在卡纳维拉尔角降落，精准地停在之前计划好的着陆点。两枚助推火箭以超音速重新进入大气层，陆地上听到了六次音爆。
图片来源：SpaceX

的事故只能算是一个小小的代价。马斯克会把这次事故当成另一次宝贵的学习经验。

地球高空，二级火箭点火，带着至今未公开示人的载荷进入轨道。

接下来，如果把工程学放在一边，单从文化角度来看，我们即将迎来飞行史上最非凡的时刻。这个充满无限创意的时刻必须载入流行文化史册。火箭的整流罩一分为二，自由坠落，发送到轨道上的载荷终于揭晓，竟然是马斯克自己的红色特斯拉跑车。车载摄像机将这幅画面传送给了地球上的人们，背景音乐是大卫·鲍伊（David Bowie）的《火

星生活》(Life on Mars?)。这是一个超越现实的时刻，直播将面向全球，持续 12 个小时，画面中除了红色的汽车，还能看到背景中缓缓运行的地球。驾驶座上坐着一个身穿 SpaceX 宇航服的假人，假人的左臂随意地搭在驾驶位的车门上。马斯克将这位戴着头盔的假人称为"星人"(Starman)。人们很容易想象出这样一幅画面，一个活生生的人开着特斯拉敞篷车，绕着地球缓缓而行，惬意地欣赏沿途的美景。

埃隆·马斯克的私人特斯拉跑车就位，等待发射。
图片来源: SpaceX

几个小时之后，二级火箭发动机重新点火，将特斯拉和那位慵懒的乘客推离地球轨道，朝火星轨道方向去了。飞经火星之后，特斯拉会绕个圈再次朝地球方向行进，然后以不闭合的椭圆形轨迹运行，重返深空。马斯克估计，特斯拉会在它的轨道上运行 100 万年，其间将被行星际空间的强烈辐射慢慢侵蚀。关于这次发射，马斯克只做了简单的评论："这次发射让我明白了一个道理，疯狂的计划是可以实现的。不得不承认，我一开始并不确定这个计划是不是行得通。火箭升空时，我知道有上千个因素会导致失败，结果却成功了，确实是奇迹。"[164]

跑车的仪表盘上写着"不要惊慌"("Don't Panic")，这几个字出自马斯克最

关键时刻：第一枚猎鹰重型火箭如期升空——对于未经试飞的火箭来说，如此顺利实属罕见。
图片来源: SpaceX

喜欢的一部科幻著作——道格拉斯·亚当斯（Douglas Adams）于 1979 年出版的畅销书《银河系漫游指南》（*The Hitchhiker's Guide to the Galaxy*）。汽车内部的电路板上，还留了一条信息："地球制造，出自人类之手"（*Made on Earth by humans*）。这条信息是留给后人的，在遥远的未来，万一有人发现这件非同寻常的物件，可能会很困惑。

我们终于真正迎来了太空 2.0 时代。进入新时代已经有一段时间了，但是猎鹰重型火箭的发射，就像在新太空时代吹响的嘹亮号角。我看着坐在跑车上的星人，蓝色的海洋和白色的云层在遥远的后方流动，突然想起了七年前航天飞机项目的最后一次发射，未来发生的奇迹将扫清过去的惆怅。这一天意义深远，代表了我们对新时代的呼唤。

我们已经迎来了太空 2.0 时代。我们离开地球，在宇宙中的冒险刚刚开始。

"星人"直播画面

2018 年 2 月 6 日，SpaceX 用埃隆·马斯克的红色特斯拉跑车当测试用载荷，通过猎鹰重型火箭发射升空。汽车先在地球轨道运行，然后上级火箭发动机重新点火，将其送入一条长长的弧形永久轨道。在轨道上运行时，特斯拉会经过火星轨道，朝地球方向运动。

图片来源：SpaceX 网络直播

图片来源：詹姆斯·沃恩

CHAPTER 18

你在太空 2.0
时代的位置

20 世纪 90 年代末，如果你想参与航天事业，从事相关工作，摆在你面前的选择极其有限。如果你对太空科学或行星科学感兴趣，只能到美国国家航空航天局或者其他航天机构工作。还有一个选择，就是进入学术界。如果你是工程型人才，可能会为美国国家航空航天局、航天承包商，或者转包商工作。少数人可以靠制作电视节目或者为期刊撰写太空相关文章、出书为生，仅此而已。

如今，参与太空事业的机会大幅增加。无论是作为职业，还是业余爱好，参与的途径都非常多。很多人还是想成为科学家、工程师，或者到传统航天企业、政府机构当管理者，但是很多人选择加入小型初创企业，制造立方体卫星、航天器组件、软件，或者开发太空所需的其他技术和工具。很多新项目跟太空系统完全不沾边，而是利用从太空获取的数据，比如通过与农业或商业相关的卫星图像，提供各种高价值服务。参与太空相关事业的人，既有大学毕业生，也有退休职工。这些人，有的在车库，有的就在家里厨房的桌子上工作，也有在大学实验室搞研发的。他们所做的工作，最终都是在为人类向"最后的边疆"扩张服务。甚至还有打算开展太空体育、太空娱乐、太空旅游业务的公司和协会。每周都有新创意注入市场。

除此之外还有很多人不直接参与太空事业，但是通过非营利性的志愿者活动，做了很多有意义的工作。比如，教导孩子学习太空科学和工程学知识，会见参议员和国会议员解决太空相关问题。也有人直接参与众包科学项目。比如最近开展的，在太阳系之外搜索行星的项目，这个项目在网上征召了6万多名志愿者，每个人都要仔细核查大量图像，帮助判断哪些地方可能存在行星。这些工作都很振奋人心，不管你从事什么行业，教育水平如何，什么背景出身，都可以找到一个途径亲身参与到太空2.0中来。

以前没有互联网，但是现在不同了，积极的人们可以通过各种方法找到自己的同类。人们在网络论坛上，讨论太空科学和太空相关活动，寻找参与者，这样的论坛多到数不清。过去一段时间，美国国家航空航天局和其他组织机构推出了很多众包项目，比如上面提到的天文研究，以及寻求航天器工程和载人航天方面的支持。每年有数以百计的程序员和刚崭露头角的工程师，参加黑客马拉松，为航天项目设计软件、研发技术。其中一些竞赛是美国国家航空航天局赞助的，还有些是大学和太空拥护者组织赞助的。人人都可以参与进来，即便你不是科学家或工程师也可以。为比赛提供赞助的组织，需要管理人员、媒体和外联人员，以及各种各样的技能人才，来保证比赛顺利进行。只要你有参与的动力，就不怕找不到参与的机会。

很多非营利组织在推动市民关注太空科学和太空探索，如果你想参与太空事业，这是一个非常好的途径。这些组织的成员身份，可以让你接触到很多志趣相投的人。很多人与太空之间的缘分，就这样持续了一生。

美国国家空间协会是历史最悠久、组织结构最严密的公民组织之一，载人航天和移居太空是该组织主要关注的议题。美国国家空间协会创建于20世纪70年代，创始人是美国国家航空航天局的沃纳·冯·布劳恩，1987 年与 L5 协会合并。L5 协会的创办基础，是普林斯顿大学杰拉德·K. 奥尼尔提出的移居太空的理念。1980 年成立的行星协会，主要关注机器人探索，以及行星科学，创始人有卡尔·萨根（Carl Sagan）、布鲁斯·莫里（Bruce Murray），以及路易斯·费雷德曼（Louis Friedman），这些人都是喷气推进实验室行星探索项目的重要成员。火星协会创建于 1998 年，在犹他州和北极设立了两个火星模拟实验站，推动对红土星球的探索是他们的主要工作，该组织是由罗伯特·祖布林和其他人共同创建的。下文列举了许多类似的组织。

各组织的目标和开展的活动各不相同。国家空间协会是涉及范围最广的组织之一，功能包括，通过组织游说推动美国和世界各国开展太空活动。对于学会成员、学会活动和未来计划，现任美国国家空间协会执行主席马克·霍普金斯是这样说的：

"在太空创建一个社会，是我们的目标之一。这就意味着我们不仅需要宇航员和工程师。人人都有机会参与这项事业——很多事本身与太空的联系不大，却能在支持太空的活动中起到至关重要的作用。比如，我们就很需要擅长公关的人。知道如何游说议会，对写文章感兴趣的人，对组织大型非营利性活动感兴趣的人，都是我们求之不得的有用人才。你可以了解一下我们的成员，大部分人的工作与太空之间没有直接关系，在太空部门工作的成员只占 10%。比如，国家空间协会的成员中，计算机领域的人才比航天产业领域的人才多得多。不管你对什么感兴趣，有什么特长，都能通过国家空间协会找到参与太空事业的途径。"

霍普金斯继续补充道："这真的是一项事业。我说的不只是太空，而是全人类的未来。如果你有兴趣为人类创造美好的未来，或者为全世界人民造一个新的美国梦，让一代过得比一代强，国家空间协会可以为你提供入境机会，让你亲自去创造未来。"[165]

我想对所有的太空爱好者们说：面对人类最伟大的冒险，我们不用再被迫置身事外了。新太空时代，人人都有自己发挥的空间，我们可以充分发挥自己的技能，释放天赋和热情。是时候参与进来了，因为生活在地球，以及地球之外的人类，未来会如何发展，关键就在太空。

包括美国国家空间协会在内的大多

数会员组织，十分欢迎国际参与，全球范围内有很多分支网站。你想参与到什么程度，取决于你出于什么意愿加入和参与这些组织。下面列举的这些组织主要面向个人，更多职业组织和专业团体可以在网络上搜寻。

与太空相关的科学、倡导、教育和雇佣的组织

美国国家空间协会
(National Space Society)

美国国家空间协会是一个支持太空活动的独立组织，建立在草根基金会的基础之上。协会在全球范围内有多个分支机构，工作内容包括：发表论文，出版季刊《星际探索》(Ad Astra)，主办各种年度会议。国家空间协会直接参与政治活动，在华盛顿特区为推动太空活动多方游走，也会参与 STEM/STEAM（科学、技术、工程、数学/科学、技术、工程、艺术、数学）活动。成员资格对所有人开放。

地址：邮政信箱 98106，华盛顿特区，20090-8106

电话：(202) 429-1600

电子邮件：nsshq@nss.org

网址：space.nss.org

美国行星学会
(The Planetary Society)

行星学会是一个教育组织，以"了解宇宙和我们在宇宙中的位置"为目标。行星学会的工作包括：出版季刊，组织志愿者政治活动，主持年度会议，制作周播广播节目和播客视频《行星广播》(Planetary Radio)。成员资格对所有人开放。

地址：南洛斯罗布尔斯大道 60 号，帕萨迪纳，加州 91101

电话：(626) 793-5100

电子邮件：tps@planetary.org

网址：planetary.org

火星学会
(The Mars Society)

火星学会致力于促进和加速人类对火星的探索。学会工作包括：主持年度

会议、组织各种其他活动，运营两个火星模拟研究站——一个在犹他州沙漠，另一个在北极。成员资格对所有人开放。

地址：西第八大道 11111 号，A 单元，莱克伍德，科罗拉多州 80215

电话：(303) 980-0890

电子邮件：info@marssociety.org

网址：marssociety.org

套零基金会
(Tao Zero Foundation)

套零基金会的工作包括：为突破性的推进技术及其他技术研究提供赞助，参与星际航天、短期航天和能源技术年度会议，发表技术论文。成员资格对所有人开放。

电子邮件：info@tauzero.aero

网址：tauzero.aero

美国宇航协会
(American Astronautical Society)

美国宇航协会一直努力"强化和扩大太空群体"，影响空间政策，向公众传授太空知识，为大家提供相互学习和交流的机会。协会每年都会主办各种会议，为技术发表提供机会。成员资格对所有人开放。

地址：磨坊 6352 号，102 区，斯普林菲尔德，弗吉尼亚州 22152-2370

电话：(703) 866-0020

电子邮件：aas@astronautical.org

网址：astronautical.org

美国航空航天学会
(American Institute for Aeronautics and Astronautics)

美国航空航天学会号称世界最大的全球性质的航空航天技术学会。该学会的工作包括：组织国家会议，发表论文，开展外联项目，为航空航天界人士发声。成员类型包括：学者、研究人员、学生、组织机构和各类专业人士。该学会是为航空航天界专业人士设立的，成员既有刚接触该领域的学生，也有退休人士。学会组织的活动和会议对外开放。

地址：日出谷大街 12700 号，200区，莱斯顿，弗吉尼亚州 20191-5807

电话：(800) 639-2422

电子邮件：custserv@aiaa.org

网址：aiaa.org

太空基金会
(The Space Foundation)

太空基金会主要是由实体企业组成。基金会在位于科罗拉多州斯普林斯的总部开设了一个新太空展览，每年会主办名为"太空专题讨论会"的年度太空会议。只有团体组织能获得成员资格，但是个人可以获得"发现中心通行证"，凭此证可进入发现中心。可通过电子邮件更新凭证。

地址：西箭大街 4425 号，科罗拉多斯普林斯，科罗拉多州 80907

电话：(719) 576-8000

网址：spacefoundation.org

国际太空大学
(International Space University)

国际太空大学不是发烧友组织，而是一个专门开设太空课程的国际教育联盟。申请人必须有学士学位，有相关专业经验者优先。对于年轻的航空航天专业人士、科学家来说，加入国际太空大学是促进他们职业发展的有效途径。

地址：创新公园，让－多米尼克卡西尼 1 街，伊尔基希－格拉芬斯塔登 67400，法国

电话：+33 3 88 65 54 30

电子邮件：info@isunet.edu

网址：isunet.edu

英国行星际协会
(British Interplanetary Society)

英国行星际协会是一个建立在英国，推动太空事业和太空教育的组织。协会定期举办讲座、座谈会，主办其他活动，整合各方面资源，出版月刊《航天》。成员资格对所有人开放。

地址：阿瑟·C. 克拉克家，南兰贝斯道 27-29 号，伦敦，SW81SZ，英国

电话：+44 (0) 20 7735 3160

网址：bis-space.com

太空前沿基金会
(Space Frontier Foundation)

和国家空间协会一样，太空前沿基金会也支持人类移居太空。该基金会的工作包括：主办年度会议，参与与太空和航天相关的政治活动，出版月刊。成员资格对所有人开放。

地址：华纳大街 9318 号，银泉，马里兰州 20910

电话：(623) 271-2045

电子邮件：info@spacefrontier.org

网址：spacefrontier.org

地外文明搜索研究所
(The SETI Institute)

地外文明搜索研究所支持通过直接观察和其他研究手段搜寻地外智慧生命。该研究所也参与太空生物学研究。研究所可以提供助学和科研机会，也开展了一系列公众参与项目。研究所发布的通信稿可免费使用，不需要会员。

地址：贝尔纳多大街 189 号，200区，山景城，加州 94043

电话：(650) 961-6633

电子邮件：info@seti.org

网址：seti.org

太空研究所
(Space Studies Institute)

太空研究所成立于 20 世纪 70 年代，创始人是杰拉德·奥尼尔，研究所一直在追随创始人定居太空的梦想。太空研究所对深空移民和月球资源利用特别感兴趣。研究所支持与航天直接相关的各类研究，也会发表技术论文和其他材料。成员资格对所有人开放。

地址：机场大道 16900 号，#24，莫哈维，加州 93501

电话：(661) 750-2774

电子邮件：admin@ssi.org

网址：ssi.org

太空探索开发学生组织
(Students for the Exploration and Development of Space)

太空探索开发学生组织是一个学生组织，在美国和其他国家设有分支机构。该组织致力于帮助科学、工程和其他相关学科的学生参与和出席专业会议，出版作品，开发学生的领导才能，拓展专业领域的人际网络。太空探索开发学生组织的工作包括：主办年度会议，提供竞争性奖学金。大部分开设了航天工程和航天科学专业的学院和大学都支持设立太空探索开发学生组织。成员资格对高校在校生开放，无论是什么学术背景，都可以申请加入该组织。

地址：罗宾逊大道 3840E，阿默斯特，纽约州 14228

电话：(704) 778-8648

电子邮件：sam.albert@seds.org

网址：seds.org

加拿大航天学会
(*Canadian Space Society*)

加拿大航天学会是一个致力于推动加拿大参与太空活动的会员组织。协会工作包括：主持年度会议，发表通信稿，通过在加拿大范围内的分支机构促进讨论。成员资格对所有人开放。

地址：北极星路 1115 号，北约克，安大略省 M3J 0G9，加拿大

电子邮件：president@css.ca

网址：css.ca

印度航天学会
(*Indian Space Society*)

印度航天学会是一个在印度设立的太空促进组织，该组织致力于推动印度太空经济、太空技术和太空政治发展。协会组织在全印度的大学，开展了很多教育和外联活动。

电话：91-8209244957

电子邮件：indianspacesociety@gmail.com

网址：indianspacesociety.wixsite.com/isswix

尤里之夜
(*Yuri's Night*)

尤里之夜是一个活跃的国际组织，每年举办全球性活动，庆祝取得的太空成就。尤里之夜在 60 多个国家主办了近 300 场活动。尤里之夜不需要付费会员，在网上注册，就能接到活动通知。尤里之夜的目标是打造太空兴趣社区，强化国际合作，塑造未来的行业领袖，培养成员的科学素养。

电子邮件：hello@yurisnight.net

网址：yurisnight.net

火星探索
(*Explore Mars*)

火星探索组织一直在推动人类探索红土星球。该组织的工作包括：主办年度会议，发表通信稿，在国际范围内组织教育和外联活动。火星探索组织为了实现探索火星的目标，也会直接参与政治活动。

地址：邮政信箱 76360，华盛顿特区，20013

电话：(617) 909-4425

电子邮件：info@exploremars.org

网址：exploremars.org

澳大利亚航天研究所
(*Australian Space Research Institute*)

澳大利亚航天研究所，是一个支持

澳大利亚的太空活动的志愿者组织，该组织尤其重视发射系统。澳大利亚太空研究所是会员制组织，每年都会主办年度会议。成员资格对所有人开放。

地址：邮政信箱266，奥曼尼山，昆士兰州4074，澳大利亚

电子邮件：asri@asri.org.au

网址：asri.org.au

伊卡洛斯星际计划
(Icarus Interstellar)

伊卡洛斯星际计划是一个致力于推动人类向太阳系扩张的会员组织。该组织支持在学校设立分支机构。伊卡洛斯星际计划的工作包括：每年主办一次会议，出版研究论文，推动与星际旅行相关的教育和外联工作。

电子邮件：info@icarusinterstellar.org

网址：icarusinterstellar.org

火星研究所
(The Mars Institute)

火星研究所致力于推动对火星及其卫星、月球和近地天体的科学研究、探索，以及提高公众对上述天体的认知水平。研究所会发表技术研究成果，为公众提供参与相关活动的机会。火星研究还负责运营一个先进的火星模拟研究基地——北极德文岛霍顿-火星项目研究站（Haughton-Mars Project Research Station）。

地址：由帕斯卡·李博士转交，美国国家航空航天局艾姆斯研究中心，MS245-3，墨菲特基地，加州94035-1000

电子邮件：info@marsinstitute.net

网址：marsinstitute.no

太空时代顾问委员会
(Space Generation Advisory Council)

太空时代顾问委员会，是一个推动青年人进入太空相关领域的国际组织。该组织与联合国的空间应用计划始终保持紧密合作。太空时代顾问委员会设有奖学金，也会对外发布与教育和项目参与方面有关的信息。

地址：由欧洲空间政策研究所转交，施瓦岑贝格广场6，1030维也纳，澳大利亚

电话：+43 1 718 11 18 30

电子邮件：info@spacegeneration.org

网址：spacegeneration.org

只要我们共同努力，就能让人类畅游群星。

ACKNOWLEDGEMENTS 鸣谢

为了制作这本书，100多人慷慨地奉献出了他们的时间和精力，有些人甚至自掏腰包，将辛苦赚来的钱财投入其中。在此向这些人表示最真挚的谢意。

我们称太空探索的下一个时代，为太空2.0，新时代的探索目标在不断变化中。写这本书一共花了3年时间，每次修订并非编辑一下、完善一下文稿这么简单，由于航天业发展如此之快，每次都要更新内容。在一次次更新文稿内容的过程中，美国换了一位新总统，美国国家航空航天局取消了一些项目，也增加了新项目，美国国家空间委员会重启，业界出现了十几个大有前途、资金充裕的初创企业。同一时期，SpaceX和蓝色起源这类大型私营太空公司在不断发展中日渐成熟。新航天器投入运营，其中最著名的就是2018年2月成功发射的猎鹰重型火箭，这次的成功发射，消除了很多人对私人企业开发可重复利用火箭的质疑。这几年的发展真是太惊人了。

我想在这里列举几个对《宇宙公民》的出版做出巨大贡献的关键人物。

这本书从有想法，到最终完成，前前后后花了大约5年时间。其间，我可靠的代理人、文学服务公司的约翰·威利格，一直给我鼓励，在创作过程中给我提供了很大帮助。市场对"新太空"主题的喜好一直飘忽不定，不管我有多沮丧，约翰一直不遗余力地推动这本书出版。在出版界找到这样一位不辞辛苦又很用心的合作伙伴，不管是对作者还是对出版方来说，都不是一件容易的事。约翰是那种一直为你加油、积极乐观、不吝鼓励的好伙伴。真的非常难得。

我要对本贝拉图书的出色员工，表达最深切的感谢。格伦·耶弗明知这是一个艰巨的大工程，依然对此充满信心。威·特兰、林赛·马歇尔、莎拉·阿温格、莫妮卡·劳瑞、艾德里安·朗、阿莉西亚·卡尼亚、希瑟·巴特菲尔德，都为这个项目最终完成做出了很大贡献。最后，我必须要提到这个项目的编辑吉姆·罗德，他有条不紊地给出了很多尖锐、见解深刻的编辑建议。如果没有他的宝贵意见，这本书根本不会与大家见面。

美国国家空间协会的斯坦利·罗森给这本书注入了新的生命，我当时一直把他关注的焦点放在次要位置，专注于其他工作。他提供无限的支持，付出宝贵的时间，让出版界之外的人资助这本书出版，运营过程大胆创新。对他，我永远都会心怀感恩。从募集资金，到对文稿的技术辅助，再到营销，斯坦是唯一一个承诺了就百分之一百会做到的人。他简直就是一诺千金的典型代表。

布鲁斯·皮特曼，也是美国国家空间协会的成员。他在出版过程中也提供了同等程度的帮助，虽然他还要处理美国国家航空航天局和美国国家空间协会的繁重工作，却抽出时间帮忙处理协议，修订文稿。布鲁斯在美国国家空间协会担任领导职位，化解了很多难题，我不仅因为《宇宙公民》感谢他，还要替国家空间协会的所有成员，对他表示感谢。向他致以最深切的感谢。

马克·霍普金斯从20世纪70年代开始，就和国家空间协会，以及协会的前身L5学会，保持深刻、有意义的来往。他免费让我采访，他对这本书的贡献，以及他多年来对美国国家空间协会的领导，都值得称赞。

巴兹·奥尔德林从只有他才有资格发声的角度出发，为这本书写了一篇精彩的序言。很多人要求他发表更多看法，他通过自己独特的认知视角，花时间给这本书作序，表达的正是他对太空2.0的信念。他是一个有想法、脑子里有项目概念的天才，他的这些想法和概念会带领我们走进22世纪。他的参与，让我只能甘当一个小学生。

吉姆（詹姆斯）·沃恩跟我是多年好友，我还不认识他的时候，就非常欣赏他的画作。他的作品很注重细节，一看就知道作者十分用心。我对书中能收录他的插图，心怀感激。吉姆把乐观主义和插图绘制界难得的动态表现力注入作品中，很少有人能像他那样，与读者的心对话。

埃德温·萨哈基恩是这本书的重要财务支持者之一，也是一位对未来太空探索十分感兴趣的新朋友。他是一家非常成功的空运公司的老板，我们为这本书找认购方的时候，他是第一个挺身而出的。埃德温对航空航天事业和太空飞行非常有热情，由于他还有学者这个第二职业，他的这份热情无疑也传递给了他的学生。

那些在太空前沿开拓的专业人士，慷慨地献出宝贵的时间，接受我的采访，我要对他们表示最深切的感谢。这些人都是他们所在领域的领袖级人物，不愿意接受出书者的采访其实很正常，毕竟你无法得知作者会怎样反映或解释你的言论。非常感谢这些身居高位的专业人士对我的信任。我当然也在时间和空间允许的前提下，尽量准确、完整地转述了他们的观点。我很想尽可能多地引用他们的表述，但是受字数所限，有些人的想法、观察和意见，总结起来比直接引用更有力。感谢他们。

感谢美国国家空间协会，以及协会的上千名会员和勤奋的志愿者们，对于像我这样的人来说，这个组织就是我们的第二个家。我和美国国家航空航天局及其他航天组织一起工作时，都感觉十分愉快，美国国家空间协会给大家提供了一个交流想法和观点的平台，由此带来的好处非常多。这个组织里有好几千个见多识广的人，其中很多直接或间接地为这本书贡献了力量。我要对每一个人，致以谢意。

最后，我要对艾吉·科布林、迈克·科布林、戴夫·德雷斯勒、杰弗里·诺特金、霍华德·布鲁姆、琳恩·齐林斯基、阿特·杜拉、巴克纳·海托华、罗尼·拉乔伊、乔·雷德菲尔德、弗雷德·贝克尔、霍伊特·戴维森、加里·巴恩哈德、戴夫·斯图尔特、拉里·埃亨、戴尔·斯克兰、阿尔·安扎杜瓦、马杜·坦加韦鲁、肯·霍格兰、柯比·伊金、卡罗尔·斯托克、格雷格·奥特里、朗达·史蒂文森、约翰·曼金斯、奈特·苏舍巴、尚泰勒·拜尔、肯·霍格兰德，以及其他志愿者表达最深切的感谢，他们每年努力地工作，通过国际太空发展会议，持续为梦想注入动力。没有他们不懈的努力，美国国家空间协会不会是现在这个样子。

国际太空发展会议®（ISDC）给大家提供了一个见面、交流、学习，以及欢笑的场所，欢笑也是大家在实现梦想的道路上最需要的东西之一。我有幸参与编辑的季刊杂志《星际探索》，以及国际太空发展会议，都是美国国家空间协会的工作成果。如果你热爱太空，却没参与过国际太空发展会议，应该去参加一次。

SPECIAL THANKS TO 特别鸣谢

罗德·派尔和美国国家空间协会要对很多支持者表达特别的感谢，正是因为他们慷慨解囊，这本书才得以成型。

埃德温·萨哈基恩

约翰·桑德斯

吉姆·海斯利普

本·博瓦

布鲁斯·皮特曼

斯坦利·罗森

斯坦·罗斯、布鲁斯·皮特曼和马克·霍普金斯帮我做了审稿和核实的工作。斯坦利·罗森、布鲁斯·皮特曼和迪恩·拉尔森负责项目操作。苏珊·霍尔顿·马丁提出了宝贵的见解，并提供许多受访者资源，追加资金的问题也是她解决的。执行团队帮忙安排了很多采访和通信。还要特别感谢阿拉·马尔科，帮忙与俄罗斯方面联络，翻译资料。

采访名单

迈克尔·阿莱格里亚-洛佩兹

查德·安德森

阿尔弗雷德·安札杜瓦

霍华德·布鲁姆

托里·布鲁诺

富兰克林·张-迪亚兹

提姆·西翰

伦纳德·戴维

杰森·邓恩

帕斯卡尔·埃伦弗雷恩德

查尔斯·伊拉奇

比尔·格斯登美尔

杰夫·格里森

罗莉·加弗

马克·霍普金斯

岩本宏

史蒂夫·尤尔维森

吉姆·卡拉瓦拉

帕斯卡·李

戴维·利文斯顿

罗伯特·梅尔森

斯科特·佩斯

布鲁斯·皮特曼

斯坦利·罗森

格温妮·肖特维尔

戴尔·斯克兰

比尔·塔弗

瑞克·汤姆林森

雅各布·范泽尔

乔治·怀特塞兹

罗伯特·祖布林

NOTES 尾注

CHAPTER 1　太空 1.0，完结

1　2010 年 4 月 15 日，Neil Armstrong、James Lovell 和 Eugene Cernan 发表了一封给奥巴马总统写的公开信。Retrieved from Guardian online on August 7, 2017. www.theguardian.com/commentisfree/cifamerica/2010/apr/15/obama-nasa-space-neil-armstrong.

2　O'Kane, Sean."NASA buys two more seats to the International Space Station on Russia's Soyuz rocket.", *The Verge*, February 28, 2017. www.theverge.com/2017/2/28/14761058/nasarussia-spacex-soyuz-seats-contract-space-station-iss. Accessed 7/18/18. 航天飞机能搭乘七名宇航员，单次货运质量可达 50000 磅。联盟号的货运舱"进步号"——不搭载宇航员——运载能力只有航天飞机的十分之一，大约 5500 磅。

3　阿拉巴马州、得克萨斯州、犹他州、路易斯安那州、弗罗里达州市，是猎户座 / 空间发射系统投资项目的主要受益方。

4　到 2018 年年末，该计划还存在一定不确定性，SpaceX 的能力水平已经远超过为国际空间站提供基础再供给服务。但是，两套系统都能投入使用，才算走上正确的发展道。

CHAPTER 2　暗黑禁地

5　这些年来，在俄罗斯项目中，有四名人员死亡，美国两艘航天飞机失事，共损失 14 名宇航员。

6　这一规则通常适用于载人航天发射。对于大部分无人发射来说，火箭也可以向北或向南爬升，进入绕地球南北极方向运行的极地轨道。

7   长期暴露在辐射环境会对大脑造成什么样的影响，目前还在探索中。通过以下网址，可以查询到美国国家航空航天局的研究进展：www.nasa.gov/mission_pages/station/research/experiments/137. html. 检索时间：2017 年 8 月 11 日。

8   最近的研究表明，该症状可能是其他因素导致的，与零重力无关，二氧化碳水平升高可能是原因之一。不管怎么说，这是在地球之外生活的一个后果。

CHAPTER 3   为什么探索太空

9   Stirone, Shannon. "The Real Cost of NASA Missions.", *Popular Science*, November 2015.

10   Dittmar, M. L. "Public Perception and NASA: Are We Asking the Right Questions?", Houston: Dittmar Associates, 2007.

11   Lefleur, Claude. "Cost of US Piloted Programs." *Space Review*, March 2010. 截止至 2018 年，估计已耗资 20 亿~100 亿元。截止至 2015 年，国际空间站成本已经达到 1500 亿美元。

12   Wile, Rob. "Here's How Much it Would Cost to Travel to Mars." Quoting planetary scientist Pascal Lee. May 8, 2017.

13   Capaccio, Anthony. "F-35 Program Costs Jump to \$406.5 Billion in Latest Estimate." *Bloomberg.com*, July 10, 2017. www.bloomberg.com/news/articles/2017-07-10/f-35-program-costs-jump-to-406-billion-in-new-pentagon-estimate. Retrieved August 11, 2017.

14   如果你需要更多证据，可查阅公开出版的 *NASA Spinoff*，该目录从太空计划开展初期就开始印刷出版。（现已改为在线发布：spinoff.nasa.gov/Spinoff2008/tech_benefits.html. ）

15   作者访谈，2016 年 10 月。

16   作者访谈，2016 年 11 月。

17   Rosen, Stanley. "Mind in Space." *USAF Medial Service Digest*, Jan–Feb 1976; White,

Frank. *The Overview Effect-Space Exploration and Human Evolution*. Houghton-Mifflin, New York, 1987.

18 1974 年 4 月 8 日,《人物》杂志专访 Ed Mitchell。

19 作者访谈，2016 年 11 月。

20 作者访谈，2017 年 3 月。

21 作者访谈，2016 年 11 月。

22 Wolf, Nicky. "SpaceX Founder Elon Musk Plans to Get Humans to Mars in Six Years." *The Guardian*, September 28, 2016.

23 "NASA's Griffin: 'Humans Will Colonize the Solar System.'",*Washington Post*. September 25, 2005.

24 Ghost, Pallab. "Hawking Urges Moon Landing to 'Elevate Humanity.'" BBC News, June 20, 2017. 引自其在 2016 年挪威特隆赫姆星空音乐节上的发言。

25 采访作者，2016 年 11 月。和很多基于科学的话题一样，这个问题也存在争议。有人认为，只要不发生核战争，地球拥有可以承载人类活动的无限能力，但是持这种观点的是少数。相关议题的初级讨论，可以通过气候变化国际小组的词汇列表查询，"Climate Change 2007: Working Group II: Impacts, Adaptation and Vulnerability", www.ipcc.ch/publications_and_data/ar4/wg2/en/annexessglossary-a-d.html. Retrieved April 1, 2017.

26 在 2016 年 Recode 大会上所作的采访。 *The Verge*, June 1, 2016.

27 Britt, Robert Roy. "The Top 3 Reasons to Colonize Space." *Space.com*, October 18, 2001.

28 作者访谈，2016 年 10 月。

CHAPTER 4　第一个太空时代

29 Marks, Paul. "One thing spacecraft have never achieved-until now." *BBC Future*, June 1, 2016.

30 Rhian, Jason. "Why Dream Chaser Didn't Win the Bid for Commercial Crew." *Spaceflight Insider*, October 14, 2014.www.spaceflightinsider.com/missions/commercial/lower-technical-maturity-schedule-uncertainty-cited-nasa-select-dream-chaser-commercial-crew-program/. Accessed April 12, 2018.

CHAPTER 5 目的地

31 5 个地月拉格朗日点，分别被命名为 L_1、L_2 等。L_1 在地球和月球之间，L_2 在月球远离地球的一面。这两个拉个朗日点都位于地月空间，但是运动规律不同。L_3 位于与月球相对的地球另一边。L_4 和 L_5 位于月球轨道之上，并随着月球运行移动。

32 Strauss, Mark. "How Will We Get Off Mars?" National Geographic, October 2015.

33 所有在近地轨道之外的太空定居点，必须做好辐射防护工作。

34 可以通过 Elizabeth Howell 的文章，了解关于拉格朗日点的详细信息。"Lagrange Points: Parking Places in Space." *Space.com*, August 21, 2017. 可以通过 L5 学会（现在已经与国家太空学会合并），获取关于 L5 的更多信息。网址：www.nss.org.

CHAPTER 6 人的因素

35 作者访谈，2017 年 1 月。

36 See Webrew, Benjamin B. "History of Military Psychology at the U.S. Naval Submarine Medical Research Laboratory." Naval Submarine Medical Research Laboratory, Groton, Connecticut, 1979.

37 Sutton, Jeffrey, ed. "During the Long Way to Mars: Effects of 520 Days of Confinement (Mars500) on the Assessment of Affective Stimuli and Stage Alteration in Mood and Plasma Hormone Levels." National Institutes of Health report,PLoS One 9, no. 4（2014）: e87087, PMCID: PMC3973648.

38   "Measurements of Energetic Particle Radiation in Transit to Mars on the Mars Science Laboratory.", *Science* 340, no. 6136 (May 31, 2013): 1080–4.

39   相较之下，在地球上的每个人平均每年接受的辐射仅相当于 1 毫希沃特。

40   Cherry, Jonathan D., Bin Liu, Jeffrey L. Frost, Cynthia A. Lemere, Jacqueline P. Williams, John A. Olschowka, M. Kerry O'Banion, and Douglas L. Feinstein. "Galactic Cosmic Radiation Leads to Cognitive Impairment and Increased A β Plaque Accumulation in a Mouse Model of Alzheimer's Disease." University of Illinois, 2012.

41   *Revolutionary Concepts of Radiation Shielding for Human Exploration of Space.* NASA publication, National Technical Information Service, NASA/TM—2005–213688, 2005.

42   不同供应商间，每磅载荷发射预估成本存在很大差异。2008 年，美国国家航天局估算的航天飞机发射成本为每磅 10000 美元。Source: www.nasa.gov/centers/marshall/news/background/facts/astp.html. Accessed September 1, 2017.

43   Green, Marc, Justin Hess, Tom Lacroix, Jordan Marchetto, Erik McCaffrey, Erik Scougal, and Mayer Humi. "Near Earth Asteroids: The Celestial Chariots." Worcester Polytechnic Institute, Worchester, MA, 2013.

44   Rodjev, Kristina, and William Atwell. "Investigation of Lithium Metal Hydride Materials for Mitigation of Deep Space Radiation." Paper presented at the 46th International Conference on Environmental Systems, ICES-2016-124, July 2016, Vienna, Austria.

45   "Analysis of a Lunar Base Electrostatic Radiation Shield Concept.", ASRC 航天公司研究，MAC CP 04-0 1 航空航天 / 太空概念研究第一阶段，2004 年。

CHAPTER 7   太空企业家

46   Bower, Tom. "Lost in Space." *Sunday Times*, January 26, 2016.

47 NTSB 新 闻 稿，2015 年 7 月 28 日。www.ntsb.gov/news/press-releases/Pages/
PR20150728.aspx.

48 Foust, Jeff. "How big is the market for small launch vehicles?" *Space News*, April
11, 2016.

49 Howell, Elizabeth. "How to Poop in Space: NASA Unveils Winners of the Space
Poop Challenge." *Space.com*, February 15, 2017.

CHAPTER 8 　太空探索技术公司

50 Masunaga, Samantha. "SpaceX track record 'right in the ballpark' with 93% success
rate." *Los Angeles Times*, September 1, 2016.

51 Elon Musk 接受 Sam Altman 的采访，谈论 Y Combinator，2016 年 9 月。

52 Dillow, Clay. "The Great Rocket Race." *Fortune*, October 2016.

53 Brown, Alex. "Why Elon Musk Is Suing the U.S. Air Force." *The Atlantic*, June 5,
2014.

54 De Selding, Peter. "SpaceX's reusable Falcon 9: What are the real cost savings for
customers?" *Space News*, April 25, 2016.

55 这个数字引用范围很广。最低估价为 SpaceX 的每磅 1200 美元，其他发射供
应商最高估价为每磅 7500 美元。价格差异部分取决于其他因素，如军用和民
用之别、货物种类等。

56 有些时候发射超大质量载荷，值得把猎鹰九号或阿金和猎鹰重型火箭当成消
耗型火箭使用，但是 SpaceX 即将推出的大猎鹰火箭将实现完全可重复利用。

57 Chaikin, Andy. "Is SpaceX Changing the Rocket Equation?" *Air & Space Magazine*,
January 2012.

58 除了 SpaceX，只有贝佐斯的蓝色起源，以及创办了超过 20 多年的麦克唐
纳·道格拉斯公司的 DC-X 原型机，在火箭回收重复使用方面取得了实质性
的成功。关于 DC-X 的更多信息，详见 Megan Gannon 的文章。"20 Years Ago:

Novel DC-X Reusable Rocket Launched into History.", *Space.com*, August 16, 2003.

59 Wall, Michael. "Elon Musk Calls for Moon Base." *Space.com*, July 19, 2017. www. space.com/37549-elon-musk-moon-base-mars.html. Accessed June 10, 2017.

60 Etherington, Darrell. "SpaceX spent 'less than half' the cost of a new first stage on Falcon 9 relaunch." *Techcrunch*, April 5, 2017. techcrunch.com/2017/04/05/spacex-spent-less-thanhalf-the-cost-of-a-new-frst-stage-on-falcon-9-relaunch. Accessed June 7, 2017.

61 Koren, Marina. "What Would Flying from New York to Shanghai in 39 Minutes Feel Like?" *The Atlantic*, October 2017.

62 Messier, Doug. "NASA Analysis: Falcon 9 Much Cheaper than Traditional Approach." *Parabolic Arc*, May 31, 2011.

63 Grush, Loren. "NASA is saving big bucks by partnering with commercial companies like SpaceX." *The Verge*, November 10, 2017.

64 Chaikin, Andy. "Is SpaceX Changing the Rocket Equation?" *Air & Space Magazine*, January 2012.

CHAPTER 9   新太空竞赛

65 "S. Dade's Best and Brightest." *Miami Herald*, July 4, 1982.

66 Foust, Jeff. "Bezos Investment in Blue Origin Exceeds $500 Million." *Space News*, July 18, 2014.

67 Klotz, Irene. "Bezos is selling $1 billion of Amazon stock a year to fund rocket venture." *Reuters Business News*, April 5, 2017.

68 Fernholtz, Tim, and Christopher Groskopf. "If Jeff Bezos is spending a billion a year on his space venture, he just started." *Quartz*, April 12, 2017.

69 Foust, Jeff. "Blue Origin's New Shepard Vehicle Makes First Test Flight." *Space News*, April 30, 2015.

70 Clark, Stephan. "ULA chief says Blue Origin in driver's seat for Vulcan engine deal." *Spaceflight Now*, April 18, 2017.

71 Clark, Stephen. "Blue Origin details new rocket's capabilities, signs frst orbital customer." *Spaceflight Now*, March 7, 2017. spaceflightnow.com/2017/03/07/blue-origin-details-new-rockets-capabilities-signs-frst-orbital-customer. Accessed August 14, 2017.

72 蓝色起源网站醒目位置: www.blueorigin.com/payloads. Accessed April 24, 2018. Also, see "NASA Funds Flight for Space Medical Technology on Blue Origin." NASA Feature News. www.nasa.gov/feature/nasa-funds-flight-for-space-medical-technology-on-blue-origin. Accessed April 24, 2018.

73 作者访谈，2016 年 9 月。

74 Davenport, Christian. "An exclusive look at Jeff Bezos's plan to set up Amazon-like delivery for 'future human settlement' of the moon." *Washington Post*, March 2, 2017.

75 同上。

76 SpaceX 在自己的网站上公布了发射成本: www.spacex.com/about/capabilities. Accessed April 26, 2018. 联合发射联盟没有公布发射费用。

77 作者访谈，2016 年 10 月。

78 Ray, Justin. "ULA Gets Futuristic." *Spaceflight Now*, April 16, 2015.

CHAPTER 10 投资太空

79 Sheetz, Michael. "Space companies received $3.9 billion in private investment during 'the year of commercial launch.'" *CNBC*, January 18, 2018. www.cnbc.com/2018/01/18/space-companies-got-3-point-9-billion-in-venture-capital-last-year-report.html.

80 "Space: The Next Investment Frontier." Goldman Sachs (podcast), May 22, 2017. www.goldmansachs.com/our-thinking/podcasts/episodes/05-22-2017-noah-poponak.html. Accessed July 26, 2018.

81 Folgar, Carlos, and Jess McCuan. "Private space exploration: the new final frontier." Quid, April 24, 2017. quid.com/feed/private-space-exploration-the-new-final-frontier.

82 "Space Investment Quarterly, Q4, 2017." Space Angels Holdings, January 18, 2018.

83 Masunaga, Samantha. "Saudi Arabia to invest $1 billion in Virgin Galactic." *Los Angeles Times*, October 26, 2017.

84 作者访谈，2016 年 9 月。

85 Miller, Charles. "Affording a Return to the Moon by Leveraging Commercial Partnerships." Next Gen Space LLC, 2015.

86 作者访谈，2016 年 10 月。

87 Foust, Jeff. "How Long Will the Money Keep Flowing?" *Space Review*, February 5, 2018. 引自 Shahin Farshchi、Lux Capital 在 2018 年加州圣马特奥举行的太空技术峰会上的发言。

CHAPTER 11 国际间太空事务

88 Sagdeev, Roald, and Susan Eisenhower. "United States–Soviet Space Cooperation During the Cold War." *NASA 50th Anniversary Magazine*, 2008. www.nasa.gov/50th/50th_magazine/coldWarCoOp.html. Accessed September 24, 2017.

89 Spudis, Paul. "JFK and the Moon." *Air & Space*, November 2013.

90 Seitzen, Frank. "Soviets Planned to Accept JFK's Joint Lunar Mission Offer." *Space Daily*, October 2, 1997.

91 Yam, Philip. "The Forgotten JFK Proposal." *Scientifc American*, October 2012.

92 可以通过联合国的外层空间事务局网站查询《外层空间条约》全文。www.unoosa.org/oosa/en/ourwork/spacelaw/treaties/introouterspacetreaty.

93 Committee on Aeronautical and Space Sciences. "Soviet Space Programs, 1971–75." Washington, DC: U.S. Government Printing Office, 1976.

94 其间开展过无人任务合作。1977 年、1979 年，美国在苏联的宇宙号卫星进行上实验。

95　估算美国在国际空间站上的花费时，通常不包括靠航天飞机飞行建造空间站的成本，或者说承担了大部分最重组件发射任务的航天飞机项目成本，未纳入国际空间站成本。如果你想知道，把航天飞机为国际空间站提供直接发射服务的成本包含在内，最准确的成本估算，可以查阅 "Final Memorandum, Audit of NASA's Management of International Space Station Operations and Maintenance Contracts.", NASA Ofce of Inspector General, July 15, 2015. oig.nasa.gov/audits/reports/FY15/IG-15-021.pdf. Accessed September 25, 2017.

96　Pyle, Rod. "Path to Mars Should be Flexible, Experts Agree." *Space.com*, September 22, 2016.

97　《国际武器贸易条例》，全文详见：美国国务院国防贸易管制局国际武器贸易条例。www.pmddtc.state.gov/regulations_laws/itar.html. Accessed September 24, 2017.

98　同上。

99　《国际武器贸易条例》受管制国家和禁止程度详细清单，可以查询斯坦福大学网站 "Export Controlled or Embargoed Countries, Entities and Persons" list on the web: https://doresearch.stanford.edu/research-scholarship/export-controls/export-controlled-or-embargoed-countries-entities-and-persons#countries. Accessed May 27, 2018.

100　作者访谈，2016 年 10 月。

101　"Cassini Quick Facts." NASA/JPL Cassini Legacy website. saturn.jpl.nasa.gov/mission/grand-fnale/cassini-quick-facts/. Accessed September 19, 2017.

102　作者访谈，2017 年 6 月。

103　作者访谈，2016 年 12 月。

104　作者访谈，2016 年 11 月。

105　Stroikos, Dimitrios. "China, India in Space and the Orbit of International Society." White paper for the London School of Economics, 2016.

CHAPTER 12　航天巨头俄罗斯

106 关于苏联和俄罗斯漫长太空史的更多细节，可通过 Anatoly Zak 的俄罗斯太空网查询，www.russianspaceweb.com.

107 通过联盟号运送美国宇航员到国际空间站，目前已花费 7600 万美元，估计到 2018 年后会增加至 8000 万美元。

108 过去 10 年间，俄罗斯有多次有据可查的火箭发射失败记录，但大部分问题出在上面级，并非主火箭级。

109 "Russia's A5V moon mission rocket may be replaced with new super-heavy-lift vehicle." *RT* (formerly *Russia Today*), August 22, 2016.

110 Siddiqi, Asif. "Russia's Space Program Is Struggling Mightily." *Slate*, March 21, 2017.

111 同上。

112 Messier, Doug. "Russian Launch Failures Aren't a Bug, They're a Feature." *Parabolic Arc*, March 16, 2018.

CHAPTER 13　大有可为的中国

113 Impey, Chris. "How China Entered the Space Race." *WIRED*, April 2015.

114 想获得曙光号项目的更多信息，可查询 *Encyclopedia Astronautica*, www.astronautix.com/s/shuguang1. Accessed September 10, 2017.

115 Stone, Christopher. "US cooperation with China in space: Some thoughts to consider for space advocates and policy makers." Space Review, February 2013.

116 "1February 2013.ith China in space: Some thoughts to consider f, 中国国务院官方翻译版。english.gov.cn/archive/white_paper/2016/12/28/content_281475527159496.htm. Accessed April 28, 2018.

117 作者访谈，2020 年 10 月 19 日。

CHAPTER 14   太空货运站

118 作者访谈，2016 年 10 月。

119 Landau, Damon F., James M. Longuski, and Buzz Aldrin. "Continuous Mars Habitation with a Limited Number of Cycler Vehicles." *Journal of the British Interplanetary Society*, April 2007.

120 可通过美国国家空间协会网站查看文件全文。www.nss.org/legislative/positions/ NSS-DFJ-Workshop-Recommendations-Nov-2016.pdf. Accessed October 19, 2017.

121 Vedda, James. "National Space Council: History and Potential." Center for Space Policy and Strategy, November 2016.

122 Garber, Steven. "The Space Exploration Initiative." NASA history archive. history. nasa.gov/sei.htm. Accessed April 28, 2018.

123 作者访谈，2017 年 1 月。

124 作者访谈，2017 年 10 月。

125 Foust, Jeff. "Moon Express wins U.S. government approval for lunar lander mission." *Space News*, August 3, 2016. spacenews.com/moon-express-wins-u-s-government-approval-for-lunar-lander-mission/. Accessed July 27, 2018.

126 Foust, Jeff. "National Space Council calls for human return to the moon." *Space News*, October 5, 2017. spacenews.com/national-space-council-calls-for-human-return-to-the-moon. Accessed October 17, 2017. To see the directive, SPD-2, on the web: www. whitehouse.gov/briefngs-statements/president-donald-j-trump-reforming-modernizing-american-commercial-space-policy/. Accessed June 1, 2018.

CHAPTER 15   保卫地球

127 6500 万年 ~2300 万年前的古近纪，是新生代的开始，新生代一直持续到现在。

128 "Asteroid of one-kilometer or larger strikes Earth every 600,000 years." *MIT Tech News*, September 10, 2003.

129 来自作者与 Lori Garver 的访谈，2016 年。

130 作者访谈，2016 年 10 月。

131 想了解有关地球防卫的更多信息，可以通过网络查询美国国家航天局行星防御常见问题，www.nasa.gov/planetarydefense/faq. Accessed October 21, 2017.

132 Van den Bergh, Sidney. "Life and Death in the Inner Solar System." Publications of the Astronomical Society of the Pacifc, 101 (May 1989): 500–09. Updated by Nick Strobel, in "Effects of an Asteroid Impact on Earth." *Astronomy Notes*, 2013.

133 该项目统称为 "AIDA"（Asteroid Impact and Deflection Assessment），更多相关信息可以在美国国家航空航天局的相关网站上查询。网址：www.nasa.gov/planetarydefense/aida. Accessed October 30, 2017.

134 "Laser Bees." The Planetary Society website: www.planetary.org/explore/projects/laser-bees. Accessed October 20, 2017.

CHAPTER 16　开辟最后的边疆

135 Spudis, Paul. "Why We Go to the Moon." *Air & Space/Smithsonian*, October 17, 2017.

136 Shukman, David. "Humans at risk of lethal 'own goal.'" BBC News, January 19, 2016.

137 作者访谈，2017 年 6 月。

138 演讲全文参看：Mosher, Dave. "Here's Elon Musk's complete, sweeping vision on colonizing Mars to save humanity." *Business Insider*, September 29, 2016.

139 同上。

140 Davenport, Christian. "Jeff Bezos on nuclear reactors in space, the lack of bacon on Mars and humanity's destiny in the solar system." *Washington Post*, September 15, 2016.

141 作者访谈，2016 年 10 月。

142 "NASA's Grifn: 'Humans Will Colonize the Solar System.' " *Washington Post,* September 25, 2005.

143 "Summary of H.R. 4752—Space Exploration, Development and Settlement Act of 2016."www.congress.gov/bill/114th-congress/house-bill/4752. Retrieved September 20, 2017.

144 O'Neill, Gerard K. *The High Frontier: Human Colonies in Space.* Space Studies Institute, 1977, 2013.

145 O'Neill, Gerard K. "The Colonization of Space." *Physics Today* 27 (9): 32–40.

146 John, R. D., and C. Holbrow, eds. "Space Settlements: A Design Study." NASA, SP-413, Scientifc and Technical. NASA Ames Research Center library, 1975.

147 Dyson, Freeman J. "Shells Around Suns May Have Been Built." *Science News Letter*, June 18, 1960, page 389.

148 Dickens, Peter. "The Humanization of Space: To What End?" *Monthly Review* 62, no. 6 (November 2010).

149 "Deep Space Gateway to Open Opportunities for Distant Destinations." NASA News, March2017. www.nasa.gov/feature/deep-space-gateway-to-open-opportunities-for-distant-destinations. Accessed April 28, 2018.

150 Norris, Guy. "NASA Takes First Deep Space Propulsion Steps." *Aviation Week*, July 19, 2017. aviationweek.com/space/nasa-takes-frst-deep-space-propulsion-steps. Accessed September 30, 2017.

151 "Moon Village: Humans and Robots Together on the Moon." European Space Agency, DG's News and Views, March 1, 2016. www.esa.int/About_Us/DG_s_news_and_views/Moon_Village_humans_and_robots_together_on_the_Moon. Accessed September 30, 2017.

152 同上。

153 Geggel, Laura. "City-Size Lunar Lava Tube Could House Future Astronaut Residents." *Live Science*, October 2017.

154 "Marius Hills pit offers potential location for lunar base." NASA Solar System Exploration Research Virtual Institute. sservi.nasa.gov/articles/lava-tube-lunar-base. Accessed October 20, 2017.

155 2017 年澳大利亚阿德莱德国际航天大会。详细信息可以通过 SpaceX 网站查询：www.spacex.com/mars. Accessed May 1, 2018.

156 美国国家空间协会网站上有更详细的定居路线图：space.nss.org/space-settlement-roadmap/. Accessed May 13, 2018.

157 吉姆·卡拉瓦拉在加州洛杉矶举办的第一次太空定居峰会上指出，2016 年 10 月。

158 作者访谈，2016 年 8 月。

159 美国国家空间协会的太空定居峰会上提出，2017 年 10 月。

160 作者访谈，2016 年 10 月。

161 Kennedy, Brian. "Five facts About Americans' views on space exploration." Pew Research Center, July 2015.

162 包括《华盛顿邮报》（已被杰夫·贝佐斯收购）、《国家评论》、半岛电视台在内的媒体，全都从正面角度报道了猎鹰重型火箭发射以及世界人民的反应。

CHAPTER 17　新时代来临

163 埃隆·马斯克在 2017 年 7 月 9 日美国国家航空航天局于华盛顿特区举办的"国际空间站研发大会"上的发言。

164 "ABC News Special Report."，2018 年 2 月 6 日，猎鹰号发射升空之后，Elon Musk 在新闻发布会上接受 David Kerley 的采访。

CHAPTER 18　你在太空 2.0 时代的位置

165 作者访谈，2016 年 10 月。

GLOSSARY 词汇表

阿波罗项目: 20 世纪 60 年代美国开启的太空项目，该项目计划将美国宇航员送入月球，展开月球探索，并成功返回。随着阿波罗 – 联盟号测试计划的完成，阿波罗项目于 1975 年宣告结束。

宇宙神 5 号、三角洲 4 号、火神号: 联合发射联盟为商业发射和政府发射提供服务的火箭家族成员。火神号还在设计中；宇宙神和三角洲飞船已经执行过多次飞行任务。

蓝色起源: 企业家杰夫·贝佐斯在 2000 年创办的航天公司，该公司致力于建造可重复使用的火箭和飞船，面向市场提供发射服务和亚轨道观光飞行服务。

全新再设计: 完全抛弃旧有设计，在一张"白纸"上，从全新的角度针对一个项目或一个硬件的需求，重新进行设计。

中国国家航天局: 中国主管航天事业的国家机构。

商业轨道运输服务: 美国国家航空航天局为了验证当时与非传统商业伙伴的合作成效，从 2006 年开始执行该计划。

商业补给服务: 2008 ～ 2016 年持续运行的美国国家航空航天局项目，在该项目期间，美国国家航空航天局与私营火箭和飞船公司，签署了一系列国家空间站货运合同。2016 年与 SpaceX 签订了第一份商业补给服务合同。

欧洲航天局: 欧洲国家共同开展太空活动的组织。

猎鹰 9 号和猎鹰重型火箭: SpaceX 建造的，用来提供商业发射服务和政府发射服务的火箭。

门户: 月球轨道平台 – 门户项目（下面条目中有介绍）的新名称。

银河宇宙辐射: 也被称为宇宙射线。指的是来自太阳系之外的辐射，这种辐射对太空中的人体和电子设备都会造成负面影响。

原位资源利用: 利用在太空中找到的资源，维持在那里开展的活动。这里的资源主要指在月球、小行星或火星这类行星上找到的可以提炼成有用物质的气体、水冰和金属。

国际空间站: 美国国家航空航天局和多国伙伴共同建造，在美国国家航空航天局领导下运营，从 2000 年开始有人员入驻国际空间站。

国际武器贸易条例: 美国政府制定的，用来管控向其他国家出售敏感技术的一系列法律条款。1976 年首次通过。

日本宇宙航空研究开发机构: 日本的国家太空机构。

喷气推进实验室: 美国国家航空航天局负责开展机器人太空探索的科研实验中心。

近地轨道: 地球上空的轨道区域，大致从最低海拔稳定轨道至海拔大约 1930 千米之间。国际空间站（402 千米）和航天飞机（305 ~ 530 千米）在该轨道区间活动。该区域的人造卫星也非常密集。

月球轨道平台 - 门户: 简称门户，是一个计划中的绕月球轨道空间站，负责定期接待来自地球的宇航员。预计将由一个由美国国家航空航天局领导的联盟组织共同建造，可能会与俄罗斯及其他国家合作。

美国国家航空航天局: 美国的主要太空探索组织。

美国国家空间委员会: 一个直接向总统报告，负责空间政策和太空事务的美国政府组织。20 世纪 50 年代艾森豪威尔政府期间创建，现在是特朗普政府重新启动的第三代组织。

近地天体: 离地球较近的天体，运行轨道接近地球的小行星、彗星，以及其他太空碎片。

新谢泼德号、新格伦号: 蓝色起源正在建造和测试的火箭，用于为商业市场和政府提供发射服务。新谢泼德号是专为亚轨道高度太空旅行设计的。

新太空时代: 泛指公司开始广泛投资太空活动的新时期。有人指出，该词组并不是一个非常完美的表述，有新太空时代，自然有对应的"旧太空时代"，传统的大型航空航天公司肯定会对该称呼表示不满。

美国国家空间协会: 支持太空活动的草根组织，致力于为了人类的福祉，推动人类长期定居太空，以及利用太空资源。

猎户座号: 计划主要用于执行近地轨道之外载人任务的宇宙飞船。

载荷: 用火箭向太空运送的负荷。可以指人，也可以指装备。

增压: 含有气体的航天器的一种特性，一般是可呼吸的大气，也指用于填充真空的其他气体。

私人航天: 泛指提供航天支持和航天服务的任何私营企业。其中包括用自己的钱投资太空事业的太空企业家。

推进剂: 火箭产生推力加速离开时消耗的物质。

可重复使用: 在这本书中,指的是火箭及飞船可以在飞行后,经过翻新,再次飞行,借此节约成本。

俄罗斯联邦航天局: 俄罗斯联邦负责航天飞行和宇航任务的国家机构。俄罗斯的大部分太空项目都是俄罗斯联邦航天局在运行。

神舟飞船和天宫号: 分别指中国拥有载人航天能力的新宇宙飞船和空间站。

空间发射系统: 美国国家航空航天局正在建造的主要用于执行近地轨道之外发射任务的大型火箭。技术源于当初航天飞机和星座计划的设计,星座计划存续时间为2004—2010年,原计划通过该项目让美国宇航员重返地球。

联盟号: 俄罗斯航天器家族成员(飞船和火箭共用该名号,但是通常指的是飞船),设计时间是20世纪60年代,用于向地球轨道和月球运送宇航员。至今仍然有不同型号的联盟号在服役,主要用于支援国际空间站。

太空: 对卡门线以上全部空间的非正式定义。卡门线位于地表之上100千米。

太空2.0: 从2000～2002年开始的新太空时代。在这个时间段内,发生的标志性事件包括: 2000年第一次向国际空间站派驻宇航员; 2000年蓝色起源创建; 2002年SpaceX创建。总的来说,指的是进入了私营企业开始大规模开展太空活动(比如建造火箭推进器),大量个人和公司开始更广泛地涉足太空领域的新时代。太空2.0时代并非将美国国家航空航天局和其他太空机构排除在外,而是美国国家航空航天局与私营公司之间的新型独特伙伴关系日益稳固,取代之前私营企业进军太空市场风险不断增加的局面。太空2.0时代的概念不完全等同于新太空时代,新太空时代是指20世纪80年代初期,阿波罗项目结束后,公司开始参与太空活动,但是两个概念经常在一本书(一篇文章)中同时出现。

太空企业家: 用自己的钱投资开发航天硬件、航天服务,或其他航天业务的个人或团体。他们的投资可能用于开发火箭、飞船、机械、硬件、航天器组件、地面支持,以及其他项目。一般情况下,这个词组通常用于描述埃隆·马斯克、杰夫·贝佐斯、保罗·艾伦、理查德·布兰森,以及其他创办火箭、航天器制造企业,或用于商业目的的太空技术企业的商人。

太空基础设施: 泛指在太空中有序运转的硬件设备和组织。第一要素已经就位——火箭发射、控制中心等。随着不断发展，这一概念也用于描述驻人轨道据点、燃料库，以及地球之外的采矿、提取、提炼设施，以及太空扩张所需的供给存储设施。

太空竞赛: 大国之间在太空中展开的竞争。具体是指，20 世纪 60 年代，美国和苏联争相开展太空项目，力求率先将人类送入月球，并成功返回。也可以用"新太空竞赛"描述即将到来的时期，私营企业间展开竞争，同时与他国实体竞争，为市场提供价格越来越合理的发射和航天服务。一些专家认为，中国和印度竞相开展国家太空项目，两国之间正在展开另一场太空竞赛。

太空定居: 人类文明扩张到地球轨道及轨道之外，争取能让人类在太空中永久居住，并利用太空改善地球生命的生存条件。

航天飞机: 又称为空间运输系统，1981—2011 年，航天飞机是美国主要的载人和货运发射系统。

SpaceX: 埃隆·马斯克创办的太空探索技术公司，业务范围包括建造并运营火箭和飞船。创建时间是 2002 年。

联合发射联盟: 洛克希德·马丁和波音公司于 2006 年创办的合资企业。到目前为止，联合发射联盟一直在用消耗型火箭——宇宙神 5 号和三角洲 4 号火箭，发射无人飞船。

零重力、失重、微重力: 用来描述在太空中飘浮的状态，一般情况下可互换使用。指的是宇航员和太空硬件设备无法体验重力作用的环境。

INDEX 索引

A

ACES. see Advanced Cryogenic Evolved Stage 见先进低温渐进级

acid rain, 酸雨 226

active radiation shielding, 有效防辐射措施 90–91

Adams, Douglas, 道格拉斯·亚当斯 259

Ad Astra magazine,《星际探索》杂志 264

Aditya satellite, 阿迪亚号 177

Advanced Cryogenic Evolved Stage (ACES), 先进低温渐进级 146, 146–148, 205–207

Advanced Development Programs, 高级开发项目 139

Advanced Programs (ULA), 高级项目部（联合发射联盟）147

Aerospace Corporation, 美国航空航天公司 125

Airbus A380 jumbo jet, 空中客车 A380 大型喷气式客机 129

air circulation, 空气循环 73, 74

airliners, commercial, 商业客机 120, 242

Aldrin, Buzz, 巴兹·奥尔德林 45, 73, 168, 170-171, 209-211, 249

Aldrin Cyclers, 奥尔德林环线号 209-211

Allen, Paul, 保罗·艾伦 102, 151

Altair, 牵牛星号 8

aluminum, 铝 spacecraft construction material, 航天器结构材料 86-87

Alzheimer's disease, 阿尔茨海默病 86

Amazon.com, 亚马逊网站 35, 136-137, 234

American Astronautical Society (AAS), 美国宇航协会 265

American Institute for Aeronautics and Astronautics (AIAA), 美国航空航天学会 265

Ames Research Center, 艾姆斯研究中心 107

Anderson, Chad, 查德·安德森 155, 155–159, 217-218

Angara rocket, 安加拉号 186

Antarctic Treaty (1959),《南极条约》(1959) 165

Antares rocket, 安塔瑞斯号 153

anti-satellite weapons (ASAT), 反卫星武器 170-171

Apollo program (in general), 阿波罗计划
　　capsules,（飞船）18, 19
　　cost of,（成本）26-27
　　defined,（定义）290
　　docking with Soyuz,（与联盟号飞船对接）166
　　and Gemini flights,（双子座号）44
　　inspiration from,（激励来源）31, 32
　　lunar landing program,（登月计划）1-2, 13, 44, 55, 65, 141, 217
　　Lunar Module,（登月舱）141
　　radiation exposure,（辐射暴露）82–83
　　reentering of, into Earth's atmosphere,（重返地球大气层）19
　　replacement of,（取代）13
　　scientific samples from,（科学样本）217

Apollo 8 mission, 阿波罗 8 号 32, 185

Apollo 11 mission, 阿波罗 11 号 45, 168, 185

Apollo 13 mission, 阿波罗 13 号 7

Apollo 14 mission, 阿波罗 14 号 32

Apollo 16 mission, 阿波罗 16 号 71

Apollo 17 mission, 阿波罗 17 号 1, 13, 23, 203

Apollo-Soyuz Test Project (ASTP), 阿波罗 – 联盟号测试计划 165–166

Apophis (asteroid), 毁神星（小行星）228

Apple, Inc., 苹果公司 157

ARM (Asteroid Redirect Mission), 小行星转向任务 9, 10

Armageddon (movie), 电影《绝世天劫》228

Arms Export Control Act, 武器出口管制条例 169

Armstrong, Neil, 尼尔·阿姆斯特朗 1, 7, 8, 45, 73

artificial gravity, 人造重力 80, 80–82

ASAT (anti-satellite) weapons, 反卫星武器 170

Asteroid Redirect Mission (ARM), 小行星转向任务 9, 10

asteroids, 小行星 64, 158
    Chicxulub impactor,（希克苏鲁伯小行星撞击）222–223
    Chinese intentions of exploring,（中国太空探索计划）195
    collecting resources from,（获取资源）203, 204, 216
    defending Earth from,（保卫地球）222–229, 246
    destruction of,（摧毁）224–227
    detection of,（侦测）222
    Hayabusa,（隼鸟号探测器）175
    impact of,（影响）225
    mining resources from,（从何处开采资源）88, 89
    as outposts,（前哨站）64
    radiation exposure on,（辐射暴露）83
    traveling to,（探索）64

ASTP (Apollo-Soyuz Test Project), 阿波罗 – 联盟号测试计划 165–166

astronauts, 宇航员 69–91
    and artificial gravity,（人工重力）80–82
    effects of cramped quarters on,（狭小空间的影响）76–80
    and global perspective,（地球景象）32
    medical experiments involving,（医学实验）72–76
    and radiation,（辐射）82–91
    suits for,（宇航服）69–71, 198
    "taikonauts,"（"太空人"）192, 193

ATK, ATK 公司 152

Atlantis, 亚特兰蒂斯号 2–7, 12

Atlas rocket, 宇宙神运载火箭 11, 118, 122, 142, 164, 175, 187

Atlas V, 宇宙神 5 号火箭 291
    design of,（设计）142
    preparing for launch,（准备发射）143, 147
    Russian parts on,（俄罗斯部件）140, 149
    sales of,（销售）188
    and Starliner,（星际客车）50
    US Air Force payload with,（美国空军发射任务）119
    as US rocket,（美国火箭）55
    Vulcan as replacement for,（火神号替代其他火箭）135, 143

Atomic Energy Commission, 原子能机构 211

AT&T, 美国电话电报公司 209

ATV (Automated Transfer Vehicle), 无人货运飞船 173

aurora, 曙光 61

Ausbun, Kaylee, 凯丽·奥斯本 115

Australia, 澳大利亚 269

Australian Space Research Institute, 澳大利亚航天研究所 269

Automated Transfer Vehicle (ATV), 无人货运飞船 173

Axiom Space, 公理太空公司 55

B

B-52 bomber, B-52 轰炸机 96, 96

Bangladesh, 孟加拉国 180

BE-3 engine, BE-3 型发动机 140

BE-4 engine, BE-4 火箭发动机 138, 140

BEAM (Bigelow Expandable Activity Module), 毕格罗充气式模块 54, 54

Bell Laboratories, 贝尔实验室 209

Bezos, Jeff, 杰夫·贝佐斯

　and Blue Origin,（蓝色起源）135–136, 140–141, 234

　future visions for Earth,（地球未来构想）35–36

　and international space agencies,（国际航天组织）181

　as space investor,（太空投资者）151, 154

　and Virgin Galactic,（维珍银河）101–102

Bigelow, Robert, 罗伯特·毕格罗 54

Bigelow Aerospace, 毕格罗航天公司 76, 245

Bigelow Expandable Activity Module (BEAM), 毕格罗充气式模块 54, 54

Bigelow expandable modules, 毕格罗可扩展模块舱 245

Bigelow habitation module, 毕格罗居住模块舱 235

Bigelow test module, 毕格罗测试模块 55

Big Falcon Rocket, 大猎鹰火箭 86, 125, 130

Big Falcon Spaceship, 大猎鹰飞船 129, 244, 248

"billionaires' club", "10 亿美元俱乐部" 151, 154

Block 1 shuttle, 一级火箭 53

Block 5 rocket, Block 5 型火箭 126

Bloom, Howard, 霍华德·布鲁姆 34

Blue Moon lander, 蓝色月球登陆器 141, 141, 209, 242, 245, 246

Blue Origin, 蓝色起源 135–141

　Advanced Development Programs,（高级开发项目）139

　BE-3 engine,（BE-3 型发动机）140

　BE-4 engine,（BE-4 火箭发动机）138, 140

　Jeff Bezos and,（杰夫·贝佐斯）35–36, 136, 234

　Blue Moon lander,（蓝色月球登陆舱）209, 246

　cislunar infrastructure with,（地月空间基础建设）245

　defined,（定义）291

　Rob Meyerson and,（罗伯·梅尔森）139

　New Glenn rocket,（新格伦号）136, 244, 291

　New Shepard,（新谢泼德号）51, 137, 291

　and new space race,（新太空竞赛）135–141

　pilot space settlements by,（飞行员定居太空）246

　public support of,（公众支持）250

　and reusability,（可重复使用）186, 195, 203

　as rival to Virgin Galactic,（维珍银河的竞争对手）101–102

　rockets of,（火箭）55

　suborbital test flights from,（亚轨道飞行测试）127

　for tourist flights,（观光飞行计划）59, 290

　and United Launch Alliance,（联合发射联盟）187–188

Boeing, 波音

　commercial space provider,（商业空间产业供应商）2, 158

　late deadlines of,（最后期限）7, 187

　NASA partnerships with,（与美国国家航空航天局合作运营）140, 141,208

　as private launch company,（私人发射公司）9–11, 157, 185

Starliner program,（星际客车计划）12, 50

Bolden, Charles, 查尔斯·博尔登 116

bone-density loss, 骨密度流失 72, 73

Bowie, David, 大卫·鲍伊 257

Branson, Richard, 理查德·布兰森 51, 94, 97, 100

breakthrough technologies, 技术突破 215

Brezhnev, Leonid, 勃列日涅夫 165–166

British Interplanetary Society, 英国行星际协会 266

Brookhaven National Lab, 布鲁克海文国家实验室 85

Bruno, Tory, 托里·布鲁诺 143–145, 147, 148

Buran space shuttle, 暴风雪号航天飞机 184

Bureau of Political-Military Affairs, 政治－军事事务局 169

Bush, George W., 乔治·W·布什 6, 212

C

California Central Coast, 加州中部海岸线 112

caloric intake, 热量的摄入 76

Caltech, 加州理工学院 36

Canadarm robots, 加拿大机械臂 179

Canadian Space Agency, 加拿大航天局 48, 113, 179

    accomplishments of,（成就）179

    Canadarm,（加拿大机械臂）179

    NASA partnership with,（与美国国家航空航天局合作运营）179

Canadian Space Society, 加拿大航天学会 268

Cantrell, Jim, 吉姆·坎特雷尔 104

carbon dioxide "bubbles", 二氧化碳气泡 74

Cardon, Thatcher, 撒切尔·卡登 108

Carina (constellation), 船底座（星座）83

Cassini-Huygens mission, 卡西尼－惠更斯项目 169–170

Cassini mission, 卡西尼任务 169–170

CASSIOPE satellite, CASSIOPE 空间气象监测卫星 113, 133

Centre national d'études spatiales (CNES), 法国宇航局 172

centrifugal force, 离心力 22, 80

centrifuges, 离心机 81–82

Cernan, Gene, 尤金·塞尔南 7, 8, 203

Challenger disaster, 挑战者号航天飞机灾难 5–6

Chandrayaan satellites, 月船航卫星 177

Chang-Díaz, Franklin, 富兰克林·张－迪亚兹 32–33, 250

Chicxulub impact, 希克苏鲁伯小行星撞击事件 222–223, 224

Chinese National Space Agency (CNSA), 中国国家航天局 191–196, 290

    budget of,（预算）195

    crewed stations in LEO,（近地轨道空间站）61, 62

    first trip to space,（首次太空旅行）48

    habitation modules created by,（居住舱建设）246

    launch costs lowered by,（降低发射成本）148, 244

    and Mars-500 study,（火星－500 计划）79

    and militarization of space,（太空部队）170–171

    moon landing planned by,（登月计划）65

    as new space power,（太空新势力）12, 188

    radiation guidelines of,（辐射标准）86

    and space entrepreneurs,（太空企业家）181

    stated intentions of,（国家目标）195, 196

    Tiangong stations launched by,（发射天宫号空间站）53–54

    unsuccessful Mars voyages of,（失败的火

星之旅）177

Chryse Planitia, 克里斯平原 248

Chrysler corporation, 克莱斯勒公司 125

CisLunar-1000 Economy, 地月空间－1000
经济计划 205, 206, 212–213

cislunar space, 地月空间 60, 245–247

clean-sheet design, 全新再设计 290

Clinton, Bill, 比尔·克林顿 167

CNES (Centre national d'études spatiales), 法
国宇航局 172

CNSA (Chinese National Space Agency), 中国
国家航天局 192

COLBERT space treadmills, 组合式操作承重
外部阻力跑步机 82

Cold War, 冷战 12–13, 28, 72, 142, 171, 237

Collins, Mike, 迈克尔·柯林斯 1

Colorado School of Mines, 科罗拉多矿业大学
147, 205

Columbia, 哥伦比亚号 6

Columbus module, 哥伦布模块 172–173

comets, 彗星 221

commercial airliners, 商用客机 120, 244

Commercial Crew Program, 商业载人项目
135

commercialization of space, 太空商业化
212–219, 232

Commercial Orbital Transportation Services
(COTS), 商业轨道运输服务 130, 213, 290

Commercial Resupply Services (CRS), 商业再
补给服务 213–214, 290

Commercial Space Launch, 商业太空发射
  Competitiveness Act (2015),（竞争法案）
  216–217

Conrad, Pete, 皮特·康拉德 72

Constellation program, 星座计划 6–9, 141

Convair, 康维尔工厂 142

  international cooperation（国际合作）

COTS. see Commercial Orbital Transportation

Services 见商业轨道运输服务

cramped quarters, psychological effects of, 狭
小空间，心理影响 76–80

craters, 陨石坑 223, 225

Cretaceous Period, 白垩纪 222

crewed landings, 载人登陆 245

crewed stations, 载人空间站 61–62, 64, 184

CRS (Commercial Resupply Services), 商业再
补给服务 213–214, 290

cryogenic state (fuel), 低温状态（燃料）148

cubesats, 立方体卫星 103, 104–106, 160

Cupola, 穹顶舱 77

Curiosity Mars rover, 好奇号火星探测器 84,
85

Cygnus, 天鹅座 12, 153

D

DART mission (Double Asteroid Redirection
Test), 双小行星重定向测试项目 226–227

deep-space economy, 深空经济 204, 206–209

Deep Space Gateway, 深空门户项目 240–241

Deep Space Industries, 深空工业公司 180,
216

defense systems, 防卫系统 246–247

Defense Trade Controls, 国防贸易管制
169–170

deflector shields, 偏转防护 90

Deimos, 火卫二 60, 175

Delta IV Heavy, 三角洲 4 号重型火箭 142,
146

Delta IV rocket, 三角洲 4 号火箭 52, 55, 135,
143, 146, 288

Delta rockets, 三角洲火箭 118, 122

delta-v, 速度变化 19–20

Denmark, 丹麦 156

depression, in astronauts, 宇航员抑郁症 79

Deutsches Zentrum für Luft- und Raumfahrt e.

V. (DLR), 德国航天中心 172, 173

DFJ (Draper Fisher Jurvetson Venture Capital), 德丰杰风险投资公司 155, 159

Didymoon (asteroid), 迪蒂莫恩 (小行星) 227

Dittmar Associates, 迪特玛联合公司 26–27

DLR (Deutsches Zentrum für Luft- und Raumfahrt e. V.), 德国航天中心 172, 173

dominance, 控制 76–77

Double Asteroid Redirection Test mission (DART), 双小行星重定向测试项目 226–227

Dove satellite, 鸽子立方体卫星 160

Dragon 2, 龙飞船 2 号 11, 19, 50, 55, 123, 130, 159, 186, 208

Dragon rocket, 龙飞船火箭 119, 123, 126, 130

Draper Fisher Jurvetson Venture Capital (DFJ), 德丰杰风险投资公司 155, 159

Dream Chaser, 追梦者号 11, 52, 55

Dyson, Freeman, 弗里曼 · 戴森 36, 240

Dyson Sphere, 巨型戴森球 240

E

Earth orbit, 地球轨道 244–245

Earth suborbital (as space destination), 地球亚轨道 59, 244–245

East India Trading Company, 东印度贸易公司 125–126

Edwards Air Force Base, 爱德华兹空军基地 95

Ehrenfreund, Pascale, 帕斯卡尔 · 亨弗雷德 173–174

Elachi, Charles, 查尔斯 · 埃拉奇 170

electrical fields, 电场 90

Electron rocket, 电子号火箭 103–104

elimination of waste, 清除排泄物 70, 107

Endeavor, 奋进号 3

Energia booster, 能源号火箭 129

entrepreneurs. see space entrepreneurs 见太空企业家

Epsilon rocket, 艾普斯龙运载火箭 175

European Space Agency (ESA), 欧洲航天局
accomplishments of,（ 成就 ）172–174
and crewed landings,（ 载人登陆 ）245
defined,（ 定义 ）290
HTV cargo,（ HTV 货运飞船 ）174
and international space agencies,（ 国际太空机构 ）181
lowering of launch costs by,（ 降低发射成本 ）148
modules,（ 模块 ）166
Moon Villages,（ 月球村 ）65, 239, 242
and NASA,（ 美国国家航空航天局 ）170
partnerships with,（ 合作关系 ）48, 167, 195
successful trips to Mars,（ 成功的火星之旅 ）177
work on Huygens probe by,（ 惠更斯探测器的工作 ）170–171

EVAs. see Extra Vehicular Activities 见舱外活动

Eve airplane, 母船伊芙号 95, 96, 97, 100, 101

exercise, in space, 太空锻炼 82

expeditionary model, settlement vs., 探险模式，定居模式 236

Explore Mars, 火星探索组织 268

Explorer 1 satellite, 探险者 1 号卫星 40–41

extended confinement, 长时间幽闭 76

Extra Vehicular Activities (EVAs), 舱外活动 70, 71, 107

F

FAA. see Federal Aviation Administration 见美国联邦航空管理局

fairings, 整流罩 120, 126, 194, 257, 259. see also payloads 见载荷

FAITH (Final Assembly, Integration, and Test Hanger), 信念（最终装配、集成和测试机库）95, 100

Falcon 1 (shuttle), 猎鹰 1 号 115, 126, 156, 159, 160

Falcon 9 (shuttle) for commercial launches, 猎鹰 9 号 194

    under construction,（建造中）213

    cost of,（成本）128, 130

    and COTS program,（成本加成）213

    defined,（定义）290

    first flight of,（首飞）126

    first launch of,（首次发射）156

    with hypersonic grid fins,（超音速栅格翼）127

    Merlin engine for a,（梅林发动机）126

    and reusability,（可重复使用）39, 119, 257

    and SpaceX,（SpaceX 公司）11, 112–115, 118, 120–121

    as US rocket,（美国火箭）55

    at Vandenberg A.F.B.,（范登堡空军基地）133

Falcon Heavy, 猎鹰重型火箭

    construction of,（建造中）123

    defined,（定义）290

    Delta IV Heavy and,（三角洲 4 号重型火箭）142, 146

    first launch of,（首次发射）129, 253–259

    for interplanetary travel,（星际旅行）128

    New Glenn and,（新格伦号）136, 137, 244

    reusability of,（可重复使用）261

    and SpaceX,（SpaceX 公司）11

    as US rocket,（美国火箭）55

Farshchi, Shahin, 沙辛法什奇 161

FCC (Federal Communications Commission), 美国联邦通信委员会 131

feathering system, 下降装置 98–99

Federal Aviation Administration (FAA), 美国联邦航空管理局 99, 131, 218

Federal Communications Commission (FCC), 美国联邦通信委员会 131

femtosats, 迷你卫星 103

Final Assembly, Integration, and Test Hanger (FAITH), 最终装配、集成和测试机库（信念）95, 100

Firefly Aerospace, 萤火虫航天公司 103

flight surgeons, 航天医生 73, 79, 108

Forbes magazine,《福布斯》杂志 151

Founders Fund, 创始人基金 126

France, 法国 79, 172–173

Freedom space station, 自由号空间站 166

French postal services, 法国的国家邮政集团 209

Friedman, Louis, 路易斯·费雷德曼 263

Friendship 7 spacecraft, 友谊 7 号飞船 164

fuel, 燃料

    for achieving orbit,（进入轨道）16

    cost of,（成本）128

    for leaving Martian surface,（离开火星表面）63

    liquid methane as,（液态甲烷）138

    for radiation shielding,（防辐射措施）88

    for SpaceX rockets,（SpaceX 火箭）144

    storage of,（储存）148

fuel depots, 燃料库 160, 202–203, 205, 208, 233

fuselages, 机身 122, 123

G

Gagarin, Yuri, 布尤里·加加林 42

galactic cosmic rays (GCRs), 银河宇宙射线

83, 90, 290

Garver, Lori, 罗莉·加弗 30, 207, 224, 249

Gateway, 门户项目 239–242, 244, 247, 290

GCRs (galactic cosmic rays), 银河宇宙射线 83, 90, 290

Gemini 4 mission, 双子座 4 号 71

Gemini spacecrafts, 双子座号飞船 44, 45, 71, 192

genetic damage, from radiation, 辐射造成的基因损伤 86

George Washington University, 乔治·华盛顿大学 186–187

geostationary Earth orbit, 地球同步轨道 59–60, 127

geosynchronous Earth orbit, 地球同步轨道 59–60, 206

German Aerospace Center, 德国航天中心 172–173

Gerstenmaier, Bill, 比尔·格斯登美尔 168, 209, 241

getting involved,（参与）261–269

    citizen groups,（公民组织）262–263

    expanded opportunities for,（机会增加）261–264

    indirect involvement,（不直接参与）262

    and the internet,（互联网）262

    organizations for,（组织）264–269

Glenn, John, 约翰·格伦 42, 142, 164

Goddard Space Flight Center, 戈达德航天飞行中心 31

GOES weather satellite, 地球静止环境业务气象卫星 233

Google, 谷歌 160

government spaceflight, 政府开展的轨道航天项目 244

GPS, GPS 系统（全球定位系统）28

gravity, 重力

    artificial,（人造的）80–82

on Earth,（地球）20

    effects of, on astronauts,（对宇航员的影响）22

    micro-,（微）82, 292

    overcoming,（克服）16–18

Greason, Jeff, 杰夫·格里森 215, 217, 250

Great Britain, 英国 177, 209

Griffin, Mark, 迈克·格里芬 35, 236

Gross Space Product, 空间生产总值 206

Guardian,《卫报》98

H

H3 launch vehicle, H3 火箭 175

Hadfield, Chris, 克里斯·哈德菲尔德 179

"handshake in space", "太空握手" 166

Harvard University, 哈佛大学 36

Haughton-Mars Project Research Station, 北极德文岛霍顿 – 火星项目研究站 269

Hawking, Stephen, 史蒂芬·霍金 35, 233

Hayabusa probe, 隼鸟号探测器 175

Hayn Crater, 海因环形山 62

heat-absorbing tiles, 隔热瓦 19–20

high-altitude aircrafts, 高空火箭飞机 69–70

The High Frontier: Human Colonies in Space (O'Neill),《高边疆：太空中的人类殖民地》（奥尼尔）238, 239

Highway 58 (California), 58 号公路（加利福尼亚）94

HI-SEAS simulator, HI-SEAS 模拟基地 78

The Hitchhiker's Guide to the Galaxy (Adams),《银河系漫游指南》（亚当斯）259

Hopkins, Mark, 马克·霍普金斯 36, 263

Hoshide, Akihiko, 星出彰彦 28

HTV spacecraft, HTV 货运飞船 173–175

Hubble Space Telescope, 哈勃空间望远镜 2

Hudson Bay Company, 哈德逊湾公司 250

Human Exploration and Operations, 人类探索和行动任务管理局 168, 208–209

humans, 人类

    destinations for, in space,（太空探索目的地）59–66

    and need for gravity,（需要重力）81

    spacecrafts for transporting,（运输用航天器）49–55

    in spaceflight,（太空飞行）44–48, 158, 177–178,262

    survival of,（生存）20–21, 34–36, 232–234,236

human waste, elimination of, 人类排泄物 70, 107

Huygens probe, 惠更斯探测器 169–170

hypersonic grid fins, 超音速栅格翼 127

I

IBM, 国际商业机器公司 157

Icarus Interstellar, 伊卡洛斯星际计划 269

ICBMs, 洲际弹道导弹 228

IKAROS spacecraft, 伊卡洛斯号太阳帆飞船 175

incentives, for space settlement, 鼓励太空定居 248–250

Indian Space Research Organization (ISRO), 印度空间研究组织 148

    accomplishments of,（成就）176–178

    collaboration with Russia,（与俄罗斯合作）177–178

    lowering launch costs,（降低发射成本）244

    Mangalyaan Mars orbiter,（火星飞船号火星轨道飞行器）177

    Mars Orbiter Mission (MOM),（火星轨道飞行器任务）177

    NASA partnership with,（与美国国家航空航天局合作）177, 178

    PSLV rocket,（极地卫星运载火箭）176

    space entrepreneurs in,（太空企业家）181

Indian Space Society, 印度航天学会 268

infrastructure. see space infrastructure, 空间基础设施

In-Situ Resource Utilization (ISRU), 原位资源利用 290

Institute of Biomedical Problems, 生物医学研究所 79

International Astronautical Congress, 国际宇航大会 234, 242

international cooperation, 国际合作 163–181

    and international accomplishments,（国际成就）172–179

    and international space agencies,（国际空间机构）180–181

    ITAR,《国际武器贸易条例》168–170

    space race as example of,（太空竞赛就是一个例子）163–168

International Space Development Conference, 国际空间发展会议 35

International Space Station (ISS), 国际空间站 53,168

    air circulation in,（空气循环）74

    aluminum hulls in,（铝壳）87

    Antares rocket and,（安塔瑞斯号运载火箭）153

    Apollo mission and, Atlantis mission and,（阿波罗号，亚特兰蒂斯号）2–3, 5–6

    aurora as seen from,（曙光）61

    BEAM module on,（可扩展活动模块）54

    cargo on,（货运）209

    centrifuges on,（离心机）81

    cost of,（成本）168

    decommission and privatization of,（退役或私有化）244

    defined,（定义）290

Dragon and,（龙飞船）50

Dream Chaser and,（追梦者号）52

and European Space Agency,（欧洲航天局）172–173

as example of international cooperation,（国际合作的例子）48, 163, 165, 194-198

as Freedom station,（自由号空间站）166, 167

hardware on,（硬件）153

HTV cargo,（HTV 货运飞船）174

Kelly brothers on,（凯利兄弟）75

André Kuipers on,（安德烈·柯伊普）82

launching to,（发射）15–16

in low Earth orbit,（近地轨道）59

Elon Musk and,（埃隆·马斯克）115–116

NASA and,（美国国家航空航天局）65

National Laboratory,（国家实验室）214

permanent occupation of,（投入使用）53

private space companies and,（私营太空企业）9, 208

shuttle approaching,（航天飞机）46

Soyuz and,（联盟号）49, 185, 189

Starliner and,（星际客车）50

3-D printers on,（3D 打印机）107

Unity module,（节点舱）171

window structures aboard,（站内的窗户）77

International Space University, 国际太空大学 266

International Traffic in Arms Regulation (ITAR),《国际武器贸易条例》168–170, 172, 195, 197

internet, 互联网 29, 131–132, 262

investors. see space investors 见太空投资者

involvement in space, 参与太空事业 263–269

Iran, 伊朗 180

isogrids, 打磨技术 122, 123

iSpace 星际荣耀 193

ISRO. see Indian Space Research Organization 见印度空间研究组织

ISRU (In-Situ Resource Utilization), 原位资源利用 290

ISS. see International Space Station 见国际空间站

ITAR. see International Traffic in Arms Regulation 见《国际武器贸易条例》

Iwamoto, Hiro, 岩本裕之 174–175

J

Jackson, Michael, 迈克尔·杰克逊 34

James Webb Space Telescope, 詹姆斯·韦伯太空望远镜 31

Japanese National Space Agency (JAXA), 日本宇宙航空研究开发机构 291

accomplishments of,（成就）174–175

Hayabusa probe,（隼鸟号探测器）175

HTV cargo,（HTV 货运飞船）174

Mars missions of,（火星探索任务）175, 177

modules,（模块）166

partnerships with,（合作关系）48, 167, 175

probing by,（调查数据）242–243

Jet Propulsion Laboratory (JPL), 喷气推进实验室 33–34, 41, 170, 238, 247, 263, 284, 291

Johnson Space Center, 约翰逊航天中心 31, 73–74

JPL. see Jet Propulsion Laboratory 见喷气推进实验室

Jupiter, 木星 21, 177, 196

Jurvetson, Steve, 史蒂夫·尤尔维森 126, 132, 155, 159–161, 210

K

Kelly, Mark, 马克·凯利 75–76

Kelly, Scott, 斯科特·凯利 73, 75–76

Kennedy, John F., 约翰·肯尼迪 13, 42, 164–165

Kennedy Space Center, 肯尼迪航天中心 6, 12, 30–31, 113, 251

Keravala, Jim, 吉姆·卡拉瓦拉 248–249

Khrushchev, Nikita, 尼基塔·赫鲁晓夫 164–165

kinetic impactor, 动能撞击器 227

Kistler Aerospace, 奇石乐航天公司 138

Knight, Peter, 彼得·奈特 70

Kuipers, André, 安德烈·柯伊普 82

Kymeta, Kymeta 公司 107

L

L5 Society, L5 协会 263

Lagrange points, 拉格朗日点 60, 64, 65, 228, 235, 238, 246

Laser Bees, 激光束 228

LauncherOne, 发射者 1 号 100, 102

launch vehicles, 运载火箭 186, 187

lava tubes, 熔岩隧道 89, 90, 241–243

LEO. see low Earth orbit 见近地轨道

Leonov, Alexei, 阿列克谢·列昂诺夫 45, 166

Link Space, 翎客航天 193

LMO (low Mars orbit), 火星轨道 60

Lockheed Martin, 洛克希德·马丁公司 50, 63, 142, 144

Logsdon, John, 约翰·罗根 187

long-duration spaceflight, 长期太空飞行 75

Long March boosters, 长征号火箭 49, 192

LOP-G. see Lunar Orbiting Platform-Gateway 见月球轨道平台 – 门户

Los Angeles International Airport, 洛杉矶国际机场 121

Lovell, Jim, 吉姆·洛威尔 7

low bone density, 低骨密度 72

low Earth orbit (LEO), 近地轨道

  aluminum hulls for shuttles in,（航天飞机的铝壳）87

  Apollo 17 in,（阿波罗 17 号）203

  aurora in,（曙光）61

  capsule design for,（性能设计）55

  defined,（定义）291

  exploration beyond,（探索超越）10

  outposts in,（前哨站）61–62

  and radiation,（辐射）21, 82–85

  satellites in,（卫星）107

  as travel destination,（航天目的地）7, 59

low Mars orbit (LMO), 火星轨道 60

Luna 2 spacecraft, 月球 2 号航天器 183

Lunar and Planetary Institute, 月球与行星研究所 231

Lunar Module, 登月舱 141

Lunar Orbiting Platform-Gateway (LOP-G), 月球轨道平台 – 门户 188, 239–240, 245, 290

lunar rovers, 月球漫游车 246

Lunar Roving Vehicle, 月球车 203

lunar space stations, 月球空间站 245

Luxembourg, 卢森堡 161, 180, 217

Luxembourg Space Cluster, 卢森堡航天集团 180

M

Made In Space, Inc., 太空制造公司 107–108

Maezawa, Yusaku, 前泽友作 130

magnetic field, on Earth, 地球磁场 21, 22, 82, 83, 86

Manber, Jeffrey, 杰弗里·曼伯 106

Mangalyaan Mars orbiter,（火星飞船号火星

轨道飞行器）177, 178

Marius Hills, 马吕斯山 242

Mars, 火星

  Aldrin Cyclers on,（奥尔德林环线号）209

  as candidate for human spaceflights,（载人航天的候选目的地）62–63

  capsules orbiting near,（太空舱）55

  collecting resources on,（获取资源）216

  colonies on,（殖民地）34–35, 89, 238–240, 246

  cost of sending humans to,（载人航天成本）27

  as destination,（目的地）60

  and Earth's gravity,（地球引力）18

  European probes on,（欧洲探测计划）173

  galactic radiation on,（银河宇宙辐射）84–85

  and Gateway,（门户项目）240

  Indian orbiter,（印度飞行器）177, 178

  JAXA plans to reach,（日本宇宙航空研究开发机构）174–175

  journeys to,（旅居）66

  landings on,（登陆）46, 248

  as long-term goal for space travel,（太空探索长期目标）161, 172

  moons of,（卫星）60

  orbiting of,（轨道）60, 247

  and Orion capsules,（猎户座号飞船）52

  robotic rocket,（机器人）247

  rovers on,（探测器）237

  settlements on,（定居）248, 251

  simulation of bases on,（仿真基地）78–79

  SpaceX plans for,（SpaceX 的火星业务）125–126, 129

  successful trips to,（成功的火星之旅）177

  survival on,（生存）20, 21

  timeline to get to,（时间线）247–248

  and United Arab Emirates Space Agency,（阿联酋航天局）180

  water-ice shields for living on,（水冰为定居点提供防护）91

  water on,（水）204, 217

Mars-500 simulator, 火星 – 500 模拟舱 79

Mars Base Camp, 火星大本营 63

Mars Exploration Rover, 火星漫游车 195

Mars First advocates, "火星优先"的拥护者 62–63

The Mars Institute, 火星研究所 269

Mars Orbiter Mission (MOM), 火星轨道飞行器 177, 178

Mars OXygen In-situ utilization Experiment (MOXIE), 火星氧气原位资源利用实验 238

Mars Sample Return, 火星样本回运火箭 247

Mars Science Laboratory, 火星科学实验车 84

The Mars Society,（火星学会）264–265

mass, of spacecrafts, 航天器质量 77, 87–88

mass reduction, 消减质量 122, 123

Maxar Technologies Ltd., 马克萨技术有限公司 179

medical research, 医学研究 27–28, 72–76

Mercury program, 水星计划 2, 18, 19, 43, 44, 53, 59, 137, 178

Mercury Redstone 3 (MR-3), 水星 – 红石 3 号火箭 43, 44

Merlin engine, 梅林发动机 126, 128, 131

metamaterials, 超材料 108

Meyerson, Rob, 罗伯·梅尔森 138–140

microgravity, 微重力 82, 293

Microsoft, 微软 102, 107

militarization of space, 太空军事化 170–171

Mir space station, 和平号空间站 2, 44, 46–47, 48, 54, 73, 166, 166–167, 184–185

Mitchell, Edgar, 埃德加·米切尔 32, 33

Mojave, California, 加利福尼亚州莫哈维市 94

Mojave Airport, 莫哈维机场 94

Mojave Desert, 莫哈维沙漠 98, 111

Mojave Spaceport, 莫哈维航天发射场 94–95

MOM (Mars Orbiter Mission), 火星轨道飞行器 177, 178

moon (Earth's), 月球 20, 158, 161

    bases on,（基地）245–246

    as candidate for human spaceflight,（载人航天的候选目的地）62

    capsules orbiting near,（太空舱）55

    collecting resources from,（获取资源）203, 204, 216

    as destination,（目的地）60

    exposure to radiation on,（暴露在高辐射环境中）82–83

    galactic radiation on,（银河宇宙辐射暴露问题）84

    and Gateway,（门户项目）240

    landing on,（登陆）245

    manufacturing on,（基础建设）245

    mining on,（采矿）88, 89, 246

    north pole of,（北极）62

    as objective for SpaceX,（SpaceX 的目标）125

    orbiting of,（轨道）59, 60

    orbit of, during SELENE mission,（月亮女神绕月任务轨道）175

    and Orion capsules,（猎户座号）52–53

    outpost on,（前哨站）235

    as short-term goal for space travel,（太空探索短期目标）172

    space settlements on,（太空定居点）240–243

    storage depots on,（轨道仓库）219

    surface of,（表面）60

    travel to,（旅居）66

    water ice on,（水冰）204

Moon Express, 月球快车 209, 218

Moon First advocates, "月球优先" 62

moons (in general) of Mars, 火星卫星 60, 175

    Saturn's moon Titan,（土卫六）169

"Moon Village", "月球村" 65, 173, 241, 242

Moscow, Russia, 俄罗斯莫斯科 28, 79

MOXIE (Mars OXygen In-situ utilization Experiment), 火星氧气原位资源利用实验 238

Mueller, Rob, 罗伯·穆勒 249

Multi-Purpose Logistics Module, 多功能后勤舱 3

Murray, Bruce, 布鲁斯·莫里 263

muscle mass, reduction in, 肌肉萎缩 73

Musk, Elon 埃隆·马斯克

    "billionaires' club" and,（"10 亿美元俱乐部"）151, 154

    Charles Bolden and,（查尔斯·博尔登）116

    on colonizing Mars,（移民火星）34–35

    and creation of SpaceX,（创立 SpaceX）115–119

    Falcon rockets and,（猎鹰火箭）254–256, 257–259

    and international space agencies,（国际空间机构）181

    Steve Jurvetson and,（史蒂夫·尤尔维森）159

    lunar base supported by,（支持建设月球基地）242

    on moving humans to space,（人类进入太空）233

    prediction of launch prices by,（预测发射报价）148

    and reusability,（可重复使用）39

    and SpaceX,（SpaceX 公司）7, 118, 123–126

    Tesla roadster,（特斯拉跑车）257–259

mutual funds, for private investors, 对私营太空企业的投资 154

Myhrvold, Nathan, 纳森·迈尔沃德 107

N

N1 booster, N-1 火箭 43

N1 moon rocket, N1 大型月球火箭 185

NAFCOM (NASA Air Force Costing Methodology), 美国国家航空航天局 / 美国空军使用的成本计算方法 213

NanoRacks, 纳诺拉克斯公司 105–107, 154, 157

nanosats, 纳米卫星 103

NASA. see National Aeronautics and Space Administration 见美国国家航空航天局

NASA Air Force Costing Methodology (NAFCOM), 美国国家航空航天局 / 美国空军使用的成本计算方法 213

NASA Ames Research Park, 美国国家航空航天局艾姆斯研究中心 107

NASDA (National Space Development Agency), (日本) 国家太空发展局 174

National Aeronautics and Space Administration (NASA), 美国国家航空航天局 see also Jet Propulsion Laboratory (JPL) 见喷气推进实验室 291

 asteroid detection systems, (小行星侦测系统) 222

 and Bigelow Aerospace, (毕格罗航天公司) 54

 budget of, (预算) 26–27, 178

 Bill Clinton's changes to, (比尔·克林顿改变计划) 167

 Commercial Crew Program, (商业载人项目) 135

 and cost of launching water into orbit, (发射注满水的轨道舱) 88, 89

 and crewed landings, (载人登陆) 245

 and Dream Chaser, (追梦者号) 52

and European Space Agency, (欧洲航天局) 170

and Falcon Heavy launch, (发射猎鹰重型火箭) 253

history of, (历史) 1–13

and human spaceflight missions, (载人航天任务) 61, 65

legal constraints around, (法律制约) 168–170

Lunar Orbiting Platform-Gateway, (月球轨道平台 – 门户) 60

mapping of asteroids by, (小行星图) 222, 224, 225

medical professionals from, (医学专家) 73–74

MR-3 flight timeline from, (水星 3 号时间轴) 44

National Space Council and, (美国国家空间委员会) 211, 212

partnerships with, (合作关系) 9, 129–130, 140–141, 153, 158, 174, 175, 177, 178, 179, 245

and permanent space settlement, (永久定居太空) 235–237

psychologists/psychiatrists working at, (心理学家和精神病学家的工作) 77–78

and public-private partnerships, (公私合作) 209–213

safety regulations at, (安全问题) 99–100, 107

simulations created by, (模拟) 78–79

and SLS/Orion, (猎户座飞船 / 空间发射系统) 52, 53, 55

and spaceflight-capable nuclear reactors, (可用于航天飞行的核反应堆) 90

space infrastructure and, (空间基础设施) 211–219

and space race, (太空竞赛) 42–44

and space settlements,（定居太空）235–237, 239–242

and SpaceX Dragon,（SpaceX 的龙飞船）50

sponsored events for start-ups,（创业资助活动）156

study of space colonies by,（太空殖民研究）234

study of space radiation by,（宇宙辐射研究）84

use of robotics by,（使用机器人）237

US workforce and spending by,（美国劳动力及投资）29–30

National Aeronautics and Space Council, 美国国家航空航天委员会 211

National Defense Authorization Act (2016), 美国国防授权法案 (2016) 119

nationalism, 民族主义 163–164

National Laboratory, 国家实验室 214

National Oceanic and Atmospheric Administration, 国家海洋和大气管理局 233

National Space Council, 美国国家空间委员会
defined,（定义）291
NASA and,（美国国家航空航天局）65, 211, 212
Scott Pace and,（斯科特·佩斯）171, 197, 235
rules of the new,（新规则）216, 218

National Space Development Agency (NASDA), 日本国家太空发展局 174

National Space Society, 美国国家空间协会 264
defined,（定义）291
founding of,（建立）262–263
International Space Development Conference,（国际空间发展会议）35, 36
Bruce Pittman and,（布鲁斯·皮特曼）204
Space Settlement Summit,（太空定居峰会）202

George Whitesides and,（乔治·怀特塞兹）97

National Transportation Safety Board (NTSB), 美国国家运输安全委员会 99

Navy, 海军 76, 77

near Earth objects (NEO), 近地天体 291

New Armstrong, 新阿姆斯特朗号 51

New Glenn, 新格伦号 51, 136–139, 244, 291

New Horizons Pluto mission, 新地平线号冥王星探测任务 132

New Line 1 vehicle, 新航线 1 号 193–194

New Shepard, 新谢泼德号 51, 136–139, 291

NewSpace, 新太空时代 137, 152, 291

new space race, 新太空竞赛 135–148
Blue Origin and,（蓝色起源）135–141
United Launch Alliance and,（联合发射联盟公司）141–148

New Zealand, 新西兰 103

normal bone density, 正常骨密度 72

North Korea, 朝鲜 180

Northrop Grumman Corporation, 诺思洛普·格鲁曼公司 102, 121, 152, 154

Northrop Grumman Innovation Systems, 诺思洛普·格鲁曼创新系统 12, 102, 152, 174

Northwestern University,（美国）西北大学 125

Norway, 挪威 153

NSS (National Space Society), 美国国家空间协会 291

NTSB (National Transportation Safety Board), 美国国家运输安全委员会 99

nuclear reactors, for spaceflight, 可用于航天飞行的核反应堆 90

O

Obama, Barack, 贝拉克·奥巴马 6, 9, 56–57,

221, 228

"offshoring", "离岸外包" 178

OffWorld, 外星贸易公司 248

O'Neill, Gerard, 杰拉德·奥尼尔 238–240, 249, 263, 267

O'Neill space cylinders, 奥尼尔圆柱形太空定居点 238–239

One Space, 零壹空间 193

OneWeb, 一网公司 131

Orbital ATK, 轨道 ATK 公司 12, 102, 103, 152, 153, 154

orbital refueling depot, 轨道燃料仓库 203

Orbital Sciences, 轨道科学发射公司 152, 158

orbiting stations, 轨道空间 63–64, 71–72

ore, from asteroids, 小行星矿石 64–65

organizations, space-related, 与太空相关的组织 264–269

Orion, 猎户座号 291
    Altair and, (牵牛星号) 8
    capsule, (太空舱) 78
    for deep-space exploration, (深空探索) 53
    as government spaceflight, (政府开展的轨道航天项目) 244
    rendezvous with asteroid, (与小行星相会) 56–57
    Soyuz and, (联盟号) 186
    and Space Launch System, (空间发射系统火箭) 9, 10, 52, 55, 244, 247

Outer Space Treaty (1967), 《外层空间条约》 (1967) 165, 216, 218

outposts, 前哨站 233

overview effect, 总观效应 32

Oxford University, 牛津大学 233

ozone layer, 臭氧层 226

P

Pace, Scott, 科特·佩斯 171–172, 212, 235

Paleogene era, 古近纪 222

partial-gravity environments, 低重力环境 22, 81

Passengers (movie), 《太空旅客》 (电影) 81

passive radiation shielding, 被动防护辐射 90

payloads, 载荷 119, 126, 257, 259, 291.

Pegasus rocket, 飞马座火箭 152–153

Pegasus satellite, 飞马座小行星发射器 102, 103

Pence, Mike, 迈克·彭斯 212, 218

Pew Research Center, 皮尤研究中心 250

Phobos, 火卫一 60, 175

Physics Today (journal), 《今日物理学》 (杂志) 238

Pickering, Bill, 比尔·皮克林 41

Pittman, Bruce, 布鲁斯·皮特曼 204–206

Planetary Resources, 行星资源公司 158–159, 180, 215

The Planetary Society, 美国行星学会 232, 267, 268

Planet Labs, 行星实验室 105–106, 159, 160

plasma shielding, 等离子防护 90

plastic, in spacecrafts, 航天用塑料 87

Pluto mission, 冥王星探测任务 132

pressure suits, 压力服 69–70

pressurized, 增压 291

Prince, 王子 34

Princeton University, 普林斯顿大学 98, 238

private investment opportunities, 私人投资机会 152–155, 157

private spaceflight, 私人航天 291

probes, 探测 173

propellant, 推进剂 292

PSLC rocket, 印度极地卫星运载火箭 176

psychiatrists, at NASA, 美国国家航空航天局精神病学家 77–78

psychological issues, from confinement, 身处狭小空间内的心理问题 76, 79

psychologists, at NASA, 美国国家航空航天局心理专家 77–78

public-private partnerships, 公私合作伙伴关系 209–213

Putin, Vladimir, 弗拉基米尔·普京 187

Q

Quayle, Dan, 丹·奎尔 212

R

RAD (Radiation Assessment Detector), 辐射评估探测器 84, 85

radiation, 辐射 21–22, 82–91

    genetic damage from, (基因损伤) 85

    map of solar, (太阳辐射图) 84

    shielding from, (防护措施) 90–91

    sources of, (来源) 83–84

    Van Allen belts as defense against, (范艾伦辐射带) 82

Radiation Assessment Detector (RAD), 辐射评估探测器 84, 85

RD-180 rocket engine, RD-180 火箭发动机 149

Reagan, Ronald, 罗纳德·里根 167, 217

"Recommendations to the Next Administration Regarding Commercial Space", "向继任政府提出的关于商业太空建议" 212–215

Red Planet. see Mars 见火星

reentering the atmosphere, 重返地球大气层 18, 19

regolith, 风化层 89

research and development (R&D), 研究与开发 215

resources, 资源

    collecting, (收集) 200

    competition over, (竞争) 216–219

    extraction of, (提取) 158, 207, 238, 246

    storing mined, (存储开采) 88

    utilizing, for space settlements, (人类定居太空) 232, 233

retrorockets, 制动火箭 18

reusability, 可重复使用

    Blue Origin and, (蓝色起源) 196

    defined, (定义) 293

    SpaceX and, (SpaceX 公司) 39, 119–121, 125, 126–128, 202, 257

    United Launch Alliance and, (联合发射联盟公司) 143–145

Richter scale, 里氏震级 225

robotic landings, 机器登陆 245

robotic probes, 机器探测器 64

Rocket Lab, 火箭实验室 103–104

rockets, 火箭 103, 104, 122–123, 131. see also specific rockets, e.g.: Saturn V 见土星 5 号火箭等

Rohrabacher, Dana, 达娜·罗拉巴克 236–237

Roscosmos, 俄罗斯联邦航天局 186–187, 204, 292

Rosen, Stanley, 斯坦利·罗森 32, 233, 234

Russian Academy of Sciences, 俄罗斯科学院 79

Russian space program, 俄罗斯太空计划 12, 183–188

    achievements of, (成就) 183–184

    challenges facing, (面临的挑战) 184–187

    Chelyabinsk asteroid collision, (车里雅宾斯克小行星撞击事件) 224

    collaboration with India, (与印度合作) 177–178

    cooperative crewed missions with US, (与美国合作执行载人任务) 167

    crewed stations in LEO, (近地轨道空间站) 61–62

    future of, (未来) 187

international collaboration,（国际合作）48

launch vehicles,（运载火箭）186, 187

lowering launch costs,（降低发射成本）148

Mars aspirations of,（火星研究前景）65, 79

militarizing space,（太空军事化）170–171, 218–219

Mir space station,（和平号空间站）2, 44, 46–47, 166–167, 184–185

NASA partnership with,（与美国国家航空航天局合作）245

nuclear weapons against asteroids,（用核武器抗击小行星）228

radiation guidelines of,（辐射标准）86

selling parts to United Launch Alliance,（联合发射联盟公司）140

Soyuz,（联盟号）7–8, 42–43, 44, 47, 48, 49, 55, 59, 183–189, 199, 244

space entrepreneurs in,（太空企业家）181

and Ukraine,（乌克兰）153

Zarya module,（曙光号功能货舱）171

Rutan, Burt, 伯特·鲁坦 94, 99, 102

S

SAA (Space Act Agreements), 太空行动协议 213

safety, of spaceflight systems, 太空飞行系统的安全性 99–100,107

Sagan, Carl, 卡尔·萨根 263

Saint-Exupéry, Antoine de, 安托万·德·圣-埃克苏佩里 1

Salyut space station, 礼炮号空间站 71–72, 184

satellites, 卫星

    Chinese,（中国的）192–193

    commercial,（商业的）28–29

    global broadband internet via,（环球宽频互联网）130–132

    Indian,（印度的）176, 177, 178

    in low Earth orbit,（近地轨道）107

    Planet Labs,（行星实验室）160

    for small launches,（小型发射）102

    solar-power,（太阳能）202, 232, 247

    space entrepreneurs and,（太空企业家）93–100

    weather,（气象）233

Saturn, 土星 170, 196

Saturn V moon rocket, 土星 5 号月球火箭 17, 41, 44, 45, 52, 115, 128, 129, 214, 253, 254

Saudi Arabia, 沙特阿拉伯 155, 180

Scaled Composite, 缩比复合材料公司 99

Sea Launch, 海上发射公司 153, 154

SEDS (Students for the Exploration and Development of Space), 太空探索开发学生组织 267

SELENE mission, 月亮女神绕月任务 175

The Seti Institute, 地外文明搜索研究所 266

settlement model, expeditionary vs., 探险模式 236

settlements in space. see space settlements 见太空定居点

747 carrier plane, 747 运载飞机 101

Shackleton, Ernest, 欧内斯特·沙克尔顿 231

Shanghai Science and Technology Museum, 上海科技馆 49, 199

Shedd, John A., 约翰·谢德 99

Shenzhou stations, 神舟号飞船 49, 192–193, 198, 292

Shepard, Alan, 艾伦·谢泼德 42, 43–44, 136

Shotwell, Gwynne, 格温妮·肖特维尔 118, 121, 124–125, 128–131

Shuguang spacecraft, 曙光号飞船 192

Siddiqui, Asif, 阿西夫·希迪奇 187

Sierra Nevada Corporation, 内华达山脉公司

12, 52

Silicon Valley, 硅谷 31, 209

65803 Didymos (asteroid), 65803 号小行星迪蒂莫斯 226, 227

Skylab, 太空实验室 46, 71–72, 77, 87, 254

SLC-4E (Space Launch Complex 4E), 航天发射操作台 4 – 东 112

sleep cycles, 睡眠周期 76

SLS. see Space Launch System 见空间发射系统火箭

smallsats, 小卫星 103

smartphones, 智能手机 28, 106

Smithsonian Institution, 史密森学会 234

solar-power satellites, 太阳能卫星 202, 232, 246

solar radiation, 太阳辐射 84

South Korea, 韩国 180

Soviet Union. 苏联 see also Russian space program 见俄罗斯太空计划

    Energia booster,（助推器）128

    "handshake in space",（"太空握手"）166

    international cooperation with,（国际合作）164,197

    Mir space station,（和平号空间站）44, 167

    N1 moon rocket,（N1 大型月球火箭）185

    Salyut,（礼炮号）71

    and space race,（太空竞赛）42, 69, 163–165,176

    Sputnik,（斯普特尼克号）40, 183, 192

    unsuccessful trips to Mars,（成功的火星之旅）177

Soviet Venera 13 probe, 苏联金星 13 号探测器 184

Sowers, George, 乔治·索尔斯 147, 205, 207

Soyuz, 联盟号 292

    Apollo docking with,（与阿波罗号对接）166

    Apollo-Soyuz Test Project,（阿波罗－联盟号测试计划）165–166

    cost of seats on,（单客费用）8

    for government spaceflight,（政府开展的轨道航天项目）244

    for human travel,（载人飞行）49

    and International Space Station,（国际空间站）48, 49, 185, 189

    landing,（着陆）19

    in low Earth orbit,（近地轨道）59

    replacement of,（取代）185–186

    for travel to the moon,（月球之旅）42–43, 55, 183

space, 太空

    aurora as seen from,（曙光）61

    commercialization of,（商业化）210–215

    defined,（定义）292

    involvement in,（参与）261–269

    medical impact of, on the body,（医学上对身体的影响）72–76

    militarization of,（军事化）170–171

    sunset as seen from,（日落）16

    and survival of humanity,（人类生存）20–21,34–36

    temperatures in,（温度）21

    travel destinations in,（目的地）59–60

    travel to and from,（往返）15–23

Space 2.0, 太空 2.0 292

Space Act Agreements (SAA), 太空行动协议 213

space age, 太空时代

    cooperation between US and Russia during,（美国和俄罗斯之间的合作）48

    first,（第一个太空时代）39–55

    and human-rated spacecrafts,（载人航天器）49–55

    rebirth of,（重生）253–259

    and space race,（太空竞赛）40–44, 48

space agencies, international, 国际太空机构 180–181

Space Angels, 太空天使投资公司 155–158, 217

space colonies, 太空移民 234

spacecraft. See also specific spacecraft, e.g.: 见各类航天器

Soyuz, 联盟号
    human-rated,（载人）49–53
    Japanese,（日本）175
    mass of,（质量）77, 87–88
    materials comprising,（材料）87, 89

space entrepreneurs, 太空企业家 93–108. see also space investors 见太空投资者
    Jeff Bezos,（杰夫·贝佐斯）101–102
    Blue Origin,（蓝色起源）101–102
    Richard Branson,（理查德·布兰森）94, 97, 100
    defined,（定义）292
    Firefly Aerospace,（萤火虫航天公司）103
    Kymeta,（Kymeta 公司）102
    Made In Space, Inc.,（太空制造公司）107–108
    NanoRacks,（纳诺拉克斯公司）105, 106
    Planet Labs,（行星实验室）106
    Rocket Lab,（火箭实验室）103–104
    and space settlements,（定居太空）234
    Stratolaunch, 平流层发射公司 102
    Vector Space Systems,（矢量空间系统公司）104
    Virgin Galactic,（维珍银河）93–101
    Virgin Orbit,（维珍轨道公司）100–102
    George Whitesides,（乔治·怀特塞兹）97, 98, 100–102

space exploration, 太空探索 25–36, 233

Space Exploration, Development, and Settlement Act (2016),《2016 年太空探索开发定居法案》237–238

Space Exploration Technologies Corp. see SpaceX 见 SpaceX

Spaceflight, 航天
    destinations for,（目的地）59–60
    government,（政府）244
    and human factors,（人的因素）44–48
    Indian crewed flights,（印度载人航天）177–178
    investors' interest in,（投资者的兴趣）158
    and nuclear power,（核能）90
    private,（私人航天）291
    safety considerations in, 安全问题 99–100, 107

Spaceflight magazine,《航天》杂志 266

The Space Foundation,（太空基金会）266

Space Frontier Foundation, 太空前沿基金会 266

Space Generation Advisory Council, 太空时代顾问委员会 269

Spacehub, 太空居公司 153

space infrastructure, 太空基础设施 201–219
    Aldrin Cyclers,（奥尔德林环线号）209–210, 211
    and commercialization of space,（太空商业化）213–214, 217
    and competition over resources,（资源的竞争）215–217
    creating,（创建）202–204
    and deep-space economy,（深空经济）204–208
    defined,（定义）292–293
    elements of,（基础）202
    groups developing,（组织发展）215–216
    NASA and,（美国国家航空航天局）207–215
    National Space Council,（国家空间委员会）211, 212

space investors, 太空投资者 151–161. See also

space entrepreneurs 见太空企业家

    Chad Anderson,（查德·安德森）155–158

    ATK,（轨道 ATK 公司）152–153

    Jeff Bezos,（杰夫·贝佐斯）151, 154

    Steve Jurvetson,（史蒂夫·尤尔维森）155, 158–160, 159

    Elon Musk,（埃隆·马斯克）154, 158, 159

    mutual funds for,（投资）154

    NanoRacks,（纳诺拉克斯公司）154, 157

    NewSpace,（新太空时代）152

    Orbital Sciences,（轨道科学发射公司）152, 158

    Planetary Resources,（行星资源公司）158

    Planet Labs,（行星实验室）159, 160

    Sea Launch,（海上发射公司）153–154

    Space Angels,（太空天使投资公司）155–158

    Spacehub,（太空居公司）153

    Space Services Incorporated,（太空服务公司）152, 154

    SpaceX,（SpaceX 公司）156–160

    Tesla, Inc.,（特斯拉公司）159

Space Launch Complex 4E (SLC-4E), 航天发射操作台 4－东 112

Space Launch System (SLS), 空间发射系统火箭

    Block 1 shuttle,（一级火箭）53

    and Blue Origin,（蓝色起源）140, 242

    defined,（定义）292

    Gateway launched by,（开展门户项目）242

    Orion and,（猎户座号）8, 10, 52, 55, 244,247

Space Medicine Association, 太空医学会 73

Space Policy Institute, 空间政策研究所 187

Space Poop Challenge, 太空便便挑战 108

space race. see also new space race, 新太空时代

    defined,（定义）290

and international cooperation,（国际间合作）163–169

    in 1960s,（在 20 世纪 60 年代）13, 42–44, 69

Space Services Incorporated (SSI), 太空服务公司 152, 154

space settlement, 定居太空 63–66, 231–250

    creating incentives for,（建立奖励机制）248–250

    defined,（定义）292

    entrepreneurs and,（企业家们）234

    and human survival,（人类生存）232–234, 236

    on Mars,（在火星上）247–248

    on the moon,（在月球上）62–63, 241–244

    NASA and,（美国国家航空航天局）235–237, 240–243

    non-human,（非人类生存环境）233

    and resource utilization,（资源利用）232, 233

    technology to support,（技术支持）238–241

    timeline for,（时间线）243–248

    via O'Neill space cylinders,（奥尼尔构想的圆柱形太空定居点）239–240

Space Settlement Summit (2017), 太空定居峰会 202, 203

SpaceShipOne, 太空船 1 号 94

SpaceShipTwo, 太空船 2 号 98, 99

space shuttle. 航天飞机 see US space shuttle 见美国航天飞机

Space Studies Institute, 太空研究所 239, 240, 267, 269

space suits, 航天服 69–71, 201

Space Symposium, 太空专题讨论会 266

Space Systems/Loral (SSL), 劳拉太空系统公司 179

Space Tech Summit 2018, 2018 年航天技术峰

会 161

space tourism, 太空旅行者 85

Space Transportation System, 空间运输系统 2

space tugs, 太空拖船 145, 147, 148

spacewalks, 太空行走 70, 71, 184

SpaceX, SpaceX 公司 111–132, 156–160

　　Big Falcon Rocket,（大猎鹰火箭）86

　　Jim Cantrell and,（吉姆·坎特雷尔）104

　　Commercial Crew Program funding,（商业载人项目）135

　　as commercial spacecraft,（商业航天飞船轨道）7, 9–12, 244

　　and cost of launching water into orbit,（将水送入轨道的成本）88, 89

　　and crewed landings,（载人航天）244

　　defined,（定义）293

　　and Dragon rockets,（龙飞船）19, 20, 50, 55, 123, 126, 128, 159, 186, 208

　　Falcon 9,（猎鹰 9 号）194, 213, 253-254, 257

　　Falcon Heavy,（猎鹰重型火箭）146

　　and global broadband internet access,（接入全球宽带互联网）130–131

　　headquarters,（总部）121–122, 124

　　investors of,（投资者）129–130

　　and isogrip machining,（替代方案）123

　　landings on Mars by,（登陆火星）247

　　large rocket development by,（开发大型火箭）52, 55

　　late deadlines of,（最后期限）187

　　and launch costs,（发射成本）131

　　launch sites,（发射场）112–113,

　　in low Earth orbit,（近地轨道）126-128

　　Elon Musk and,（埃隆·马斯克）115–125

　　NASA partnership with,（同美国国家航空航天局合作）129–130, 140, 174

　　pilot space settlements by,（飞行员定居太空）246

　　plans for Mars,（火星计划）125–126, 129, 247

　　public support of,（公众的支持）250

　　and reusability,（可重复使用）39, 50, 112–115, 117-119, 121-125, 126, 186, 193

　　rocket factory,（火箭工厂）121-122, 124, 126

　　satellites launched by,（发射的卫星）102

　　Gwynne Shotwell and,（格温妮·肖特维尔）124–125, 128, 130-131

　　Tesla roadster,（特斯拉跑车）257

　　United Launch Alliance vs.,（和联合发射联盟公司的竞争）142–148

　　Virgin Galactic vs.,（同维珍银河的竞争）121

Spudis, Paul, 保罗·斯普迪斯 231

Sputnik, 斯普特尼克号 40, 41, 183, 192, 238

SSI (Space Services Incorporated), 太空服务公司 152, 154

SSL (Space Systems/Loral), 劳拉太空系统公司 179

Stafford, Tom, 汤姆·斯坦福德 166

Stanford Torus, 斯坦福圆环 240

Starbucks, 星巴克 29

star cluster, 星团 83

Starliner, 星际客车 11, 12, 50, 50, 55, 186

"Starman", "星人" 258-259

stars, as source of radiation, 作为辐射源的恒星 83–84

"Starship"，"星舟" see Big Falcon Spaceship 见大猎鹰飞船

Star Trek (television),《星际迷航》80, 231

STEAM activities, 科学、技术、工程、艺术、数学活动 264

STEM activities, 科学、技术、工程、数学活动 264

Stern, Alan, 艾伦·斯特恩 132

storage depots, 存储仓库 207, 219

storm shelters, 风暴庇护所 90

Stratolaunch rocket, 平流层发射火箭 102, 244

Students for the Exploration and Development of Space (SEDS),《2016 年太空探索开发定居法案》237

Styx, 斯提克斯乐队 34

submarines, 潜艇 76

suborbital flight, 亚轨道飞行 244

suits, for astronauts, 航天员的宇航服 70–71

sun, as source of radiation, 作为辐射源的太阳 83–84

sunset, from space, 航天视角的日落 16

superconductors, 超导体 90

"Super Heavy". 大猎鹰 see Big Falcon Rocket 见大猎鹰火箭

survival of humanity, 人类生存 20, 34

T

"taikonauts", 中国航天员 192

tankers, 货柜 88

Tarver, Bill, 比尔 · 塔弗 73–75, 77, 79, 82, 84-85

Tau Zero Foundation, 套零基金会 265

temperatures, 温度

    impact of asteroids on,（小行星撞击地球时）226

    in space,（在太空中）21, 70

    territoriality,（领域行为）76

Tesla, Inc., 特斯拉公司 159

Tesla roadster, 特斯拉跑车 257–259

3-D printers, 3D 打印技术 106–107, 204, 210, 240–241, 245

3U cubesats, 3U 立方体卫星 106

Tiangong space station, 天宫号空间站 13, 53, 192,193, 194, 292

tiles, heat-absorbing, 吸热瓷砖 18–19

timeline, for space settlement, 定居太空时间线

    cislunar Space,（地月空间）245–247

    Earth orbit,（地球轨道）244–245

    Mars,（火星）247–248

    suborbital fight,（亚轨道飞行）244

TOPEX Poseidon ocean observing system, TOPEX 波塞冬海洋观测系统 170

tourism, in space, 太空旅行 59, 101–102, 137, 243, 262

Trump, Donald, 唐纳德 · 特朗普 10, 62, 171, 218

Tsiolkovsky, Konstantin, 康斯坦丁 · 齐奥尔科夫斯基 16

tsunamis, 海啸 225

Tumlin, Rick, 瑞克 · 特姆林森 216

twin boosters, 两枚助推火箭 257

2001: A Space Odyssey (movie),《2001 太空漫游》80–81

U

UAESA (United Arab Emirates Space Agency), 阿联酋航天局 180

Ukraine, 乌克兰 153

ULA. see United Launch Alliance 见联合发射联盟公司

UN (United Nations), 联合国 165, 273

United Arab Emirates, 阿联酋 180

United Arab Emirates Space Agency (UAESA), 阿联酋航天局 180

United Launch Alliance (ULA), 联合发射联盟公司 119

    ACES stage,（先进低温渐进级）146

    Advanced Programs,（高级项目部）147

    Atlas rockets,（宇宙神运载火箭）11, 118, 122, 142, 164, 175, 187

    Atlas V rocket,（宇宙神 5 号运载火箭）50, 55, 119, 135, 140, 142, 143, 143, 147,

149, 153, 188, 290

Tory Bruno and,（托里·布鲁诺）143

CisLunar-1000 Economy,（地月空间 – 1000 经济计划）205, 206, 212–213

Commercial Crew Program funding,（商业载人项目资助）135

defined,（定义）294

Delta IV Heavy,（三角洲 4 号重型火箭）142, 146

Delta IV rocket,（三角洲 4 号火箭）52, 55, 117–119, 135, 142, 146, 290

Delta rockets,（三角洲火箭）118, 122

headquarters,（总部）141

NASA partnership with,（与美国航空航天局合作）140–141

and new space race,（新太空竞赛）141–148

part purchases from Russia,（从俄罗斯购买零件）140

and reusability,（可重复使用）206

as rival to Blue Origin,（蓝色起源）137

rockets of,（火箭）55

SpaceX vs.,（SpaceX 公司）142–145

Starliner,（星际客车）50

US Air Force and,（美国空军）117–119

Vulcan rocket,（火神号火箭）135, 137, 142–143, 144, 244

United Nations (UN),联合国 165, 273

Unity spacecraft,联合号火箭动力飞机 51, 94–97, 100–101, 171

University of Houston,休斯敦大学 138

University of Michigan,密歇根大学 138

University of Rochester Medical Center,罗切斯特大学医学中心 85

University of Strathclyde,苏格兰思克莱德大学 228

University of Tokyo,东京大学 174

US Air Force,美国空军

as branch of US armed services,（作为美国武装部队的一个分支）219

Tory Bruno and,（托里·布鲁诺）143

Falcon 9 rocket,（猎鹰 9 号火箭）133

Stanley Rosen and,（斯坦利·罗森）233

SpaceX and,（SpaceX 公司）114–115, 118–119, 130

United Launch Alliance and,（联合发射联盟公司）112,117–119

US Army,美国军方 219

USB-C connector, USB-C 型接口 105, 106

US Coast Guard,海岸巡卫队 218

US Congress,美国国会 25, 262

US Department of Commerce,美国商务部 29

US Department of Defense,美国国防部 119

US House of Representatives,美国众议院 236

US Marines,美国海军陆战队 218

US Navy,美国海军 218

US Space Force,美国太空军 171, 218

US space shuttle,美国航天飞机 16, 46–47, 293

V

Van Allen, James, 詹姆斯·范·艾伦 41

Van Allen belts, 范艾伦辐射带 82

Vandenberg Air Force Base, 范登堡空军基地 111, 112–115, 118, 133

van Zyl, Jakob, 雅各布·范·泽尔 33–34, 197

Vector Space Systems, 矢量空间系统公司 104

Venera probes, 金星号探测器 183–184

Venus, 金星 20, 21, 177, 183–184

Viking 1 spacecraft, 海盗 1 号航天器 46, 248

Virgin Galactic, 维珍银河 95–98

in Mojave Airport,（莫哈维机场）94–95

and Saudi Arabia,（沙特阿拉伯）155

SpaceX vs.,（SpaceX 公司）21

tourist flights offered by,（观光飞行计划）

59, 243

Unity and,（联合号）51, 100–108, 137

Virgin Orbit, 维珍轨道公司 100–102, 243

von Braun, Wernher, 冯·布劳恩 40, 41, 263

Voskhod, 上升号 55

Vostok, 东方号 55, 184

Vulcan rocket, 火神号火箭 135, 137, 143–144, 244, 290

W

Washington Post,《华盛顿邮报》236

waste, elimination of human, 清除排泄物 70, 107

water, 水 62–63, 64, 88, 204, 217, 245

weather satellites, 气象卫星 233

weightlessness, 失重 72–75, 73, 80, 86, 293

Weitz, Paul, 保罗·韦茨 72

Western Test Range, 西部试验场 111

White, Ed, 爱德华·怀特 71

White, Frank, 弗兰克·怀特 32

White Knight Two, 运载母船白衣骑士 2 号 96

Whitesides, George T., 乔治·怀特塞兹 97–98, 100–102

windows, in space stations, 国际空间站内的窗户 77

work shifts, 轮班制度 76

World War II, 第二次世界大战 76, 176

Wörner, Johann-Dietrich, 约翰 – 迪特里希·韦尔纳 173, 241

X

X-15 rocketplane, X-15 火箭飞机 59, 70, 95, 96

XARM (X-Ray Astronomy Recovery Mission), X 射线天文测量任务 175

XEUS lunar lander, 试验性增强上面级 206–207

X-Ray Astronomy Recovery Mission (XARM), X 射线天文测量任务 175

Y

Yonsei University, 延世大学 171

Young, John, 约翰·扬 71

Yucatán Peninsula, 尤卡坦半岛 222, 223

Yuri's Night, 尤里之夜 97, 268

Z

Zarya module, 曙光号功能货舱 171

Zeitlin, Cary, 卡里·泽特林 84

zero-g, 零重力 293

Zond spacecraft, 探测器号 184

Zubrin, Robert, 罗伯特·祖布林 30–31, 35, 168, 263

罗德·派尔既是一位空间作家，也是新闻记者、历史学家。他为多家大型出版社撰写过 30 多本有关空间历史、空间探索和空间发展的著作。这些作品已经被翻译成 7 种语言，在各国出版发行。他是美国国家空间协会出版的季刊《星际探索》杂志的高级编辑。太空网站（Space.com）、科学现场（Live Science）、未来（Futurity）、赫芬顿邮报（Huffington Post）、连线 (Wired) 等平台经常登载他的文章。

派尔给美国国家航空航天局的喷气推进实验室和加利福尼亚理工大学写了大量文章，还与美国经济咨商局合作，为约翰逊航天中心撰写过《阿波罗执行指引计划》。他最近出版的新书是《太空时代的传奇故事》（普罗米修斯图书，2017 年），目前有电视节目制作公司表示，有意将该作品改编成电视节目。派尔也为美国国家航空航天局 / 喷气推进实验室一份名为《技术亮点》的技术类年刊撰写文章。

他经常出现在国家级的广播和电视

图片来源：杰弗里·诺特金

节目中，长期担任 KFI/ 洛杉矶和 WGN/ 芝加哥电视台的固定嘉宾。他最近经常在 PBS（美国公共电视网）的《弦外之音》和 C-SPAN 的《图书 TV》节目中露面。派尔有斯坦福大学的文学硕士学位和艺术中心设计学院的美术学士学位。

作者居住在加利福尼亚州阿罕布拉市。

JOIN THE NATIONAL SPACE SOCIETY
欢迎加入美国国家空间协会

成为航天文明社会的一员——马上加入美国国家空间协会，发挥你的作用。

1. **促进发展**——美国国家空间协会是一个推动太空探索和太空定居的团体，欢迎你成为这个充满活力的团体中的一员。

2. **掌握信息**——获奖杂志《星际探索》，以及《星际探索电子刊》，让你实时获得美国国家空间协会活动最新信息，以及太空定居方面的最新发展。

3. **获得激励**——出席国际空间发展会议，与太空界领军人物交流，从他们那里分享到有关太空探索和太空发展的最新突破。

4. **拟定太空法案**——通过美国国家空间协会的立法活动和宣传项目，让他人听到你的声音，真正的"为太空做点事"。

5. **参与、促进、鼓励**——通过美国国家空间协会的教育计划和相关项目，焕活你的思想。

6. **分享你对太空的热情**——参加美国国家空间协会各分会或"太空大使"之类的项目，与关注太空发展的同道中人相会。

7. **引领前进的方向**——成为美国国家空间协会当地或国家级志愿者，参加具体活动，切实推动太空发展进程。

8. **获得回报**——成为美国国家空间协会会员，你将受邀加入美国宇航局联邦新贷联盟，享受信用卡、借贷和储蓄优惠费率。

关于如何加入美国国家空间协会，可登陆网站 space.naa.org，或拨打（202）429-1600 获取更多信息。